U0624459

内容简介

　　本书是关于农村大学生学校疏离态度系统研究的专著，属于大学生心理健康研究领域的新成果。全书包括理论研究、调查研究、干预研究和对策研究等内容。以社会心理学中的期望模型理论和归因理论为理论依据，对学校疏离态度的形成进行了理论分析。在理论研究的基础上，编制了农村大学生学校疏离态度问卷，依据此测评工具对地方高校在校农村大学生开展了较大规模的问卷调查，深入地探讨了农村大学生学校疏离态度的现状、特征、形成及影响机制，同时采用个案研究等质性研究方法探索了农村大学生学校疏离态度形成的深层原因。进而选取具有较高疏离水平的在校农村大学生进行团体干预实验，取得了良好的干预效果。此外，从多个角度提出了一些消解农村大学生学校疏离态度的对策建议。本研究旨在全面解读当前地方高校农村大学生对大学产生的疏离态度问题，希望能为塑造农村大学生的健康心态，提高农村大学生的在校体验和学业成就以及构建更加和谐的高校校生关系寻找应对之策。

农村大学生的学校疏离态度及其干预研究

谢倩

NONGCUN DAXUESHENG
XUEXIAO SHULI TAIDU
JIQI GANYU YANJIU

中国农业出版社
北 京

四川省社会科学高水平研究团队
"农村教育的历史发展与当代改革研究"建设计划资助

四川绵阳未成年人心理成长指导与研究中心资助科研项目（SCWCN2018ZD02）、乐山师范学院高层次人才引进启动项目（205190155）、四川省心理健康研究中心一般项目（XLJKJY1307B）以及四川省犯罪防控研究中心重点项目（FZFK10-03）研究成果。

前言

"理想很丰满，现实很骨感"，这是现在很多年轻人经常挂在嘴边的一句话，意思是理想很美好，但是现实却很残酷，理想和现实之间相隔着一座大山。这句话虽然有一定的调侃意味，但是也在一定程度上透露出当下年轻人的无奈和迷茫。依据埃里克森人生发展八阶段理论观点，年轻人处于人生发展的第五个阶段，这个阶段是人生发展中最为关键的一个时期，因为在此阶段，个体面临着升学、交友、就业和自我定位等重大抉择，承受的压力不可谓不大，因而容易产生各种各样的适应问题，而年轻人中的代表群体——大学生正处于这个阶段。

大学阶段是个体心理迅速走向成熟而又尚未完全成熟的过渡期，也是一个人从校园过渡到社会的重要时期。在这一时期，个体的学习、生活、人际交往、周围环境等都发生了巨大转变。在学习方面，大学阶段的学习内容繁多且复杂深奥，而学习方式以大学生自主学习为主，老师的指导和监督相对减少，因此更加考验学习的自主性和自律性。在生活方面，远离了家庭避风港，大学生既要学会独立生活，还要思考如何让大学生活丰富多彩。在人际交往方面，大学阶段的人际交往与中学阶段有所不同，无论是交往对象、交往内容还是交往方式都更为复杂多样。在环境适应方面，诸如气候、语言、饮食习惯、生活方式等差异也需要大学生们积极适应。大学阶段学习生活的种种变化，对大学生的多方面能力都提出了更高的要求，必然导致大学生产生不同程度的适应困难。其中，来自农村的大学生由于受家庭经济资本和文化资本等不利因素的制约，在从农村到城市的学习和生活过程中，可能面临更多的学校适应问题和心理健康问题。

自 20 世纪 90 年代末以来，我国高等教育规模进入快速发展阶段，大学在校学生人数激增，越来越多的农村学生得以进入高校学习和生活。教育部 2016 年公布的数据显示，全国在校普通本专科学生约为 2 695.8 万人，其中农村籍大学生约占总数一半以上。此外，国家近年还实施了针对农村学生的倾斜招生计划，有效地提升了重点高校农村大学生的数量。这些政策的实施既体现了我国政府"要办好人民满意的教育，让每个人都有平等机会通过教育改变自身命运、成就人生梦想"的庄严承诺，也为农村学生获得更多的高等教育机会，增强他们的社会竞争力、实现社会纵向流动赋能。

对于农村大学生而言，在保障其高等教育机会公平的同时，同样重要的是，他们还需要在接受高等教育过程中获得较好的在校体验，以帮助他们拥有更好的学业和社会成就。事实上，多数农村大学生经过大学期间的勤奋和努力，克服了入学时的相对劣势，在学业和就业方面取得了成功，最终实现了人生"逆袭"。然而不容忽视的是，还有不少农村大学生进入大学后存在着学校适应上的特殊困难，出现了不同程度的不适应问题。正如一位农村大学生所言："当我们怀揣着美好进入大学，当大学的神秘面纱一层层剥开，理想与现实的巨大落差，注定了我们的茫然失望……"这段话反映出当前部分农村大学生对大学的复杂心态，这是交织着期望与失望、信任与怀疑、喜悦与忧伤的多种感受，有研究者从学校疏离态度的角度加以研究。学校疏离态度虽然并不为农村大学生所独有，但与城市大学生相比，农村大学生在经济、文化、社会处境等方面均处于相对不利的地位，从而可能使得他们的学校疏离态度表现得更为突出和更为特殊。因此，在高等教育越来越普及的今天，研究如何缓解和消除农村大学生的学校疏离态度，提高其在校体验尤为必要。

本研究以大学生心理健康为视角，从心理学、教育学、社会学和管理学等方面分析了地方高校农村大学生的学校疏离态度问题。在综述国内外有关研究文献的基础上，自编了农村大学生学校疏离态度问卷。通过该问卷的调查分析，总结出地方高校农村大学生学校疏离态度的现状。在对农村大学生学校疏离态度内涵和现状研究的基础上，从量化研究和质性研究两个途径探讨了农村大学生学校疏离态度形成的原因，强调学校疏离态度的形成受到了个体内在与外在因素的强烈影响。继而通过实证研究表明，学校疏离态度形成后对农村大学生的学业、生活和健康所产生的负面影响。并针对农村大学生学校疏离态度进行心理干预，以归因训练理论为基础，进行了团体干预实验，收到了良好的干预效果。最后，从个体、家庭、学校、社会等多方面提出了缓解农村大学生学校疏离态度的对策，探索有效促进农村大学生身心发展，构建高校和谐校生关系的新思路。

无论是城市大学生还是农村大学生都是祖国的希望，都是推动社会进步的一支重要力量。因此，深入了解和有效应对农村大学生的学校疏离态度是十分重要且迫切需要的课题。而目前对农村大学生学校疏离态度的关注尚不多见，相关研究成果总体上说还很不够，更缺乏系统性的专门研究。本研究较为系统地展示了农村大学生学校疏离态度的研究成果，这对拓展农村大学生心理健康研究是一次有益的尝试。本研究不仅对深入理解农村大学生心理健康课题具有重要的理论意义，而且对农村大学生适应大学生活、健康成长以及对构建和谐的高校校生关系具有一定的实践意义。

在本书即将付梓之际，感谢恩师张进辅教授的悉心指导，感谢陈谢平老师在数据分析上的协助，感谢钟佑杰、王瑞和刘丽等同学、同事以及西南科技大学应用心理学专业的部分同学在问卷调研中的热心相助。感谢四川省社会科学界联合会、乐山师范学院、四川绵阳未成年人心理成长指导与研究中心、四川省心理健康研究中心以及四川省犯罪防控研究中心提供的研究资助，感谢中国农业出版社对出版本书的大力支持。在撰写本书的过程中，参考了大量有关国内外文献，在此不一一赘述，一并向有关作者表示感谢。

"初生之物，其形必陋"，本研究是对农村大学生学校疏离研究的一次初步探索与尝试，必有很多稚嫩之处，敬请各位读者指正。

著 者

2020 年 6 月

目录

前言

第 1 章
绪　论

　　在经济社会的发展和国家政策的支持下，越来越多的农村学生得以进入高等学校学习，成为大学生群体中的重要组成部分。在他们当中，有的学生通过个人勤奋努力，在大学期间获得积极成长。还有的学生却对就读大学产生了疏离态度。学校疏离态度是农村大学生对大学的预期与其实际感受到的现状不匹配，从而形成的以不信任为核心的负性信念，并伴有无助感、孤独感等消极情绪体验的负性态度。心理学领域的期望理论和归因理论作为学校疏离态度形成的理论基础，能较好地帮助人们理解农村大学生学校疏离态度的产生。量化研究方法是目前农村大学生学校疏离态度研究的主要手段，质性研究则有助于探索学校疏离态度形成的深层原因。农村大学生学校疏离态度研究兼具理论价值和现实价值。

1.1 研究背景

我国作为农业大国，农业人口的比重较高，农村地区的学生人数众多。由于历史原因，我国形成了城乡二元的发展格局，其结果是资源过于集聚在城镇空间，农村地区发展相对滞后。在经济、社会和文化教育等领域，农村地区均与城市存在较大差距。农村教育长期以来受制于农村办学条件整体不足，农村优质教育资源短缺等不利因素，出现了农村学校办学困难和农村孩子上学困难等诸多现实问题。农村学生成为受教育群体中的劣势群体，他们从出生到成长，从接受义务教育到参加高考，从上大学到就业找工作都受到了城乡因素的强烈影响[1]。

近年来，随着我国城市化进程不断加快，城乡二元对立的格局逐渐被打破。党的十九大报告进一步提出实施乡村振兴战略，建立健全城乡融合发展体制和政策体系，为乡村地区的振兴和城乡关系的重构带来了新的发展机遇。在农村学生受教育方面，随着我国高等教育迈入大众化时代，农村学生获得高等教育的机会有了显著的提高。据悉，2003 年以后高等学校新生中有超过一半来自中国农村[2]。为了切实保障广大农村学子的高等教育机会，从 2012 年起，教育部联合财政部、国务院扶贫办等五部门实施专项招生计划，面向农村和贫困地区定向招生。2018 年，教育部继续印发《关于做好 2018 年重点高校招收农村和贫困地区学生工作的通知》，关注和部署农村和贫困地区学生的大学入学状况[3]。国家对农村地区学生高等教育入学机会的高度重视，在很大程度上解决了农村孩子上大学难、上好大学难的问题。

在经济社会发展和国家政策支持下，越来越多的农村学生经过寒窗苦读进入大学学习，并期望通过接受大学教育来改变人生方向，缩小与城市学生之间的差距。农村大学生作为新时代社会主义建设的生力军，承担着科教兴国、人才强国以及改变农业、振兴乡村的重要任务，是我国全面建成小康社会的新生力量。在新的历史时期，党和国家高度重视和谐社会的建设，重视社会心理服务体系的构建。大学和谐校生关系是和谐社会的重要内容之一，农村大学生的心理健康是社会心理服务体系的重要组成部分。因此研究农村大学生在大学期间的学校适应和心理状况，对于促进农村大学生学有所获、学有所成尤为重要。而以往的研究主要集中在高等教育对农村学生影响的两端，即入学和就业方面，较为忽视农村学生在大学期间的学习和成长研究。近年来，研究者开始关注农村大学生的在校体验和大学成长。研究发现，农村学生虽然存在明显的家庭背景劣势和入学时的成绩差距，但是通过勤勉踏实的学习态度和更多的努力投入，在大学学习和综合能力提升方面能够赶超城市学生，成功实现大学的"逆袭"[4]。然而，不少研究也发现，农村大学生在进入大学后，面对生活环境的改变，理想与现实的落差等问题，不仅心理上存在适应困难，而且对大学的态度也表现出消极倾向，学校疏离态度正是其消极态度的突出表现之一。学校疏离态度是一种包含着失望、不满、不信任、沮丧、无奈等多种信念和情绪的消极态度。学校疏离态度既不利于农村大学生心理健康发展，也不利于大学校园和谐校生关系的构建，因而值得研究者关注。

从客观上讲，农村大学生对大学的疏离态度与近年来我国高等学校大规模扩招所产生的社会心理后果有关。自 1999 年国务院出台关于高校扩招的决定以来，我国高等教育迈入大众化进程之中。从"精英教育"发展到"大众教育"，是我国教育事业发展的巨大进步，也是促进我国经济社会发展和提高民族素质的必要之举。但是，高校扩招的双刃剑效应使得它在推动我国高等教育长足发展的同时，客观上也给我国高等教育发展带来了一系列的问题。特别是对于地方高校而言，普遍存在的诸如教育经费投入不足、合格师资欠缺以及场地设施落后于需求等因素，导致了教育质量下滑等后果。身处其中的大学生既是扩招的"直接受益者"，也是扩招消极后果的"直接承受者"，农村大学生也不例外。作为社会的弱势群体，上大学学有所成是农村学生改变个人命运的重要途径，也是实现个人梦想的希望所在，因此他们在感受到高校扩招后教育质量下滑、社会竞争激烈、就业困难等诸多困境时，有可能将入学前对大学的期望和热情转化为对大学的消极态度。研究表明不少农村大学生对所在高校的人际交往、教育教学和就业工作等方面缺乏信任，满意度较低[5]。而不信任正是学校疏离态度的首要特征。

此外，转型期社会上普遍存在的疏离心态也是农村大学生学校疏离态度产生的重要外因。由于转型期社会的急剧变化和市场经济的不成熟，生活中的假丑恶现象时有发生，社会上一些人把"事不关己，高高挂起""各人自扫门前雪，哪管他人瓦上霜"当作自己的生活态度，对社会和他人缺乏信任、疏远淡漠。有研究者指出，要警惕疏离心态成为当今社会非常普遍的社会心理现象，甚至成为部分人的人生态度和处世之道[6]。青年学生的情感和态度正处于不稳定和易受外界影响的时期，因而社会上存在的疏离心态不可避免地会影响到大学生群体。而农村大学生由于家庭背景上的劣势、成长环境的限制和经济条件的束缚等原因，使得他们进入城市和大学后可能受到更大的现实冲击，面临更多的适应问题，从而容易引发其对就读大学的疏离态度。

　　深入研究农村大学生的学校疏离态度是十分迫切的课题，但目前对农村大学生学校疏离的研究尚不多见，更缺乏系统性的专门研究。基于此，本研究从心理学的学科角度，系统地探讨农村大学生学校疏离态度的人口学特征、心理机制和干预策略等课题，为拓展农村大学生心理健康研究进行一次有益的尝试。

1.2　概念界定

1.2.1　农村大学生

　　目前，学术界对于农村大学生的概念界定还存在一定分歧。主要的分歧在于农村大学生的身份划分问题，即是以户籍作为划分标准还是以户籍和出生成长经历一起作为划分标准的问题。农村户籍的确是认定农村大学生的首要标准，但是如果仅以农村户籍作为划分农村大学生的标准，事实上是不合适的。因为有的农村大学生虽然是农村户籍，但却并非出生在农村或者成长在农村。众所周知，成长环境对于个体身心发展的影响举足轻重。个体出生的家庭环境、就读学校的环境以及所处社区的环境对个体的人格、认知和行为模式等都会产生深刻的影响。基于此，本研究将农村大学生界定为户籍为农村，且儿童青少年时期的生活和学习也在乡（镇）、村的大学生群体。

1.2.2　学校疏离态度

本研究中的学校疏离态度（cynical toward college）主要是指大学生在读大学期间形成的一种指向大学的特定态度，这种态度针对的对象是大学生就读的学校情境。在一些研究中，与疏离态度内涵一致的概念也被称为犬儒态度或组织犬儒主义。近年来在大学生心理健康和员工心理健康的研究中，出现了以学校犬儒态度和组织疏离态度（又称组织犬儒主义）为核心概念的研究[7][8]。研究者指出，因为疏离态度的现实结果是不认同现实，却要无奈地接受现实，这对于个体而言，是一种切身的"不和谐"的感觉和体验，因而有损个体的心理健康[9]。

学校疏离态度最早出现于对特定专业大学生的研究中，主要是关于专业教学模式和专业从业领域现状所持态度的研究。Becker 和 Geer 在对医学专业的学生进行调查后认为，医学专业大学生的学校疏离态度是指学生对从事医学工作过于理想化的期望与医学院校严格、枯燥的学习生活不适应而产生的失望和不满的态度[10]。学校疏离态度被认为是由大学生对学校的专业培养模式和专业从业领域的期望与现实不匹配而产生的一种伴有负性信念的态度，表现出来就是对学校的不满和不信任[11]。而 Pollay 等对商学院学生开展的调查也发现了学校疏离态度的形成过程[12]，即商学院学生的学校疏离态度是指，学生在大学期间所接受的诸如处理企业高端战略问题和企业重组等理想化的业务训练，与将要从事的并不具有挑战性和兴奋性的工作之间不匹配，使得学生产生对大学所受专业训练的不信任和无可奈何的态度。

后来的研究者认为，学校疏离态度并不仅仅局限于某个特定专业的大学生，而是和其他个体态度变量一样具有普适性，并且应该指向与学生在校期间的学习和生活有关的具体内容[13]。学校疏离态度多与大学生对大学环境产生的负面看法以及对学术异化的消极感受有关。例如，管理的威权化、大学目标与现实之间的落差、不良的学术氛围以及不当的课程设置，等等。围绕这一观点，学校疏离态度的概念又经历了几次演变和提炼[14][15]，直到 Brockway 等的研究才得以整合和明确[16]。Brockway 等从大学生对大学总体上和对大学的管理、学业、环境几个方面，将学校疏离态度定义为大学生对所读大学总体上或与学生有关的具体各方面感到失望而产生的沮丧、不满和不信任态度，这种态度与大学生在校期间涉及的各个方面紧密相关。从 Brockway 等的定义可以看出，学校疏离态度实际上反映的是大学生对其就读学校的疏离态度。Brockway指出，对大学的不满和不信任是大学生学校疏离态度的基本特征。

综合各学者对学校疏离态度的界定，我们认为，农村大学生学校疏离态度是指农村大学生对大学的预期与其实际感受到的现状不匹配，而导致农村大学生对学校产生以不信任为核心的负性信念并伴有无助感、孤独感等消极情绪体验的负性态度，这种态度多指向大学的教学、管理、环境、人际关系以及生活服务等与学生在校期间学习和生活密切相关的各个方面。

1.3 理论基础

1.3.1 期望模型理论

期望是心理学中的一个重要概念，因其与心理学中的动机、态度、行为等概念的密切联系，受到了研究者的广泛关注。作为学校疏离态度研究的翘楚，研究者 Brockway 等人依据期望模型理论对学校疏离态度的形成做出了解释[16]，即认为学校疏离态度的形成，是由于大学生对大学的期望与其在校实际感受的不匹配造成的。因此，对大学不切实际的期望是大学生出现学校疏离态度的首要原因。

期望是人们在对外界信息不断反映的经验基础上，产生的对自己或他人的行为结果的某种预测性认知。简单地说，期望是指人们对事件未来状态的信念。Taylor 等认为，期望包括对事件发生可能性的估计和对事件本身好坏的评价两个方面[17]。因期望的含义中包含对某些事或人未来发展方向和前途有所希望和等待，所以期望与希望有一定的相似之处，有时也没有明确区分。但是近年来，研究者更多地将希望作为积极心理学的核心概念来研究。在心理学界获得广泛认可的 Snyder 希望理论中，希望被定义为个体对目标达成的认知思考过程。在这一认知思考过程中，个体首先设定有意义且明确的目标，然后根据设定的目标产生动机以及相关的认知策略，最终促使目标得以实现[18]。由此定义可见，期望与希望在含义上既有一致性又有差异性。

　　期望是一种可变化的心理状态，产生期望是人类最基本和最重要的心理功能之一。心理学的研究和实践证明，人们在有"期望"的时候，会更努力。而且，一个人的期望可以产生顺应效应，即期望可以使期望对象朝着自己期望的方向发展，当期望的作用使预期的结果发生时，此期望在心理学中被称为"自我应验的预言"。20 世纪 60 年代，美国心理学家罗森塔尔等人通过实验发现，老师对学生的期望对学生的智力、学业成绩和行为表现均有正向影响。他们在一所美国小学开展了此项实验，实验对象是一至六年级中各选 3 个班共 18 个班的学生，实验首先让学生做一份所谓的"未来发展趋势测验"。测验后，罗森塔尔通过随机抽取的方法将一份"最有发展潜力者"的名单交给了该校的校长和相关老师，并叮嘱他们为了确保实验的正确性，对此名单要务必保密。8 个月以后，罗森塔尔和助手们对实验对象进行了复试，结果发现名单上的学生学习成绩和行为表现果真比其他学生提高得更快，这就是著名的"罗森塔尔效应"，即期望效应。"罗森塔尔效应"的实质是心理暗示作用的体现，罗森塔尔的"谎言"对教师起到了暗示性作用，使其相信那些名单上的学生更有发展潜力，于是对他们寄予了很大的期望。然后此种期望通过教师有意无意的语言、情感以及行为传递给学生，如给予该学生更多的注视、微笑、提问、辅导、赞许等，学生则对此报以积极的反馈。教师收到学生的反馈后又会激起更大的教育热情，如此循环往复，以致这些学生的表现朝着教师期望的方向靠拢，从而使期望成为现实。这与流行语"说你行，你就行，不行也行；说你不行，你就不行，行也不行"的意思有异曲同工之处。

"罗森塔尔效应"也可以用美国管理心理学家弗鲁姆（V. H. Vroom）提出的期望理论加以解释[19]。弗鲁姆的期望理论虽然主要是针对员工工作动机提出的，但对于理解期望在激励中的地位和作用具有普适价值。这一理论假定个体是有思想、有理性的人，对于生活和事业的发展，他们有既定的信仰和基本的预测。在工作中，个体的工作动机来自他对工作可能满足其未来需求的期望。因此，在分析激励人的因素时，必须考察人们希望从他所从事的工作或团体中获得什么以及他们如何才能实现自己的愿望。该理论充分研究了激励过程中涉及的各种变量，并具体分析了激励力量的大小与各变量之间的函数关系。依据弗鲁姆的观点，某一活动对于从事该活动的个体产生的激励力量取决于他所能得到结果的全部预期价值与他认为达成该结果的期望概率的乘积。用公式可表示为，激励力量＝效价×期望值。其中，效价是某种结果对个人的吸引程度，期望值指个人根据以往的经验对某目标实现概率的估计，激励力量是指调动个体积极性，激发个体潜力的强度。从该公式可以看出，某一活动对个体的效价越高，满足期望的可能性越大，激励力量也越大，反之亦然。从公式中也可以看出，如果其中有一个变量为零，激励力量也就为零。具体地说，个体所期望的结果体现为目标效价，它可以用＋1～－1的区间值来表示。目标或结果对个体越重要，效价值就越接近＋1，相反如果个体越不期望某一结果的出现，则目标效价值就越接近－1。期望值表明个体根据经验来判断经过努力导致某种结果和满足需要的可能性大小，用数值0～1表示。该公式表明，只有当效价和期望值都高时，激励力量才最大。弗鲁姆的期望理论被广泛地应用于工作领域中对员工激励的探讨，成为解释激励作用的主要理论架构，它被用来解释工作领域激励的方方面面，如工作满意度、职业选择及主动参与行为等。在"罗森塔尔效应"中，那些被教师认为有发展前途的学生受到的激励力量无疑是巨大的。按照弗鲁姆期望公式解释，这是因为在教师的鼓励下学生对达成学习目标的信心和努力程度都提高了的结果。

Oliver 等则在期望理论的基础上提出了期望一致性理论（expectation confirmation theory，EDT），并构建了期望一致性模型，简称为期望模型。该理论模型最初是关于顾客期望、产品绩效和感知产品质量的研究[20]。期望一致性（expectation congruence）是指顾客对感知的绩效与其期望之间差距的估计。Oliver 等的研究发现，顾客在评价企业、产品和服务时，会将他们期望的与感知到的企业、产品和服务的表现进行比较，从而使顾客对企业、产品和服务的满意程度在很大程度上受其感知的和期望的企业、产品和服务表现之间差距的影响，即顾客对产品的满意经由顾客感知的质量与其期望相比较而产生。当期望一致性高时，即感知绩效超过顾客的期望时，顾客会满意，对企业行为做出正面的评价；而当期望一致性低时，即感知绩效低于顾客的期望时，顾客会不满意，进而对企业行为做出负面的评价。研究者据此提出了顾客满意度指数模型。该模型由顾客期望、感知质量、感知价值、顾客抱怨、顾客忠诚等之间的关系，以及与顾客满意程度之间的关系构成，可用图 1-1 所示的模型表示。

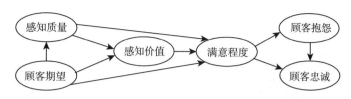

图 1-1　基于期望理论的顾客满意度指数模型

在此模型中，满意程度是最终所求的目标变量，顾客期望、感知质量和感知价值是满意程度的原因变量，而顾客抱怨和顾客忠诚则是满意程度的结果变量。顾客的满意程度取决于顾客得到的价值大小。在模型中，体现这一经济因素的变量是顾客感知价值。感知价值越高，顾客的满意程度越高。满意程度还取决于顾客在购买前对产品或服务质量的期望同顾客在购买和使用后的实际感受。如果顾客的期望小于或等于购买和使用后的实际感受，顾客就会满意。否则，顾客就会不满意。在模型中，体现这一心理因素的是顾客期望和感知质量这两个变量。顾客期望和感知质量、满意程度之间通常表现为正相关关系，即顾客期望越高，感知质量和满意程度也越高，感知质量与感知价值、满意程度之间也是正相关关系。该模型把顾客满意程度及其决定因素——顾客期望、感知质量、感知价值联系起来，较为科学合理地解释了期望与感知之间的联系。这一模型也特别有助于理解农村大学生学校疏离态度产生的主要原因，即农村大学生对大学的疏离态度，可能是由于对大学教育期望与感知到的教育质量之间的不满意引发的。

以 Ajzen 等为代表的研究者认为期望理论不仅可以解释工作绩效，而且可以解释态度的整合方式[21]。在他们看来，人们在对某一对象做出判断时，往往会把注意力放在这一对象对人所具有的价值意义以及所产生的积极或消极结果的期望上，即对象的积极属性越多或具有积极属性的可能性越高，人们对待对象的态度就越积极，反之则消极。并且，如果存在对象属性与人们的期望相矛盾的情况，人们就会降低对这个对象的评价。研究者认为，这一理论观点在态度的改变中独具实践价值，在改变人们的态度的同时，可以通过增加关于对象的积极属性或减少其消极属性来使人们的态度趋于积极，从而达到改变态度的目的[21]。

那么，如何运用期望模型来解释疏离态度的形成呢？在组织研究层面，Wanous 等用期望模型论述了组织中疏离态度的形成[22]。认为员工在组织变革过程中对变革能带来成功的期望，恰如期望理论中员工对于个人努力能带来好绩效一样，相信组织改革会带来成功的高期望会引发员工参与改革的高动机，进而促进积极结果的产生。但是在实践过程中，期望的动机作用深受个体对对象属性认知的影响。员工感知到的组织积极属性越少，如成员（主要是管理者）的能力与努力以及组织气氛（组织不公平、不正当竞争、人际关系淡化等），与自己的期望差距越大，就越有可能降低对组织变革的评价，进而产生怀疑和不信任的疏离态度。Gould 和 Funk 在对警察疏离态度研究中也发现，那些在从业之初对警察职业抱有过多理想化想法的警察，在随后的工作中更有可能产生疏离态度[23]。这是因为，过于理想化的想法，导致他们对适应现实的警察工作准备不足。

基于期望模型理论，Brockway 等构建了一个用于解释大学生形成学校疏离态度的期望模型（图 1-2）。

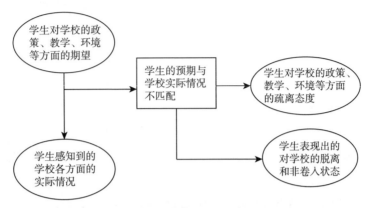

图 1-2　大学生形成学校疏离态度的期望模型

从大学生形成学校疏离态度的期望模型可以看到，大学生对大学的政策、教学、环境等各个方面的期望与对这些方面的实际感知的不匹配，会直接导致学校疏离态度的产生。同时，对大学的期望与现实感受的不匹配会使大学生表现出对学校的脱离和非卷入状态，从而产生学校疏离态度。

这一期望模型，同样适用于对农村大学生学校疏离态度形成的解释。即农村大学生的学校疏离态度的产生，可能是因农村大学生进入大学后的在校体验与其对大学的期望不匹配所致。有研究发现，青少年对与自己相关的事件结果普遍会表现出乐观偏向，因此更有可能对大学的学习和生活持有高期望[24]。该研究者在调查中请大学生将自己可能经历的生活事件与同班同学做比较，结果发现大学生倾向于认为自己更有可能经历积极的生活事件，而不可能经历消极的生活事件。研究者认为，这种关于美好未来的认识或心理图像，不只是对未来生活充满希望的展现，也是一种误判。这种乐观偏向虽然有助于个体对未来持有更加积极的信念，但是乐观偏向对个体也有消极影响，突出的后果是，对未来可能出现的问题缺乏预防和正确的估计，造成了个体在实际面对不利状况时会表现得不够理智和冷静。因此，对大学生活过于乐观的期望有可能使农村大学生在进入大学后较多地产生疏离态度。

1.3.2　归因理论

归因理论是一种以认知的观点看待动机和态度的理论，该理论认为人们对事物的态度受到归因的显著影响，对事物和他人行为的不同归因方式，在很大程度上决定着我们对该事物和行为的态度[25]。归因理论由美国心理学家海德首次提出，以凯利的归因理论较具代表性。归因理论在态度研究中占有重要地位，在学校疏离态度的形成问题上，也有研究者依据归因理论进行解释。

社会认知心理学将归因理解为一种根据行为或事件的结果，通过知觉、思维、推断等内部信息加工过程而确认造成该结果的原因的认知过程。研究发现，许多我们做出的归因实际上是自动的，内隐于我们对他人或情境所形成的印象之中。但是，那些预料以外的和负性的事件特别容易引起我们对原因的追寻，因为我们需要产生可预测感和对环境的控制感[26]。疏离态度研究者认为，当个体在组织中知觉到较多的预期之外的事件或负性事件时，就倾向于对该事件和组织进行归因，而疏离态度的产生在很大程度上取决于个体如何归因[27]。

归因理论进而指出，人们在归因的过程中经常会出现一些偏向，使得归因并不总是那么理性和有逻辑性。归因偏向是指人们对行为原因的错误推断和解释扭曲。有些归因偏向的出现是因为人们寻求认知捷径而迅速做出解释造成的，有些是因为人们努力满足自身的需要和动机造成的，而有些则与归因者的人格特征有关[28]。大量的研究发现，某些人格特征与归因偏向有关。例如，具有攻击敌意人格特征的个体在归因时多出现敌意归因偏向，即在对情境进行归因时，偏向把模棱两可的情境作敌意性解释[29]。该人格特征者存在的敌意归因偏向在对儿童和成年人的研究中都得到了证实，如 Larkin 等人通过实验研究发现，具有敌意人格特质的个体在对面部情感进行判断时，倾向于用敌对的特质来解释他人的面部表情，特别是高敌意得分者容易错误地判断厌恶与高兴等表情，如厌恶往往会被识别为生气，而高兴则会被判断为中性情感[30]。对工读生与普通生的比较研究中也发现，在缺乏归因所需要的信息条件时，工读生比普通生更倾向于对他人的伤害行为作敌意性归因解释[31]。即更有可能认为他人行为产生的原因是由于其本性不良，而非特定情境所致。

学校疏离态度研究者依据归因理论推测，对大学持有疏离态度的大学生可能在学校中体验到较多预期以外的事件或负性事件，由于受敌意归因偏向的影响，当他们对这些事件进行归因时，可能倾向于从学校方面归因，而较少从自身寻求原因，从而导致学校疏离态度的产生[16]。因缺乏实证研究结论，大学生学校疏离态度的形成是否与敌意人格特征者的敌意归因偏向有关尚不得而知。但是对员工的研究表明，在敌意人格量表上得分较高的员工尽管并未表现出明显的攻击性，但是他们倾向于对环境问题和对他人行为进行敌意归因，从而表现出疏离态度[32]。如具有敌意人格特征的员工，更倾向于把他人的行为问题归因于他们的人格特质或态度，而不是他们所处的情境，更倾向于将变革失败归因于主管不懂得激励部属或缺乏管理能力等个人内在特质，而不会将失败归因于情境的因素，更不会认为自己会制造问题[22]。

因为有些归因偏向是个体为了努力满足自身的需要和动机而引起的，所以归因偏向中普遍存在的自利归因偏向（self-serving bias）理论也被用来解释学校疏离态度的形成[33]。自利归因偏向又叫自我服务归因偏向，即人们倾向于将积极的行为结果（成功）归因为努力与能力等方面的个人因素，而将消极的行为结果（失败）归因于环境或外部因素。有研究者用认知加工的观点对此做出了解释，即事件结果是否与个体事先对结果的预期一致。当结果与个体的预期相符时，将原因归于个人因素不会导致认知失调；当结果与预期不符时，将它归于环境因素可以降低个体的失调感，维护认知同一性[34]。研究发现，青少年的自利归因也是普遍存在的[35]。例如，大学生在对待人际事件时，会更多地将正向人际事件判定为由自身原因引起的可控的事件，而将负向人际事件判定为由他人或环境原因引起的不可控的事件[36]。研究者认为，个体存在的自利归因偏向也可以用来解释疏离态度的产生[37]。依据自利归因偏向理论，如果农村大学生倾向于将在大学遭遇的学业挫折或者其他不如意和失败等消极行为结果归因于自身不可控的学校环境因素时，就容易对大学产生疏离态度，这也是自利归因偏向的反应。

因此，基于归因和归因偏向理论做出的理论解释认为，农村大学生学校疏离态度的形成与农村大学生的归因有关。这是因为农村大学生在大学中体验到较多预期以外的事件或负性事件时，在对这些事件进行归因时的归因偏向所致。

1.4　研究方法

1.4.1　量的研究方法

社会科学研究是人们了解、分析、理解社会现象、社会行为和社会过程的一种活动，从事这种活动可以使用很多不同的方法。作为社会与行为科学研究的主流方法，量的研究在学术与应用领域扮演着相当重要的角色，在社会调查和心理学研究中运用较为普遍。量的研究就是对事物的量的方面的分析和研究。事物的量就是事物存在和发展的规模、速度、程度以及构成事物的共同成分在空间上的排列等可以用数量表示的规定性[38]。量的研究指通过实验、调查、测验、结构观察以及已有的数量化资料，对社会现象进行客观研究，并将所得结果作相应的统计推断，使研究结果具有普遍适应性的一种活动。

社会科学的量化研究，是实证科学范式的产物。依循科学研究的概念与逻辑，在量的研究中总是先构造变量，把抽象的概念和命题表述为具体的、可观察的变量，然后进行测量与计算，从而对事物数量特征和数量关系做出量的描述和解释。量的研究强调研究者是独立于研究过程之外的主体，研究者在研究过程中要保持价值中立，即不带任何个人感情色彩地向被研究者搜集能够验证假设的有关资料。量的研究的基本过程是提出假设、确定具有因果关系的各种变量、抽样、选择测量工具、控制无关变量、实施测量、检验效度、数据运算与分析、验证假设。量的研究过程是一种具有标准化程序的、自上而下的演绎过程，遵循的是从一般原理推广到特殊情境中的思维方式。

量的研究一般采用随机抽样方法，认为总体中的每一个个体具有对等或同质的信息源，从总体中选择样本对总体来说具有代表性。其目标是检验一个理论的概括性，使人们能够运用理论，了解并预测某些现象。主要研究方法包括调查、测验与实验法。量的研究所搜集的资料是具有数量关系的资料，这些资料是通过采用观察、试验、问卷、量表、结构式访问等方式进行测量，通过清晰的数学语言和严谨的逻辑推理进行定量分析，以数据或图形、图表等形式表现出来。量的研究在收集资料上具有严谨的结构性，即收集资料的项目、观测的变量以及变量间的内在逻辑结构和分析框架都是事先设计和确定下来的。由于量的研究是建立在大量抽样统计基础上的，研究对象的范围较大，更具有说服力。近年来在计算机科技发展的背景下，量的研究有着快速的发展。

本研究中的量的研究主要采用问卷法和干预实验研究。问卷法是目前国内外社会调查中较为广泛使用的一种方法。问卷的优点在于它比较客观统一，效率比较高，可以用团体方式进行，结果统计高度数量化，费用低，不必花很多力气训练调查人员。这些特点，使问卷法非常适用于进行大规模的调查活动。有的课题研究由于问卷不记名，使得答卷人更加开放，能真实反映自己的观点和态度。在本研究中，问卷法的采用表现在两个方面：一是用于农村大学生学校疏离态度问卷的编制。考虑到目前国内尚无有效的相关测评工具，因而自编了一个测量农村大学生学校疏离态度的问卷，作为评估和考察的工具。具体做法是收集具有代表性的数据样本，预试样本量为包括最多题项的分量表的3～5倍，运用探索性因素分析方法和结构方程模型对数据进行分析。二是用于农村大学生学校疏离态度的特点及其前因后效变量的研究，选取了攻击—敌意特质、学校适应、生活满意度、抑郁等心理变量的相关问卷，作为考察学校疏离态度的前因和后效作用的影响变量，主要运用方差分析、回归分析以及结构方程模型等方法对数据进行分析。

心理干预是指在心理学理论指导下有计划、按步骤地对一定对象的心理活动、个性特征或心理问题施加影响，使之发生朝向预期目标变化的过程。在心理干预实验中，如何科学地做出实验设计以及进行正确的统计分析十分重要。由于心理干预研究对象的特殊性，研究者很难同时找到大量同质被试，少量被试的小样本干预实验是可行的。在干预实验只有少量被试的情况下，我们需要采用更为严谨的实验设计来确定实验结果是否真是由自变量的引入而发生改变的。通常我们选择一些可以观察、可重复的指标来进行评价。比如被试的行为反应，一些实用性较强的量表等。本研究的干预实验研究则是采用前测、后测的团体心理辅导的方法，来探讨缓解和消除农村大学生学校疏离态度的有效性问题。

1.4.2　质的研究方法

心理学研究中，大样本研究范式虽然已经取得了丰富的研

究成果，但也存在一些局限，比如大样本研究范式很难对被试
进行追踪测量和深入的调查分析，难以避免研究深度上的欠
缺。质的研究作为一种与量的研究相对应的方法，在社会科学
研究中被越来越多的人所认识，也开始被更多的人认同和接
受。教育是一种极其复杂的社会现象，用任何一种方法研究教
育现象，都是不可能去穷尽它的，如果只采用单一方法，就只
能获得部分信息，而忽视、遗漏了许多其他有用的信息。质的
研究方法作为一种描述与分析的方法，注重对社会现象和个人
生活的解释性理解。当研究者对所要研究的对象不太了解时，
质的研究便是较好的研究途径。同量的研究方法一样，质的研
究方法并不是一种单一、专门的研究方法，而是由多种多样的
理论、方法、范式等组成的一个多元的、松散的集合[39]。

　　本研究运用的质的研究方法主要是访谈法和个案研究法。
访谈法又称晤谈法，是指通过访谈者和受访人面对面地交谈来
了解受访人的心理和行为的心理学基本研究方法。因研究问题
的性质、目的或对象的不同，访谈法具有不同的形式。根据访
谈进程的标准化程度，可将它分为结构型访谈和非结构型访
谈。访谈法运用面广，能够简单而迅速地收集多方面的工作分
析资料，因而深受人们青睐。本研究中运用的访谈法，主要针
对农村大学生学校疏离态度问卷编制之前进行的半结构化访谈
和在个案研究中的深度访谈。

　　半结构化访谈用于农村大学生学校疏离态度的理论建构，
即根据所要研究的主题，在编写一个初步访谈提纲的基础上，
开展非正式的访谈。访谈者可以根据访谈时的实际情况灵活地
做出必要的调整，至于提问的方式和顺序、访谈对象回答的方

式等由访谈者根据情况灵活处理。个案研究是指对某一特定个体、单位、现象或主题的研究。这类研究广泛收集有关资料，详细了解、整理和分析研究对象产生与发展的过程、内在与外在因素及其相互关系，以形成对有关问题深入全面的认识和结论。本研究中的个案研究是以某一所高校作为研究对象，期望通过对个案的深入了解，来探究农村大学生学校疏离态度产生的深层原因。

关于方法，没有一个绝对的好的标准，只有适合与不适合的问题。每一种研究都是从一定的视角、侧面、层次和阶段对复杂的事物现象的描述、说明、解释和理解。正如美国人格心理学家 B. R. Hergenhahn 做过的一个形象比喻："研究对象就像漆黑房间里一件不能直接触摸到的物体，研究范式则是从各个角度投向该物体的光束。光束越多，照射角度越不同，人们对该物体获得的信息就越多"[40]。所谓"横看成岭侧成峰"，人们从不同的角度考察客观事实时，可以产生很不相同的认识，形成多元的科学事实。辩证唯物主义告诉我们，任何事物都是质和量的统一体，在现实世界中，不存在有量无质之物，没有质量就没有数量，没有数量也就没有质量，质和量总是结合在一起的，社会现象也同样存在质和量两个方面。作为客观事实的社会现象是一个极为复杂的动态系统，需要我们运用多种范式和方法来认识。每一种研究范式都是从一定的视角、侧面、层次和阶段对复杂的社会现象的描述、说明、解释和理解。因此，本研究在研究方法上力图将定量分析和定性分析相结合，拟采用多元化研究手段对我国农村大学生的学校疏离态度进行系统探索。

1.5 研究价值

1.5.1 对健康心理学的理论价值

健康心理学是研究心理因素在人们维持健康、生病及生病后的反应中的影响，并开展心理行为干预以帮助人们维护和促进健康、防治疾病的科学[41]。健康心理学主要是关注心理、行为和社会因素在疾病发生、发展和转变中的作用，即研究是什么原因使人们产生危害健康的行为，这些不良行为是如何得到巩固，如何影响疾病的。健康心理学在维持和改善人类健康、预防和治疗疾病、评估和诊断健康、完善和改进健康防治体系、协助政府制定卫生保健政策方面做出了积极贡献。健康心理学的蓬勃发展不仅为现代医学预防和治疗疾病提供了大量有效的心理学干预手段和技术，同时也代表了未来心理学应用化和科学化的发展方向。健康心理学的研究领域非常广泛，如研究心理与生理的相互影响，心理因素及心理行为干预的作用以及预测不健康的行为和如何促进健康行为，等等。

近年来，随着社会经济的发展与公众文化程度的不断提升，社会各界对心理健康的关注度与日俱增，无论高中生还是大学生，乃至性格、心态都趋于成熟稳定的中年人，都有可能存在一定程度的心理健康困扰。目前关于大学生心理健康的理论十分丰富，但是通过对已有相关文献的分析发现，近年来国外有关大学生心理健康的研究发展迅速，拓展了一些较新的领域，比如对大学生的学校疏离态度研究就是突出代表。

农村大学生心理健康研究是健康心理学的一个重要领域，

相比城市大学生心理健康的研究盛况，关于农村大学生心理健康研究还比较滞后，研究视角和研究方法也较为单一。因城乡差异等背景因素的影响，农村大学生的心理健康问题有其独特之处。本研究遵循多角度、多层面、多学科的研究思路，采用多元方法对当代农村大学生的学校疏离态度进行系统研究，通过探索农村大学生学校疏离态度的结构、特征、相关因素及干预等各个方面，既可以为疏离态度的本土化研究补充新的内容，也可以在一定程度上丰富和拓展农村大学生学校疏离态度的理论研究，并可开阔农村大学生心理健康研究的新视野，充实和发展大学生健康心理学等相关学科的理论知识。

1.5.2 对农村大学生发展的促进价值

根据教育部 2016 年公布的数据显示，全国在校普通本专科学生约 2 695.8 万人，其中农村籍大学生约占总数一半以上，这既是一个庞大的群体，也是一个特殊的群体。农村大学生早期主要是在乡村背景条件下生活和学习的，考上大学后生活环境的转变加之当下社会多元化价值观的冲击，初期建立的人生观、价值观和世界观与城市体验相碰撞，也给他们带来了不同程度的心理冲击，使之内心产生困惑、不适、不信任等感受，从而不利于其在大学期间的发展。

在高等教育大众化时代，农村大学生发展是农村学子及其家庭关注的高等教育核心问题。农村大学生发展指农村大学生在学校特定的教育环境中构建人生价值导向，体验人生意义，满足自我需要，形成个人习惯，掌握专业知识和技能，使自我感增强的过程[42]。无论是大学新生时期对大学生活的适应，还是高年级时期的自我规划和自主性的发展，都是在一步一步地完成大学期间发展任务。在强调素质教育、能力培养的新形势下，农村大学生既要面对生活环境与方式转变而带来的挑战，又面临着巨大的学业与就业压力，因此许多农村大学生不同程度地产生思想困惑和心理矛盾。从某种意义上来说，农村大学生学校疏离态度的产生是农村大学生在完成发展任务过程中遭遇挫折和失败的表现。学校疏离态度无论是对农村大学生个人的身心健康、学业成就还是对校生关系等都会造成消极的影响。因此，探索学校疏离态度的形成机制与干预策略，为了解和应对农村大学生学校疏离态度提供科学指导，从而有助于促进农村大学生的身心健康发展，并最终有益于农村大学生在校的学习和生活，促进农村大学生积极发展。

1.5.3 对高校学生管理的借鉴价值

高校学生管理是高校按照教育方针的要求，遵循教育规律，在一定教育价值观的指导下，运用科学的方法，有目的、有计划、有组织地对学生施加教育影响，并指导、规范和服务学生，促进学生成长成才的组织活动。随着新时代的到来，高校学生管理工作需要改变传统的管理模式，树立"以学生为中心"的管理和服务意识，将学生置于中心，实施人性化管理，这是高校学生管理工作的未来方向。

虽然传统的管理模式已经无法适应高校发展的趋势，但是长期以来，我国高校学生管理基本采取的是传统制度管理模式，就是采用各种监督制度和规章条例，以及强制性的惩戒手段进行学生管理，这种传统的管理模式具有独特的优越性，的确对约束学生行为起到了不可忽视的作用。但在这种管理模式下，学生处于被动管理，只能从外部约束，难以从心理和思想上真正打动学生。比如学生作为社会个体没有得到足够的尊重，忽视了他们的尊严，他们的情感和个性在这种管理体制下受到长期压抑，积累到一定时期就会爆发。从实证研究来看，农村大学生对大学的疏离态度之一就是对学校管理政策的不信任和不满意，这在一定程度上反映出了高校传统管理模式存在的问题。本研究从不同角度对农村大学生学校疏离态度进行系统研究，也是希望能够为高校管理部门在协调校生关系、提升教学和管理质量及建设和谐校园等方面提供科学决策的依据。

第 2 章
文献回顾与评述

学校疏离态度问题最早由国外研究者从 20 世纪 60 年代开始关注，经过早期的访谈和质性研究的初步探讨后，近期的研究呈现出发展的势头，开发了有效的测量工具。国内的研究还处于起步阶段，当前国内研究的热点集中于如何从本土文化的视角，深化对学校疏离态度的特征和内在机制的研究。从整体来看，研究成果由最初的浅层研究和成果稀有，到现在的研究发展迅速并注重干预和对策的探讨，但国内却一直缺少对学校疏离态度的系统化研究，在研究方法、研究内容和干预策略等方面尚有待加强。

2.1　学校疏离态度的早期研究

2.1.1　早期的访谈与案例研究

在早期关于大学生的学校疏离态度研究中，尚未开发和运用专门的测量工具进行测量研究。研究者多采用案例、访谈和观察等方法进行特征描述研究，即多采用的是质的研究方法，对大学生在大学期间的学习和生活中出现的学校疏离现象进行考察[43]。这些方法各有特点、利弊共存。其中，以行为事件访谈法较有特色。行为事件访谈法本来是主要用于胜任力模型的建模方法，它是让被访谈者回忆自己在过去工作中遇到的三件成功的以及三件失败的事件，并让他们尽可能详细地描述当时的想法、感受、所采取的行动、结果以及总结成功和失败的原因。然后，把访谈内容整理成完整的文字资料进行主题和文本分析，从而提炼出受访者表现出来的胜任特征。早期的研究者借用该方法考察学校疏离态度产生的原因[44]。在访谈中，以随机抽取的大学生作为被访谈者，通过对被访谈者在大学期间最具典型特征（最满意和最不满意）事件的详细阐述，挖掘事件背后的原因与细节，比较大学生疏离群体和普通群体之间行为特征的差异，进而提炼总结出学校疏离态度产生的原因。访谈研究的对象，除了大学生本人外，还以某大学生的同学、老师和父母为访谈对象，通过访谈了解该大学生对学校持有的疏离态度。

与此同时，研究者还通过观察和记录的方式来了解大学生的学校疏离态度现状[43]。例如，通过实地观察大学生在学校的言行举止，发现医学专业大学生的学校疏离态度较为突出。究其原因，可能与医学专业大学生承受的心理压力比其他专业学生更大有关。通常地，医学专业大学生对成为"白衣天使"有着美好的期望，但是医学专业具有学习时间长、学习任务重、择业压力大等特殊情况，进入专业学习之前的美好期望与医学专业残酷现实引发的幻灭感产生了巨大的鸿沟，因而使得医学专业大学生的学校疏离态度表现突出。但由于这些方法都是通过间接收集的证据来推测大学生的学校疏离态度特征，因而其准确性和有效程度受到不少学者的质疑。

2.1.2　早期的测量研究

在对学校疏离态度的直接测量研究中，早期以 Long 编制的大学期间疏离态度量表（the cynical attitudes to college experiences scale）最受关注[45]。该量表是基于对南伊利诺伊大学的 460 名大学生的调查编制的，包括 2 个维度，分别测量大学生对学校管理政策的疏离态度（如"大学制定的政策目标与具体实施有很大差异"）和学业环境的疏离态度（如"专业课程的学习没有意义"）。Long 的研究发现，随着年级的升高，大学生对大学的疏离态度有加剧的趋势。该量表还被其他研究者采纳，用以考察大学气氛、大学疏离态度等相关变量的研究[46]。

还有早期研究者基于人格特质的观点，对大学生的疏离人格进行了测量。人格特质是指在不同的时间与不同的情境中保持相对一致的行为方式的一种倾向，这种倾向具有一致性和稳定性等特征。因为人格特质取向的研究者认为疏离人格是一种稳定的对他人的敌意看法，因而在测量时主要依据类似敌意人格量表的测量工具，普遍采用的是 Cook-Medley 敌意量表[47]。Cook-Medley 敌意量表是基于明尼苏达多相人格测验（minnesota multiphasic personality inventory，MMPI）中的某些题项而编制的，包含的测量因子分别是"不满的评价""猜疑"

和"不信任"，共 50 个题项（例如，我总是琢磨别人对我这么好的隐藏动机），计分方法采用从"非常不同意"到"非常同意"的李克特量表 4 点计分法（李克特量表是一种心理反应量表，是目前调查研究中使用最广泛的量表。当受测者回答此类量表的项目时，他们需要具体指出自己对该项陈述的认同程度）。该量表具有良好的信度和效度，即具备较好的测量一致性和有效性，被认为是测量疏离人格的可靠且有效的工具[48]。对大学生采用 Cook-Medley 敌意量表的研究显示，得分高的大学生具有更高的疏离倾向，如更倾向于愤怒以及对大学产生消极的认知[49]。

但另有研究表明，大学生的疏离态度与人格特质无关[50]。还有研究者认为，疏离人格与马基雅维里主义人格有类似之处，如都视他人为卑劣和不可信任，且主动操纵他人以达到个人目的，故采用了马基雅维里主义量表（简称马氏量表，Mach scale）来考察大学生的疏离人格[51]。马氏量表为 7 点量表，分别有积极人际特质、消极人际特质、积极人性观和愤世人性观 4 个维度，量表具有良好的信度与效度。马基雅维里主义人格倾向会影响人们的态度和行为，因而具有马基雅维里主义人格的大学生更倾向于表现出对大学的疏离态度。

2.2　学校疏离态度的近期研究

2.2.1　近期的测量研究

后来的研究者认为，Long 编制的大学期间疏离态度量表存在几大不足。首先，该量表包含的两个维度仅涉及大学的行政管理和专业课程方面，而其他如大学文化、环境和人际关系等与学生学习和生活密切相关的重要内容没有被纳入，因此该量表不能很好地反映学校疏离态度的整体内容。其次，该量表编制时的样本仅选择了美国中西部地区的大学生，因而其适用的范围有限。最后，该量表仅报告了其信度指标，而对于量表最重要的效度指标却没有提及。此外，关于量表题项的来源也没有给予说明，因而该量表的测量有效性值得怀疑。但在 Long 之后，并未见对该量表的修订或更为有效的测量工具问世。直到 Brockway 等编制的学校疏离态度量表（cynical attitudes toward college scale，CATCS）的出现，才使得这一局面得以改善[16]。

　　Brockway 等编制的学校疏离态度量表包含 4 个维度，分别是政策疏离、学习疏离、环境疏离和学校疏离，前 3 个维度分别测量农村大学生对大学的教学和课程、管理政策和环境所持有的疏离态度，学校疏离用于测量农村大学生对大学总体上持有的疏离态度。共 18 个项目（10 个项目为反向计分），其中政策疏离维度包含 4 个项目，如"学校管理部门制定的政策所产生的问题比要解决的问题还多"；学习疏离维度包含 6 个项目，如"学校的课程设置对于我学习知识很有帮助"；环境疏离维度包含 4 个项目，如"这里的环境和我当初预想的一样好"；学校疏离维度包含 4 个项目，如"我对这所学校很不满意"。该学校疏离态度量表采用李克特 5 点计分法计分，分值越高表示大学生的疏离态度水平越高。最近，运用该量表以中国大学生为被试对象收集的数据进行验证性因素分析的结果显示，4 因素模型的各项拟合指标均达到可接受水平，且各维度的内部一致性系数较好（内部一致性系数又称内部一致性信度，是指用来测量同一个概念的多个计量指标的一致性程度)[7]。

以往的研究显示，对学校疏离态度的测量研究还反映在一些关于大学生学习生活的具体方面的研究中，如关于大学生学业倦怠、人际疏离等方面的研究。在大学生的学业倦怠量表中，疏离感被看作学业倦怠的一个维度，中文多译为"玩世不恭"。研究者认为，学业倦怠是大学生沮丧、疲乏、不满意、焦虑、抑郁、冷漠、无力、低自尊等消极学习心理的表现，反映了大学生对待学习的负面态度[52]。因为学业倦怠的概念来自工作倦怠的研究，所以对学业倦怠的测量工具也是在工作倦怠量表基础上编制的。测量工作倦怠的最权威、最常用的量表是 Maslach 和 Florian 编制的 Maslach 倦怠量表（Maslach burnout inventory-general survey)，该量表包括 3 个维度：情绪衰竭（emotional exhaustion）、玩世不恭（cynicism）和成就感低落（reduced personal accomplishment)[53]。诸多的实证研究均表明，玩世不恭是工作倦怠的一个重要维度。Schaufeli 等在 MBI-GS 的基础上编制了 Maslach 倦怠量表——学生版（Maslach burnout inventory-student survey, MBI-SS），从情绪衰竭、玩世不恭和专业效能感低下（professional efficacy）3 个维度来考察学生的倦怠[54]。该量表共 15 个题项，采用从"0＝从来没有过"至"6＝总是"的 7 点计分法。玩世不恭维度包含了 4 个题项，如"我对学习缺乏热情""我怀疑学习的意义"等。

经测量发现，倦怠现象普遍存在于大学生这一群体中。但是，学业倦怠量表中的玩世不恭维度主要反映的是大学生对自己的学业采取的漠不关心和不在乎的态度，这一点与 Brokway 所编学校疏离态度量表中的学习疏离态度维度有所区别，因为学习疏离态度维度测量的是大学生对大学课程设置、教师授课等学业有关方面的失望和不信任。近来有研究者将学业倦怠作为学校疏离态度的一个后效变量来考察，认为学业倦怠是学校疏离态度引起的不良后果之一[55]。

与此同时，研究者发现大学生对人际关系的疏离态度日益突出[56]。有研究者采用 Lepore 所编的人际疏离量表（interpersonal cynicism scale），考察了大学生的大学人际疏离态度[57]。人际疏离量表包括 3 个维度：对行为公正性的疏离、对人性的疏离和对爱的疏离。计分从"非常不同意"到"非常同意"，采用李克特 5 点计分法。该量表的内部一致性系数为0.76，具有较好的信度。但研究者认为，Lepore 的人际疏离量表主要测量的是对一般的人际关系的疏离态度，而非专门针对大学的人际关系，因而该量表并不能准确反映大学生对大学人际关系的疏离态度[58]。

此外，有研究者采用组织犬儒主义量表（organizational cynicism scale）对大学教师的疏离态度进行了测量[59]。组织犬儒主义量表测查的是员工对组织的疏离态度。Dean 等依据态度模型开发了组织犬儒主义量表，该量表共有 3 个子量表总计 14 个题项，3 个子量表分别是信任、情感和行为子量表[60]。该量表的信度和效度经验证有着较好的测量学水平，在实践中应用较为广泛。在随后的研究中，量表得到了更多学者的验证，如 Fitzgerald 在研究中对量表的信度和效度进行了检

验[61]。在测查大学教师的疏离态度时，所采用的量表正是
Dean 等开发的组织犬儒主义量表。对大学教师的研究结果显
示，大学教师对大学组织总体上持有较高水平的疏离态度和较
低水平的认同。同一时期，研究者还利用该量表对美国社区大
学教师的疏离态度进行了测查，也获得了较为一致的结论[62]。
该测量虽不是直接针对大学生的考察，但是由于大学教师和大
学生同处于大学环境之中，该测量研究的结果对大学生的学校
疏离态度测查具有一定的启示。

2.2.2　近期的特征研究

已有研究表明，大学生所属的群体特征，如性别、年级、
专业等人口学特征的不同，会使大学生学校疏离态度也表现出
与之相对应的不同特征。尽管研究者注意到学校疏离态度在人
口学特征上的不同，但对于城乡特征的测量研究却很少关注。

从人口学特征中的性别特征来看，研究者通过实证研究发
现，男大学生表现出较高水平的与政策有关的学校疏离态度，
女大学生则表现出较高水平的与环境相关的学校疏离态度[7]。
并且认为，这种性别上的特征表现反映出了男女生兴趣特征的
差异，即男大学生与女大学生相比，对大学政策的内容及其实
施较为关注，而女大学生可能更倾向于关注学校的文娱环境方
面，这才导致了男女大学生在大学政策和大学环境的疏离态度
程度上有所不同。研究者认为，大学生对政策的疏离态度是其
政治疏离态度的核心内容[63]。在对大学生的政治疏离态度的
研究中也发现，男大学生的政治疏离态度要显著高于女大学
生，反映出男女大学生政治兴趣的差异[64]。另外，男女大学

生在学校疏离态度的水平上也具有显著差异。研究表明，当男大学生的学业成就期望没有达成时，比女大学生表现出了更高的学校疏离态度[55]。

此外，学校疏离态度体现出的年级特征在以往的研究中也得以证实。Brockway 等的研究显示，高年级大学生的学校疏离态度水平要显著高于低年级大学生，得出了与以往的研究结果一致的结论[16]。谢倩等采用 CATCS 量表在对中国大学生的研究中，获得了大学生在学校疏离态度各维度上的年级特征表现[7]。研究发现，一年级大学生表现出更高的与环境和政策有关的学校疏离态度，而大二、大三年级大学生则表现出更高的与学习有关的学校疏离态度，大四年级学生则表现出更高水平的与政策相关的学校疏离态度。并认为，出现这一年级特征的差异，可能与大学生在不同年级所面临的主要问题有关。

大一年级学生面临的主要问题是学校适应，尤其是对学校规章制度以及学习生活环境的适应，如果适应不良则会表现出失望和沮丧，所以在一年级大学生中政策疏离和环境疏离较为突出。但进入大二、大三年级后，随着学习任务的加重，大学生的主要精力逐渐集中到学习上，此时如果学生觉得课程设置和学习条件不尽如人意，也容易产生相应的不满情绪，因而在大二、大三年级大学生中学习疏离较为突出。大四学生由于面临毕业、就业或升学等诸多现实问题，承受的压力很大，特别是当找工作受挫时或考研失败时更易愤世嫉俗，并可能对就读学校提供的相关政策和服务产生不满，所以在大四学生中，政策疏离有着较为显著的表现。

从大学生所学专业来看，以往的研究发现大学生对大学的疏离态度具有就读专业特征。其实，国外对学校疏离态度的研究就是从对特定专业大学生开始研究的。在学校疏离态度的最初研究中，Becker 和 Geer 研究了医学专业大学生的学校疏离态度[10]。结果发现，医学专业大学生对医学专业教学模式和专业从业领域普遍具有较高程度的疏离态度。经过后续的研究，也得出了与此一致的结论[65]。医学是一门特殊的专业，从事这 专业的医生，都要经过严格的学习和训练，特别是临床一线的医生，需要具有较强的风险意识、责任意识和相应的心理素质。需要从业人员通过刻苦的学习和训练，掌握过硬的知识和能力，才能降低工作中的风险，从而减少医疗风险。因医学职业的高压力和高风险特征，会使该专业的大学生形成较多的负面感受。例如，焦虑、抑郁和低效能感等。国外的研究还发现[56]，军校学生对大学环境的疏离态度显著高于其他学校的大学生。军校是培养军队人才的主要地方，可能部分学生报考军校具有盲目性，对军校了解不深，往往期望值过高，但真正上了军校，激动的心情冷却下来，美丽的梦想变成具体的现实后，忽然感觉到军校的生活没多大意思，所学专业也枯燥，进而对所学专业产生消极态度。

大学的专业从大类角度可划分成文科和理工科两大类，文科学生和理工科学生不仅在大学所学内容上，而且在心理状态上均存在诸多差异。就学校疏离态度而言，也同样反映出了文科学生和理工科学生的不同之处。国内的研究发现，文科学生相对于理工科学生表现出更高的与学习有关的学校疏离态度，而理工科学生则表现出相对较高的与政策相关的学校疏离态度。研究者认为，这与文科和理工科学生的学习特点有关[7]。

学习疏离对文科生的负向影响较为突出，可能因为文科的课程偏重理论知识的学习，考核也不易准确评量，加之近年来文科生就业相对困难，部分文科生或许会觉得文科课程的学习对自己意义不大，学习考核成绩也难以信服，因此出现这一结果。

长期以来，我国存在着"重理轻文"的教育偏弊。曾几何时，盛行一句话"学好数理化，走遍天下都不怕"。在很多人眼中，毕业于艺术、人文和社会科学的学生在求职时不如理工科学生受欢迎，且他们对社会发展的贡献也有限。国内很多高校也表现出"重理轻文"的倾向，近年来的招生数据也说明，不少原本文理兼收的专业，已经减少了文科招生，甚至放弃了文科招生。在近年来的就业市场上，文科生也因所学专业应用性不强而沦为就业市场上的"弱势群体"。种种原因，造成了大学的文科生具有相对较高的疏离态度。研究者认为这一结果对学校及研究者的启示是，应重视提高文科生的学习价值感，从多方面改变对文科专业和文科生的错误认知。此外，文科生与理工科生的学校疏离态度差异还表现在政策疏离方面。所谓政策疏离，是指在大学生对大学的疏离态度中表现为对学校各项政策措施的不信任和不满的态度。理工科生中政策疏离显著高于文科生，显示出政策方针对其影响较大，这或许与理工科生中男生所占比例较大有关，因为男女生日常生活的关注点不同，男生比女生更倾向于关注政策方针相关内容，因而对学校政策的不满便具有代表性。

对于学校疏离态度在城乡生源上的特征表现，虽然迄今仍缺乏这方面的实证研究。但是研究者指出，疏离态度的形成与个体所处的环境有很大关联，学校疏离态度的具体特征也可能反映在大学生的出生和成长背景因素上，因而有必要在未来的研究中将这一人口学特征变量纳入考察之中[16]。

2.2.3 近期的前因变量研究

前因变量就是学校疏离态度的影响因素，前因变量研究即为学校疏离态度的成因研究。由于学校疏离态度研究受关注度较晚等原因，从目前为数不多的研究来看，尚未发现直接对农村大学生学校疏离态度影响因素进行的实证研究。不过，根据社会心理学的观点，个体态度的形成受诸多社会心理因素的影响[66]。从目前对员工组织行为的研究中可以归纳出，个体特征和组织环境是产生员工疏离态度的两大影响因素。研究者发现个体的负向人格、外控性和公平敏感性等个体特征因素对组织疏离态度有正向的预测作用[58]。例如，对组织变革持疏离态度的员工被发现多具有敌意、攻击等负向的人格倾向，因而更容易出现组织变革的疏离态度[67]。

Abraham 的研究更显示出，敌意人格特征是组织疏离态度最强有力的预测变量[68]。Mcculloch 等研究了大学生的内—外控人格与人际疏离态度的关系，结果表明外控性与人际疏离态度呈显著正相关[58]。但是，个体的人格对疏离态度形成的影响并未获得一致的结论。有研究发现，人格特征对组织疏离态度没有显著的预测力[61]。那么，个体人格特征是否是农村大学生学校疏离态度的预测变量呢？这尚需进一步的实证研究加以证实。

在近年来的疏离态度研究中，研究者均将疏离态度的形成看作个体在组织中的经历所致，关注个体在组织中的遭遇和感受[69]。Lepore 的研究发现，在压力情境下，感受到较少社会支持的个体比感知到较多社会支持的个体更倾向于对压力情境产生疏离态度[57]。对组织疏离态度的研究则发现，组织的特征和个体对组织的认知、评价是组织疏离态度产生的重要影响因素。例如，Bateman 等的研究发现，管理者报酬高、组织绩效差、剧烈和快速的裁员行为等组织特征会显著提高组织疏离水平[70]。国内外的研究均证明了组织政治知觉（organizational political perceptions）是组织疏离产生的原因之一[71]。组织政治知觉即组织成员主观上知觉到其他组织成员的自私自利行为，从而可能会对其产生一些消极影响，如不再信任组织、降低对组织的承诺、产生离职意向等。Brokway 等在对学校疏离态度的研究中提出，大学在招生时的虚假宣传以及大学生对大学的期望与在校感知的不匹配可能是学校疏离态度的重要成因，但是目前尚无实证研究加以证实。

有研究者通过深入的研究后发现，疏离态度与其前因变量的关系并非固定模式，它们之间的关系可能存在着中介变量和调节变量的作用[72]。在对心理机制的研究中，经常会探讨中介变量和调节变量所起的作用问题，简称为中介作用和调节作用。中介作用是在自变量对因变量发生影响中存在的不能直接观察到的内在变量和原因，这些变量和原因会在自变量与因变量的关系中产生实质性的、内在的影响作用。调节作用是指两个变量 X 与 Y 的关系会受到第三个变量 M 的影响，使得 X 与 Y 的关系方向或者作用大小发生变化，此时 M 就被称作 X 与 Y 的调节变量，M 的作用就是调节作用。在 Andersson 提出的员工疏离态度成因模型中，心理契约违背被看作个体特征、组织环境和员工疏离态度之间的中介变量[73]。后来的实证研究支持了这一观点，例如 Pugh 等对 141 名曾被解雇过的员工的调查表明，之前的组织心理契约违背在员工对新雇主的感知与员工疏离态度之间起到中介作用[74]。高婧等对中国员工疏离态度的研究也表明，组织政治知觉通过心理契约违背的中介作用，滋生出了员工的疏离态度[75]。学校疏离态度的研究者认为，农村大学生的学校疏离态度与其前因变量之间也并非简单的对应关系，可能同样存在着中介变量和调节变量的内在作用机制[7]。

2.2.4　近期的后果变量研究

后果变量即为学校疏离态度引起的后果，例如疏离态度给个体带来了倦怠、抑郁、生活满意度降低等后果。学校疏离态度作为一种负向态度，所产生的消极后果受到了研究者的极大关注。对学校疏离态度的早期研究发现，学校疏离态度对一些个体后果变量有显著的预测作用，如学习倦怠、学习成绩下降和退学行为[45]。Cullen 和 Tinto 对大学生退学行为的影响因素研究结果显示，大学生之所以选择退学，很大程度上是对学校不满的一种行为宣泄[76]。而大学生对学校的不满在助长疏离态度产生的同时，也可能导致一些不良后果。例如，与学生有关的不良后果有降低学习成绩、学习倦怠和退学行为；与学校有关的不良后果有高失学率、低就读率等。

疏离态度对于个体脱离行为的影响，在大量的组织疏离态度研究中也有类似的发现，即员工的疏离态度会引发离职行为。例如，Barnes 对 473 名美国社区大学教师的调查表明，对大学工作持有疏离态度的教师更倾向于离开他们的工作岗位[62]。廖丹凤对 253 名中国员工的调查也表明，员工的组织疏离态度对离职倾向有显著正向影响[36]。顾远东在构建工作压力对员工离职的影响模型中发现，在由工作压力到离职的影响路径中，影响作用最强的一条路径是工作压力→情感耗竭→疏离态度→离职，表明对组织的疏离态度直接引发了员工的离职倾向[76]。可见，疏离态度对于个体的组织脱离行为倾向影响重大。

　　大学生的学校疏离态度不仅表现为对学业有关的后效变量有显著的影响，对其他后效变量的作用也很突出。研究者认为，由于学校疏离态度带有的负面效应特征，首当其冲地会对持有者的身心健康造成不良影响[77]。疏离态度对身心健康的负面影响被大量研究一再地证实，Pope 等认为个体持有的疏离态度会降低个体的免疫力并增加个体罹患冠心病的风险[78]。Meyerson 的研究表明，对组织的不信任和失望，会导致员工的愤怒情绪和自我挫败感[79]。Richardsen 等对警察的调查发现，警员的疏离态度与抑郁、焦虑情绪有关[80]。研究者对接受心理咨询的法学专业新生的研究结果显示，那些对学校持强烈否定和不信任态度的学生，其心理症状水平要显著高于一般学生[81]。后来采用普通大学生为被试的研究也发现，高疏离态度学生组的心理症状自评水平要显著高于低疏离态度学生组。另外，出现抑郁症状的大学生其学校疏离态度得分也显著高于其他心理健康的大学生[82]。

　　近年来对学校疏离态度与生活满意度的相关研究发现，学校疏离态度对大学生的生活满意度有负面影响[7]。研究者认为，疏离态度包含的强烈不信任感，会使个体对行为的结果产生消极的预期，而消极的预期又会影响个体对其行为结果的满意感，这种负面信念导致负面结果的"行为模式"常常会使个体陷入不如意的生活状态[83]。当学生感到学校各方面的条件和资源不能满足预期时，对自己当前的生活质量评价就会很低，从而阻碍学生对大学生活的适应[84]。

以往的研究还发现，一些因素在疏离态度与其后效变量之间起到了调节作用[85]。已有相关研究显示，社会支持是被探讨较多的调节变量之一。在大学疏离态度与后果变量的研究中，研究得最多的是社会支持的调节作用。按照 Sarason 等的观点，社会支持是个体对希望获得或可以获得的外界支持的感知[86]。社会支持可以通过多种形式帮助个体调节不良情绪，减轻和缓解心理应激反应、精神紧张和其他不良心理状态。因此，社会支持同样能在疏离态度与其后效变量之间起到调节作用。谢倩等的研究发现，家庭支持、老师和同学的支持以及朋友的支持对大学生的学校疏离态度与生活满意度的关系均有显著的调节作用，其中家庭支持的调节作用最为突出[7]。Cole等的研究还发现，情绪能在上级支持感和员工疏离态度之间发挥调节作用[87]。不过，纵观以往的研究，尚未有研究者对疏离态度与相关变量的中介作用和调节作用有过深入的探讨，因而对其内在的作用机制并不是很清楚，需要进一步探讨。

疏离态度会引发诸多消极后果，这已经成为研究者的共识。然而，有趣的是，也有些研究者认为，疏离态度对个体和组织也能产生一些促进作用。例如，Dean 等指出疏离态度或许能保护员工免受剥削，他们认为持疏离态度的员工对超出组织制度和员工期望的那些做法充当了监督者和检测者[60]。还有研究认为，持疏离态度者可能指出了组织的漏洞和问题所在，有利于组织改进工作[88]。Brokway 等据此认为，学校疏离态度可能也并非只有负面效果，持学校疏离态度的大学生对学校的负面评论或能成为学校积极改变的催化剂[16]。但是，综合以往的研究来看，学校疏离态度作为一种消极、负面的态度，对大学生个体和对大学所产生的消极后果远远超出了它所起到的微不足道的积极作用，而目前的研究虽然集中探讨了其消极作用，却还远未揭示得全面和深入，尤其缺乏以特殊群体为对象的系统研究，尚需要后续研究做更进一步的揭示和探讨。

2.3　对以往研究的评价

2.3.1　以往研究的贡献

从文献综述中可以看出，虽然学校疏离态度研究受关注较晚，但已取得了一定的研究成果。首先，研究者对学校疏离态度的概念、结构进行了初步探索，这为正确理解农村大学生学校疏离态度的含义提供了有价值的参考。其次，编制了几套测量学校疏离态度的量表，为测量工具的应用和进一步开发打下了基础，特别是为编制适应我国农村大学生现状的本土化测量工具提供了参考。最后，开展了学校疏离态度与其变量关系的实证研究，尤其揭示出了学校疏离态度对大学生个体和大学所产生的多种消极后果，不仅为后来研究者展示了宽阔的研究领域，也显示了该研究重要的现实意义。

2.3.2 以往研究的不足

经过研究者的不懈探索，学校疏离态度研究已经具备了一定的前期研究条件和基础，但是仍然存在诸多问题。如：概念构成较为模糊，应用较为混乱，较多的经验总结，较少实证分析和严格的模型验证，研究方法上多用质的方法，较少采用问卷调查等量的方法。迄今对学校疏离态度研究存在的一些问题与不足，主要表现在以下几个方面。

（1）关于理论建构

从理论角度而言，对学校疏离态度的理论建构存在较大分歧。尽管学校疏离态度这一概念早在 20 世纪 60 年代就已经被提出了，但对于学校疏离态度的操作定义迄今还没有获得共识，其操作定义中包含哪些因素亦没有一个统一的结论。这是学校疏离态度理论研究亟须解决的问题，这一不足显然影响了对学校疏离态度的有效测量与评估。尽管 Brockway 在研究中构建了学校疏离态度的理论模型，为后续研究提供了理论依据和参考，但是该理论模型还未获得实证研究的支持，尤其是对其结构维度的探讨仍未达成一致，说明该理论模型的科学性和系统性有待进一步完善。因此，我们认为，未来的研究重点需在已有相关理论的基础上继续完善学校疏离态度的理论建构。在此基础上，针对不同的研究对象，形成一套可行、有效的测查工具及机制，这样才能为学校疏离态度理论在干预辅导实践中的应用打下良好的基础。

（2）关于研究内容

从研究内容而言，目前对农村大学生学校疏离态度的实证研究还是一块有待开垦的"处女地"。国内外期刊数据库上的相关研究文献均比较少见,尤其是国内的实证研究更难以见到。这可能是因为研究者对学校疏离态度概念和理论的认识还未达成一致,还有待深化,从而在一定程度上制约了其实证研究的拓展。现有研究对学校疏离态度的前因变量几乎没有涉足,对后效变量的探讨也仅停留在与几个主要因素的浅层关系上,而大学生学校疏离态度对大学生心理健康的影响将是最主要的关注内容。在调节变量的研究中,研究关注的是部分外部因素的调节作用,忽视了大学生内部心理因素的调节作用。这一研究现状使得我们对学校疏离态度的特征、形成原因和影响后果及其相互之间的关系知之甚少。因为对农村大学生学校疏离态度的成因缺乏实证研究,因此,到目前为止,对农村大学生学校疏离态度的干预和改变研究方面更是空白。鉴于此,本研究欲对农村大学生学校疏离态度做一系列系统而深入的实证研究,以期揭示农村大学生学校疏离态度的结构、特征和前因后效,并尝试进行干预实验研究,为缓解和消除农村大学生学校疏离态度的实践提供有效的指导和参考。

(3) 关于研究方法

在有关学校疏离态度的研究中,研究者在研究方法的使用上往往比较单一,要么是纯粹的理性思辨,要么是单一的定量研究,而综合采用质化与量化研究方法的研究还没有发现。在质化研究中几乎都是使用基于观察的描述性研究,未见到使用个案研究、深度访谈等研究方法。在量化研究中,问卷法是研究者普遍使用的方法,大多数研究者采用了自编问卷,却缺乏良好的信效度,从而使研究结论的普适性大打折扣。因此,在研究方法方面，未来的学校疏离态度研究应将问卷法与其他方法相结合，质的研究方法与量的研究方法相结合。

（4）关于本土化问题

目前对学校疏离态度研究以西方国家研究居多，而在其他国家和地区则较少有研究者涉及这个领域，因此研究结论的跨文化的适应性也就值得商榷。譬如，Brockway 等的学校疏离态度的理论建构模型虽为学校疏离态度的测量及其干预提供了一个立体式的概念框架，但该理论模式是否具有跨文化的适应性还有待检验。目前来看，我国关于农村大学生学校疏离态度的实证研究基本上处于空白，因此，只有开展农村大学生学校疏离态度的本土化研究，才能增强研究的结论和成果的针对性和实践应用性。

2.3.3 进一步研究的思考

目前，国外有关学校疏离态度的研究呈现出发展的势头，而国内至今却鲜有这方面的研究。针对以往研究的不足之处，立足于当代农村大学生学校疏离态度的现状以及农村大学生学校疏离态度研究的新进展，采用量的研究与质的研究相结合的方法，对我国农村大学生学校疏离态度的结构和特点进行探索，并深入探讨我国农村大学生学校疏离态度的形成原因、影响后果及其内在作用机制，以推动农村大学生学校疏离态度研究的本土化，为全面准确把握我国农村大学生的学校疏离态度提供实证依据，并在此基础上，尝试对农村大学生的学校疏离态度进行干预实验研究，为最终缓解和消除农村大学生学校疏离态度提供有价值的参考和科学实施的依据。

第 3 章
农村大学生学校疏离态度问卷的编制

基于态度取向的研究视角，在借鉴国内外已有研究的基础上，通过采用文献分析、结构式访谈、问卷调查和因素分析等多种研究方法，探索出我国地方高校农村大学生学校疏离态度的内在结构，并开发具有良好信效度的农村大学生学校疏离态度测量问卷，作为测量农村大学生学校疏离态度现状的有效工具。

3.1　问卷编制的必要性

3.1.1　探索学校疏离态度现实状况的需要

目前，国外有关学校疏离态度的研究正呈发展上升的势头，而国内却少有对该问题的实证研究，对农村大学生学校疏离态度的研究更是鲜有涉及。大学这一人类古老而常新的组织机构，无疑是人类的一个伟大创造。大学一词 University 最初源于德语中的 Universal，即无所不包，全世界的、宇宙的，有着广博之意。据此，大学一直以来都是人才培养的高地。大学教育不仅提升学生的专业知识、专业技能，还促进学生的综合发展，以期培养既能人格独立，又能为社会、科技进步做出贡献的高素质人才。此外，当今大学还要担负科学研究、服务社会、传承和创新文化等职能。如今不少发达国家的大学都将教育目标定位于培养合格公民和培养人力资本上，我国更是赋予大学培养各级各类建设事业接班人的重任。

然而，随着近些年我国高校扩招，我国的大学教育由以往的精英化教育逐渐转变为大众化教育。特别是地方高校在扩招后引发的教育质量下滑，高校毕业生就业难等问题，使得大学承受着来自社会各方面的质疑声音和批评压力。地方高校指地方所属的高校，即隶属于各地的省、自治区、直辖市的高等院校，大多由地方财政供养，以服务区域经济社会发展为目标，着力为地方培养高素质人才。目前我国地方高校共有 2 500 多所，是我国高等教育体系的重要组成部分。从地方高校的生源来看，农村学生占有相当大的比例。

虽然教育的目的是进行完整的自我认知和自我生长，是关注内在修养，培养独立自主的精神。但是从经济学上讲，人的行为，多少都带有投资性质。同样的人生，用来上学，就不能做其他可以获利的事情，而且要为此付费。投资之后，没有回报，或者回报不佳，当然会打击投资者的热情。而且在高度物质化、功利化的当今社会，大学教育的意义也被功利化了。因此，对于普通老百姓来说，他们更关注的是大学教育的直接价值，即上大学能给他们的生活带来什么好处。

曾几何时，教育被认为是最重要的上升渠道，考上大学就是天之骄子，就能改变自己乃至全家人的命运，这是一种普遍存在的社会信念。但是近些年来，大学生就业难的问题日益凸现。从 2013 年开始的全国高校毕业生"最难就业季"至今，地方高校大学生面临的就业压力并未减轻，农村学生是地方高校的生源所在。农村大学生这一特殊群体，在自身具有独立能力强、吃苦耐劳、坚韧等优势资本的同时，也存在家庭经济文化资本短缺的局限性，这在一定程度上造成了农村大学生读完大学找工作难的现实困境。不少农村大学生"毕业即失业"，从而使得希望通过接受高等教育来改变命运的一些农村大学生，对上大学的价值产生了怀疑与否定，甚至产生了"读大学无用"的消极认知。

对于农村学生来说，上大学是改变个人命运、实现社会纵向流动的重要途径。考上大学就意味着鲤鱼跃龙门，意味着出人头地，甚至可能改变整个农村家庭的命运。由于生存环境的天然劣势，他们的求学之路，一般都比城市学生更为艰辛，考上大学也需要付出更大的努力。因此，作为高考激烈竞争而胜出的优胜者，农村大学生自然对大学教育寄予了相当高的期望，希望能通过大学的深造提升自己的学识和能力，并在今后的工作中体现所学知识和技能的价值，从而改变个人的命运。但事实是，随着高校的大规模扩招，大学在为国家和社会培养出大量人才的同时，也催生了大学生就业难等问题。农村大学生由于成长环境的限制和经济条件的束缚，就业难问题对其冲击更大。就业难与大学期间感受到的负面信息叠加在一起，难免会对农村大学生的大学认知和态度产生负面影响，从而引发对大学的疏离态度。

此外，大学教育事实上具有的一些不尽如人意的方面，如学术腐败、行政管理官僚化、课程设置脱离实际以及教师教学方式枯燥等，与青年人头脑中所具有的理想大学样子互不相容，更是容易引起农村大学生的心理落差。对一些农村大学生来说，原先对大学抱有的"象牙塔"式的理想情结，对大学产生的学术圣殿式的顶礼膜拜，在进入大学后可能遭遇到近乎残酷的打击。当这一切打击来得太突然和措手不及时，农村大学生由于年龄和经验等原因，一般很难及时地调整自身的认知，达到心理平衡。反之，却很可能将现实与理想之间的差距归罪于大学。并且，无论是"读大学无用"等负面信息得到"印证"导致的不满和不信任，还是对大学理想与现实差距造成心理失衡所引发的心理抵触，都可能转化为农村大学生对大学的疏离态度。因此，探讨我国农村大学生的学校疏离态度在当前的形势下有其独特的现实必要性。

3.1.2 服务于本土化研究的需要

目前国内还比较缺乏对农村大学生学校疏离态度的研究，国内之所以缺乏农村大学生学校疏离态度的实证研究可能存在诸多原因，如领域较新尚未涉及或者关注较少等。但是，我们认为最有可能的一个原因是缺少本土化的测量工具。因为测量工具是实证研究的基础保障，而国外开发的学校疏离态度的一般测量工具由于存在跨文化的适用性问题，不能直接借以使用。基于此，本研究尝试编制一份具有良好信效度的我国农村大学生学校疏离态度问卷，作为农村大学生学校疏离态度的测量工具。

问卷法是心理学、教育学和社会学研究中最常用的研究方法之一，在揭示人类的心理活动规律与教育规律中发挥着重要的作用。问卷法是指研究者用统一、严格设计的问卷来收集与研究对象有关的心理特征和行为数据资料，以揭示心理学规律的方法[89]。由于问卷匿名性强，回答比较真实，内容客观统一，可获得较大的样本量，同时节省人力、物力、时间，而且操作简便，因而广受研究者的青睐。但是问卷需要经过严格的、科学的编制，方能保证问卷使用的质量。

3.2　问卷的内容构建

3.2.1　构建目的

问卷的内容构建是指对所测量心理或行为现象内涵成分和结构的挖掘和探析。本研究通过对地方高校农村大学生的访谈和开放式问卷调查结果的分析，初步探索农村大学生学校疏离态度的结构和维度，提出农村大学生学校疏离态度结构的理论构想，并收集预试问卷的相关条目，为后续研究奠定基础。

3.2.2　构建方法

（1）开放式问卷调查

问卷编制前的准备工作是整个问卷编制的基础，是问卷研究是否有效的重要前提。首先，要明确研究的目的或出发点是什么，计划想要得到哪方面的研究问题，所要研究的内容依据的理论框架，以及基本的研究假设有哪些，依此来进行资料的收集和准备。所以，在进行问卷编制之前，要清楚研究的出发点是什么，为什么要这样做，预期通过编制出的问卷会得到哪方面的研究结果，对研究的问题会有怎样的价值和作用等。所有这些问题都要在问卷编制前有个较为清晰的假设。

其次，在构想测量问卷的内容时，对某些问题尚不清楚，此时宜采用开放式问卷调查等探索性研究。开放式问卷又叫无结构型问卷，是问卷设计者提供问题，所调查的问题是开放式的，由被调查者自行构思自由发挥，从而按自己意愿答出问题的问答题型调查方式。本研究采用自编"农村大学生学校疏离态度开放式问卷"，在农村籍学生较多的川、渝地区高校，选取 4 所大学（其中省属重点本科院校 2 所、普通本科院校 2 所）实施开放式问卷调查。调查选择在公选课课堂上或在学生自习时发放纸质问卷。共发出问卷 280 份，回收问卷 274 份，剔除非农村籍学生的作答问卷 83 份，再将未填、只填写个人信息或者没有按要求填写等卷视为无效问卷，最后得到有效问卷 191 份。具体调查对象分布见表 3 - 1。

表 3 - 1　开放式问卷调查对象的分布

人口学变量	类别	人数	百分比（%）
性别	男	89	46.6
	女	102	53.4
专业	文科	109	57.1
	理工科	82	42.9
年级	大一	52	27.3
	大二	57	29.8
	大三	43	22.5
	大四	39	20.4
总计		191	100

　　首先，在开放式问卷的指导语中对学校疏离态度的概念向调查对象做了明确的说明，即学校疏离态度是指农村大学生在校期间感受到的大学各方面实际情况与自己预期的状态不相符合，而导致自己产生对学校的不满意和不信任等带有负性信念的态度。根据学校疏离态度的这一界定，开放式调查问卷设置以下主要问题。

　　问题1：您认为学校疏离态度应该包含哪些内容？

　　问题2：您认为最突出的学校疏离态度有哪些？

　　问题3：您觉得和您进大学前的期望相比，您所在大学的哪些方面是让您感到不能接受的？

　　问题4：当您对学校的预期与学校的实际情况不符合的时候，您一般会怎么做？

　　问题5：您认为学校疏离态度会对您在大学的学习和生活的哪些方面产生影响？

（2）集体访谈

　　在发出开放式问卷的同时，选取四川省某省属高校的20名农村籍本科学生（其中男生11名、女生9名；文科和理科各个年级2~3人），进行集体访谈，由笔者主持，两名心理学专业硕士担任助手。以"当代农村大学生对大学的哪些方面表现出疏离态度"为主题进行开放式访谈。程序为：①互相认识，小游戏暖场。②让访谈对象明确学校疏离态度概念的内涵。③自由发言，相互讨论。④助手记录访谈过程，主持人进行小结。⑤感谢访谈对象。访谈的问题与开放式问卷的问题基本相似，主要围绕学校疏离态度的内容结构提问和讨论，另外扩展涉及农村大学生学校疏离态度的形成原因和影响后果。对于模糊或偏题的讨论和回答予以现场追问并澄清。

(3) 个别访谈

通过网络在线聊天的方式，对来自重庆和四川的 4 所省属高校的 8 名农村籍本科学生（每个学校各 2 名学生）进行了个别访谈。首先向访谈对象介绍本次访谈的目的，然后对学校疏离态度的内涵做了详细的说明，在确认访谈对象完全理解了访谈的相关概念后，提出以下访谈问题。

问题 1：就您的理解来看，您认为对大学的疏离态度具体包含哪些内容？

问题 2：您为什么会认为学校疏离态度的内涵是包含这些方面呢（若受访者的回答偏题，则启发他回到与疏离态度内涵有关的回答上，但不直接暗示回答的具体内容）？

问题 3：就您个人而言，你觉得自己有没有出现过对所在大学的疏离态度（若回答有则继续问）？能不能列举出您对所在大学都抱有哪些方面的疏离态度呢？

问题 4：就您所知，您周围来自农村的同学对学校都抱有哪些方面的疏离态度呢，请您列举一些。

问题 5：您认为以上这些您持有的和您所了解的学校疏离态度中，哪些是比较典型的（等受访者列举完后继续追问）？为什么您认为这些疏离态度是比较典型的呢？谈谈您的依据。

最后将访谈的过程全部保存为文字稿以作为后续分析之用。

3.2.3　构建结果

通过开放式问卷和访谈相结合的方法，总共收集到 473

个与学校疏离态度内涵有关的内容条目。其中开放式问卷收集到 359 个内容条目，访谈收集到 114 个内容条目。首先对所有内容条目按照下面的标准进行筛选：第一，剔除与学校疏离态度含义无关的内容条目。第二，剔除表述重复的内容条目。第三，剔除意思含混，不易理解的条目。按照以上三种标准筛选后（剔除的条目列举见表 3－2），剩余有效条目共 103 个。

表 3－2　开放式问卷调查和访谈收集的无效条目列举

编号	无效内容条目的表述
1	同学们都在混日子
2	什么大学疏离不疏离，跟我没关系
3	觉得上课无聊的时候就旷课
4	不喜欢听老师讲课
5	寝室上网的人比教室上课的人多
6	工作没有着落，什么都不想干
7	没有具体想过，也没有遇到过
8	父母的期望和学生的期望有差距
9	我相信这些都是表面现象
10	同学之间相互不理解

剩下的 103 个内容条目中，对表述的意思有多重含义的内容条目和语句进行拆分（多重含义是指与农村大学生学校疏离态度内涵相关的多重含义）。例如，"学校常常说一套做一套，老师也有时候言行不一"分别包含了"学校管理不善"和"老师品行"两个含义，因此予以拆分，并分别编码。并

对表述的意思较为相似的不同内容条目和语句进行合并，如"食堂只知道追求利益"和"学生的利益让位于食堂的营利"，这两个内容条目同时反映了农村大学生对学校后勤食堂现状持有的疏离信念，因而予以合并。通过以上方式进行调整后，最后得到 58 个内容条目（部分调整的内容条目示例见表 3-3）。

表 3-3　对多重含义和重复含义内容条目的调整列举

编号	初始的内容条目	经过调整后所得内容条目
1	A. 与其听课还不如自学 B. 老师上课讲的东西不如我们自学得好	听老师讲课不如自学（合并）
2	A. 同学与同学之间很难看到热情与互助 B. 现在的农村大学生之间人情冷淡得很	大学里同学之间人情冷漠（合并）
3	学生怠学，老师怠教	A. 学生不愿投入精力学习 B. 老师不愿致力教学
4	学校文化枯竭，学术腐败	A. 大学缺乏丰富有趣的文化活动 B. 大学的学术存在学术不端现象

经过以上两个步骤的筛选和调整后，根据内容条目的含义，并参考以往研究者关于疏离态度的结构设计和分类，对剩下的 58 个内容条目进行初步归纳，共得到 5 个类别的农村大学生学校疏离态度内容条目，将以下 5 个条目作为问卷编制维度的初步构想。

（1）学业疏离

指农村大学生对所在大学教学相关方面所持有的疏离态度，包括对教师授课、教学计划、课程设置等与教学环节密切相关的方面。所含的内容条目如"很多大学老师上课死板缺乏新意""我所学的这些课程对今后的发展没什么帮助"等。

（2）管理疏离

指农村大学生对所在大学的管理政策、管理方式和管理效果等方面持有的疏离态度。这些管理包括对学生的奖惩、学生就业的管理、平时生活和学习的管理等。所含的内容条目如"学校的奖惩对农村大学生不公平""学校不会理会农村大学生的意见和反馈""学校没有真正重视农村大学生的就业"等。

（3）环境疏离

指农村大学生对所在大学的整体环境持有的疏离态度。包括对大学的人文软环境的疏离态度和对物质硬件环境的疏离态度。所含内容条目如"大学里少有人愿意潜心做学问""我感觉学校只知道扩大规模而不知道塑造人文氛围"等。

（4）人际疏离

指农村大学生对所在大学的人际关系持有的疏离态度。主要针对同学之间以及同学与老师之间的人际关系。所含内容条目如"大学里愿意和农村大学生真诚相待的人很少""老师和农村大学生在课后很难成为朋友"等。

（5）服务疏离

指农村大学生对所在大学提供的学习和生活等各种辅助性服务质量和态度所持有的疏离态度。主要针对为学生的学习和生活提供服务的学校各部门的服务质量和态度。所含内容条目如"哪怕意见再多学校食堂的饭菜价格也不会有什么改变""要想学校服务人员对农村大学生的态度好简直就是奢望"等。

与此同时，邀请心理学专业 3 名硕士生、2 名博士生对以上 58 个内容条目进行归纳分类（之前对其告知农村大学生学校疏离态度的含义及其相关背景）。归纳的结果基本支持以上 5 种类别的划分，但发现有 6 个内容条目的表述似乎并不能归入任何类别，而且与农村大学生学校疏离态度的内涵略有差异，对此先暂时保留这些内容条目，待进一步因素提取后再根据情况予以确定。另外对"管理"和"服务"是否有包含和重叠也存有疑问，对此同样暂时不予处理，待因素分析完成后再结合理论和逻辑来判定。通过以上对所收集内容条目的编码归纳，初步确定了农村大学生学校疏离态度的结构（图 3 - 1）。

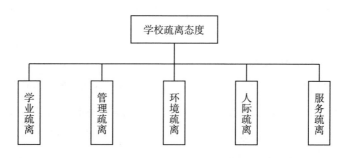

图 3-1 农村大学生学校疏离态度维度的初步构想

回顾已有的相关文献发现，多数研究者都将疏离态度看作针对特定对象产生的负面态度，疏离态度的产生与该对象的具体特征有关。例如，近年来研究较多的组织疏离态度和政治疏离态度，就是由于政治或组织存在不公正、不透明、权力滥用和忽视个人利益等不良特征，导致个体对政治或组织的不认同和不信任，并逐渐演化为组织疏离态度和政治疏离态度。随着疏离态度研究的深入开展，有研究者开始注意到大学生对大学持有的疏离态度这一现象，并着手对这一现象进行分析和考证。

于是，早期研究者尝试编制一份直接测量大学生的学校疏离态度问卷，如 Long 编制的大学疏离态度量表，该量表包含两个分量表，分别测量大学生对学业环境和对学校管理政策的疏离态度[90]。该量表在编制完成后一度受到相关领域研究者的推荐和使用，并获得了一些量化的实证研究成果。但是，由于该量表在编制过程中存在的局限性，其测量有效性受到了后来 Brockway 等研究者的质疑。但令人感到疑惑的是，在之后的十几年中并未有研究者对 Long 的大学疏离态度量表进行修正，或者在该量表的基础上编制新的学校疏离态度测量工具，直到 Brockway 等编制的学校疏离态度量表（CATCS）的出现。最近，CATCS 的测量有效性在以中国大学生为被试的研究中也得到了较好的验证，该量表也因其编制过程的科学严谨而受到更多研究者的关注和应用。

本研究通过对我国川渝地区部分高校的农村大学生开展访谈和开放式问卷调查，初步探索出农村大学生学校疏离态度的结构和维度，提出农村大学生学校疏离态度结构的理论构想，并收集预试问卷的相关条目，为后续研究奠定基础。

3.3　问卷的编制

3.3.1　问卷编制目的

在初步构建的 5 个维度基础上，形成农村大学生学校疏离态度初测问卷并进行实地测量。对初测问卷收集的数据进行统计分析，进一步验证和确定农村大学生学校疏离态度的理论维度，并据此编制出符合心理测量学要求的农村大学生学校疏离态度问卷，为后续研究提供有效的测量工具。

3.3.2　问卷编制方法

首先，将 5 个初始构想维度对应的 58 个内容条目进行语句重新表述。包括语句简洁性、可读性、表述一致性以及单一含义等方面的调整，初步编制成包含 58 个题项的农村大学生学校疏离态度初测问卷。然后再次请 1 名心理测量学教授和 4 名在读本科农村大学生对初测问卷题项的合理性、可读性、适当性以及简洁性等作评定。根据评定结果，修改或者删除不合理的题项，最后保留了 53 个题项，从而形成初测问卷。同时，为了保证问卷的作答更加真实有效，对初测问卷的题项顺序进行了随机编排，并将其中的 10 个题项设置成反向计分题穿插其中，以防止填答者作答定势的出现。初测问卷题项的计分采用李克特 5 点量表计分的方式，即"1＝非常不同意"到"5＝非常同意"。

3.3.3　问卷编制过程

（1）样本的选取

调查样本分别来自重庆市的 2 所本科院校和四川省的 2 所本科院校的在读农村大学生，选取依据以调查样本自己报告的学籍信息（是否农村户籍和是否来自农村或乡镇中学）为准。本次调查针对农村大学生共发放问卷 300 份，回收问卷 287

份，其中有效问卷 261 份，有效回收率为 90.9%，样本的具体构成见表 3 - 4。

表 3 - 4 初测问卷的样本构成

人口学变量	类别	人数（个）	百分比（%）
性别	男	137	52.45
	女	124	47.55
专业	文科	149	57.09
	理工科	112	42.91
年级	大一	78	29.90
	大二	71	27.20
	大三	65	24.90
	大四	47	18.00
总计		261	100

（2）施测过程

问卷的施测主要采用纸笔作答的现场集体施测方式。主试由 4 名预先联系到的样本所在高校的班主任担任，并在实测前对其进行了有关问卷施测的必要培训。问卷的实测时间选在某次班会活动结束之后或自习课下课后，将符合条件的农村大学生留下，为了确保真实作答，指导语告知学生本次调查是对其在大学的生活和感受的调查了解，调查为匿名形式，问卷当场发放并当场收回。

（3）统计过程

运用 SPSS 20.0 统计软件进行相关的数据统计分析。SPSS 为 IBM 公司推出的一系列用于统计学分析运算、数据挖掘、预测分析和决策支持任务的软件产品及相关服务的总称，该软件产品被广泛运用于社会科学各个领域的统计分析之中，因使用方便，功能齐全获得了各国学术界的高度评价。

3.3.4 问卷编制结果分析

(1) 项目分析

项目分析是指对初测问卷编制的题项所做的统计分析，以剔除无关的题项，保留相关题项，从而使问卷具有较高的信度。其具体做法为：首先，将初测问卷的反向计分题进行转换，然后计算出样本各被试的总分，并按照样本总分的前后27%比例进行高低得分组分组，以确定高低得分组在各个题项得分的差异情况。通过独立样本 t 检验的结果发现，有9个题项的高低得分组得分差异不显著（$p > 0.05$），因而予以删除（采用极端组决断值判定的方法亦得到相同结果）。其次，将题目得分与问卷总分进行相关分析，以考察各题项的同质性程度。通过观察各题项单独得分与所有题项总分的相关矩阵发现，有5个题项与总分的相关系数小于0.4，因而考虑将这5个题项删除。接着，采用信度分析检验每个题项对于问卷的同质性程度。检验的方法是看某题删除后整个问卷总体信度指标的改变，若总体问卷信度高出不少，则考虑删除此题，反之则不能删除。通过删除各题项所得信度指标的分析发现，有3个题项在删除后问卷的总体信度值有较大的提高，因而决定将此3个题项删除。通过以上项目分析，总共删除17个题项，保留36个题项的数据以做进一步的因素分析。项目分析的结果摘要列举如下（表3-5）。

表 3 - 5　农村大学生学校疏离态度问卷的项目分析摘要节选

题项	极端组比较	题项与总分相关	同质性检验	备注
	决断值		删题后的 a 值	
C_1	10.437 ***	0.521 ***	0.900	保留
C_2	7.812 ***	0.632 ***	0.889	保留
C_3	11.203 ***	0.723 ***	0.895	保留
C_4	13.110 ***	0.667 ***	0.881	保留
C_5	9.256 ***	0.594 ***	0.890	保留
C_6	17.426 ***	0.713 ***	0.901	保留
C_7	2.014	0.322	0.907	删除
C_8	1.837	0.195	0.912	删除

注：*** $p < 0.001$，** $p < 0.01$，* $p < 0.05$。

　　测验信度是衡量测验质量的一个重要指标，a 系数也经常被称为同质性信度或者内部一致性信度，是普遍采用的测验信度估计指标。本研究的农村大学生学校疏离态度初测问卷的内部一致性 a 系数为 0.904。

（2）探索性因素分析

　　在社会调查研究构成中，研究者首先要开发调查问卷，对应于每一个研究者感兴趣的理论变量，问卷中往往有多个问题。这个理论变量就是因素或因子，这些个别问题是测度项。探索性因素分析是因素分析的一种。在探索性因素分析中，比如，因为我们想让数据"自己说话"，我们既不知道测度项与因素之间的关系，也不知道因素的值，所以我们只好按一定的标准（比如一个因素的解释能力）凑出一些因素来，再来求解测度项与因素关系。探索性因素分析的一个主要目的是得到因素的个数。本研究将经过项目分析后剩余的 36 个题项的数据进行探索性因素分析，以检验前期构想的农村大学生学校疏离态度结构是否合理。首先对因素分析的适宜性作抽样合理性测试（Kaiser-Meyer-Olkim）检验，即所谓的 KMO 检验，并辅之以 Bartlett 球形检验。结果见表 3-6。

表 3-6　KMO 检验和 Bartlett 球形检验结果

Kaiser-Meyer-Olkin 抽样合理性测试		0.905
Bartlett 球形检验	χ^2 值	2 410.477
	df	325
	sig.	0.000

由表 3-6 可见，KMO 值为 0.905，大于 0.9，表明取样适宜性很好，变量间的共同因素较多，变量非常适合进行因素分析。Bartlett 球形检验的近 χ^2 值为 2 410.477（df 为 325），达到 0.01 的显著水平，表明总体相关矩阵间有共同因素存在，适合进行因素分析。接下来开始进行探索性因素分析，采用主成分分析法对因素进行抽取，并且采用最大变异法对因素负荷矩阵进行旋转。与此同时，继续按照以下标准对问卷的题项进行删除：题项的共同度小于 0.4，或者题项存在跨因素负荷且大于 0.4，或者题项在单个因素上的负荷小于 0.4。但是对那些刚好符合删除标准的题项，需要结合从逻辑意义上查看其反映某主要因素的代表性，若经分析发现适合作为问卷的题项，则予以保留，反之则删除。

第一次探索共提取到 6 个公共因素，但发现第 6 个因素只包含 2 个题项，少于 3 个的最低要求。另外，有 3 个题项存在跨因素负荷，另有 2 个题项的因素负荷值小于 0.4，因而考虑在第二次探索的时候删除这 7 个题项，对剩余的 29 个题项的数据继续进行探索性因素分析。按照这样反复探索、筛选、再探索的方式，并按照因素特征值大于 1，抽取的因素在进行矩阵旋转前至少能解释 3% 的变异，并且每个因素包含的题项数目不少于 3 个，以及结合陡坡图（碎石图）的趋势进行因素的确定，最后提取得到 5 个公共因素，共包含 21 个题项（图 3 - 2 和表 3 - 7）。

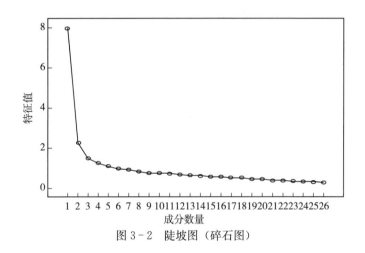

图 3 - 2 陡坡图（碎石图）

表 3 - 7 农村大学生学校疏离态度维度的探索性因素分析结果

（旋转后的因素负荷矩阵）

题项	因 素				
	1	2	3	4	5
V_{21}	0.782				
V_{11}	0.756				
V_{26}	0.724				

（续）

题项	因　　素				
	1	2	3	4	5
V_6	0.566				
V_{16}	0.488				
V_9		0.785			
V_{14}		0.722			
V_{19}		0.636			
V_4		0.603			
V_{24}		0.579			
V_{22}			0.726		
V_2			0.720		
V_{17}			0.701		
V_{12}			0.637		
V_8				0.779	
V_{13}				0.708	
V_{18}				0.685	
V_3				0.610	
V_{20}					0.746
V_{10}					0.644
V_{25}					0.593
旋转后特征值	4.385	1.577	1.426	1.354	1.203
解释率	12.143	11.357	11.129	10.732	9.878
总解释率		55.239			

注：因素提取方法：主成分分析；旋转方式：最大变异法。

（3）问卷因素（维度）的命名

对探索性因素分析所得 5 个因素进行命名，从而确定自编问卷的维度或因素的名称。命名主要依据以下两个标准：第一，根据某个因素包含的题项中，因素负荷值较高的题项的含义来命名该因素。第二，结合之前构想的因素维度，将探索出的因素所含题项与之前构想的维度所含的题项对比，若探索出的某因素与之前构想的某维度所包含的题项较为相似，就按之前构想的维度名称来命名。

根据表 3－7 探索性因素得到的最后结果。

第一个因素包含 V_6、V_{11}、V_{26}、V_{16}、V_{21} 共 5 个题项，对照原始题项的表述发现，这些题目与之前构想的学校疏离态度维度较为相似，且包含有共同的题项，如 V_{21}（我认为大学所学的大多数课程都对我今后的发展没什么帮助）、V_{26}（大学的课程考试在很大程度上也只是一种应试）、V_6（我觉得听大学老师讲课不如自学的效果好），反映的是农村大学生对学校在学业方面持有的疏离态度，而题项 V_{21} 的因素负荷值最高，反映的正是农村大学生在学业方面的疏离态度，因而将第一个因素命名为"学业疏离"。

第二个因素包含题项 V_9、V_{14}、V_{19}、V_4、V_{24} 共 5 个题项，对照原始题项表述发现这 5 个题项与最初构想的人际疏离维度包含的题项较为相似，如 V_9（我觉得在大学里很难结交到愿意和农村同学真诚相待的朋友）、V_{14}（我觉得在个人利益面前，大学同学之间的友谊很难经受住考验）、V_{19}（我认为大学师生之间只存在课堂形式的交往，课后难成为朋友），反映的是农村大学生对大学里人际交往所持有的疏离态度，并结合 V_9 这一负荷最高题项的表述，将第二个因素命名为"人际疏离"。

第三个因素包含 V_{22}、V_2、V_{17}、V_{12} 共 4 个题项，对照这 4 个题项的原始表述，发现与之前构想的管理疏离维度较为相似，如都包含 V_{22}（我觉得学校制定的管理制度与对学生的实际管理是说一套做一套）、V_2（我觉得学生向学校提意见或反映问题，最后多半都会不了了之），这些题项反映的是农村大学生对学校在管理方面（尤其是对学生的管理）持有的疏离态度，因此结合 V_{22} 这一负荷值最高题项的表述，将第三个因素命名为"管理疏离"。

第四个因素包含 V_8、V_{13}、V_{18}、V_3 共 4 个题项，对照这 4 个题项的原始表述，发现与之前构想的环境疏离较为相似，如都包含有 V_3（我觉得在大学里难以感受到崇尚学问的氛围）、V_8（我觉得大学的课余生活只能用单调乏味来形容）、V_{13}（我觉得大学里开展的文化活动多只重娱乐而轻文化内涵），反映的是农村大学生对大学物质和人文环境持有的疏离态度，因此结合 V_8 这一负荷值最高题项的表述，将第四个因素命名为"环境疏离"。

第五个因素包含了 V_{20}、V_{10}、V_{25} 共 3 个题项，对照这 3 个题项的原始表述，发现与之前构想的服务疏离维度较为相似，如都包含有题项 V_{20}（我认为学校服务部门难以将服务农村学生的精神落到实处）、V_{10}（我不指望学校服务部门的工作人员会对农村学生提供热情服务），反映了农村大学生对大学有关服务学生的各方面情况持有的疏离态度，结合因素负荷值最高的 V_{20} 的表述，将第五个因素命名为"服务疏离"。

通过以上探索性因素分析以及对所抽取因素的命名，基本确定农村大学生学校疏离态度问卷为包含有 21 个题项的 5 因素结构。至于这一结构是否稳定、是否与数据的拟合程度较好，还需要进一步做验证性因素分析的检验。

(4) 验证性因素分析

验证性因素分析（confirmatory factor analysis, CFA）是一种检验观测数据与某种构想的模型是否拟合的统计分析技术，通常采用结构方程模型分析来实现。验证性因素分析测试一个因素与相对应的测度项之间的关系是否符合研究者所设计的理论关系，它允许研究者明确描述一个理论模型中的细节。在实际科研中，验证性因素分析的过程也就是测度模型的检验过程。

为了保证验证性因素分析所用数据客观有效，根据本问卷编制的要求，在验证性因素分析之前，另外选取了来自云南和贵州的 3 所本科院校的在读本科农村籍大学生，进行了农村大学生学校疏离态度初测问卷的调查，所用问卷为探索性因素分析后所得 21 题项组成的初测问卷（进行随机排序和正反向题结合的编排方式）。问卷采用纸笔填答，由事先联系好的主试进行当场发放，做完后当场回收（时间安排在集体自习时间或课间时间）。总共发放问卷 300 份，回收问卷 291 份，有效问卷 283 份，有效问卷率为 97.3％。此次问卷调查的样本构成见表 3 - 8。

表 3 - 8　验证性因素分析的样本构成

人口学变量	类别	人数（个）	百分比（％）
性别	男	151	53.35
	女	132	46.65

（续）

人口学变量	类别	人数（个）	百分比（%）
专业	文科	164	59.95
	理工科	119	40.05
年级	大一	78	27.56
	大二	83	29.33
	大三	80	28.27
	大四	42	14.84
总计		283	100

验证性因素分析的优势在于，在允许有误差的情况下对潜变量、观察变量以及潜变量的关系进行检验。验证性因素分析主要检验观测数据是否与构想模型相拟合。主要有 3 类指标作为判定依据：第一类指标称作绝对拟合指标，如 χ^2 值、拟合优度指数（GFI）、近似均方根误差（RMSEA）、调整后的拟合优度指数（AGFI）、比较拟合指数（CFI）等；第二类称作相对拟合指标，如规范拟合指数（NFI）和不规范拟合指数（NNFI）等；第三类称作省俭度，如省俭规范拟合指数（PN-FI）、省俭拟合优度指数（PGFI）等。

其中 χ^2 值越小，表示观测数据与构想模型拟合得越好，但是由于 χ^2 受样本量的影响，不宜直接作为评价指标，因而一般采用 χ^2 与 df 的比值 χ^2/df 作为拟合是否优良的指标。当 $\chi^2/df<3$，则表明观测数据与构想模型有很好的拟合；$\chi^2/df<5$ 表明观测数据与构想模型基本拟合；$\chi^2/df>5$ 表明观测数据与构想模型的拟合不好；$\chi^2/df>10$ 则表示观测数据与模型不能拟合。虽然 χ^2/df 是判断观测数据与模型拟合程度的良好指标，但其仍然受样本量（尤其是大样本）的影响，所以要结合其他指标对模型拟合的程度进行考察，如 RMSEA、GFI、AGFI、NFI 和 NNFI 等。其中 RMSEA<0.1 表示观测数据与构想模型有较好拟合；RMSEA<0.05 表示观测数据与构想模型的拟合很好；当 RMSEA<0.01 时，表示观测数据与构想模型的拟合极好[91]。其余几个拟合指标如 GFI、AGFI、CFI、NFI 等，当取值越接近 1 表示观测数据与模型的拟合越好，大于 0.9 则表示拟合得较好。

对于省俭度指标的大小至今仍没有统一的标准，一般认为 PGFI 和 PNFI 越接近 1 越好[92]。此外，用于判断模型概括力大小的 ECVI 值和 AIC 值也是评价模型优劣的常用指标之一，其值越小表明模型的概括力越高，但同样没有具体数值的统一规定。在实际应用过程中，常常综合以上各种指标来评定观测数据与模型拟合的优劣程度，本研究对探索性因素分析得到的平行影响策略 5 因素结构的验证即采用这种多指标综合评价的方法。

对农村大学生学校疏离态度 5 因素结构的验证性因素分析分为两个步骤：第一步检验农村大学生学校疏离态度 5 因素结构与观测数据的拟合程度，以判断模型的适当性；第二步将 5 因素模型与其他可能的模型结构进行对比，检验 5 因素模型是否为最佳模型。图 3－3 为 5 因素模型与观测数据拟合的完全标准化解。表 3－9 为农村大学生学校疏离态度验证性因素分析的整体模型适配度检验结果。

根据表 3－9 显示的检验结果来看，农村大学生学校疏离态度的 5 因素模型与数据的整体适配度较好，均满足前述三类

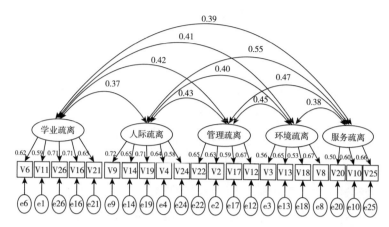

图 3-3 农村大学生学校疏离态度五因素结构标准化解

评定指标的要求。表示观测数据对于 5 因素的结构模型有着较好的支持。但是该 5 因素模型相对其他可能存在的结构模型而言是否为最优还不得而知，仍需进一步做模型的对比检验。

表 3-9 验证性因素分析的整体模型适配度检验结果

模型类别	χ^2	df	χ^2/df	RMSEA	AGFI	CFI	GFI	NFI	PGFI
5 因素模型	335.678***	179	1.875	0.062	0.902	0.927	0.913	0.934	0.683

注：*** $p<0.001$，** $p<0.01$，* $p<0.05$。

在之前的探索性因素分析过程中发现服务疏离这一维度只包含 3 个题项，刚好符合因素组成的要求。探索性因素分析完成后，邀请其他心理学研究者对维度及题项进行命名和适合性检查时，有人提出服务疏离维度的题项是否应该划归为管理疏离维度的题项，这在前面对开放式调查和访谈收集的内容条目进行编码时也有人提出过，因此在进行模型拟合优度对比时，考虑将服务疏离维度题项纳入管理疏离维度从而以四维度结构的农村大学生学校疏离态度与五维度结构进行对比（表 3 - 10）。

表 3 - 10　一阶四因素和一阶五因素的模型适配度检验结果

模型类别	χ^2	df	χ^2/df	RMSEA	AGFI	CFI	GFI	NFI	PGFI	ECVI
4 因素模型	268.854***	129	2.084	0.071	0.861	0.906	0.895	0.878	0.662	1.655
5 因素模型	335.678***	179	1.875	0.062	0.902	0.927	0.913	0.906	0.683	1.768

注：*** $p<0.001$，** $p<0.01$，* $p<0.05$。

从表 3 - 10 的模型拟合度检测结果对比来看，除了 PGFI 和 ECVI 两个指标以外，四因素模型的其他拟合度指标均不如五因素模型指标合理，且四因素模型指标中 AGFI、GFI 和 NFI 指标均低于 0.9 的一般判定标准，说明四因素的构想模型与观测数据的拟合程度不是很好。因而从这个层面上来讲，由学业疏离、管理疏离、环境疏离、人际疏离和服务疏离构成的农村大学生学校疏离态度一阶五因素模型结构是稳定且可靠的结构。

3.4　问卷的信效度检验

3.4.1　问卷的信度检验

问卷的信度也就是问卷的可靠性，指采用同样的方法对同一对象重复测量时所得结果的一致性程度，也就是反映实际情况的程度，信度指标多以相关系数表示。农村大学生学校疏离态度问卷的信度检验主要考察问卷的内部信度和外部信度。其中，内部信度的检验是指考察问卷是否测量的是单一概念以及问卷所包含的题项之间的内部一致性程度高低。对于态度问卷而言，内部信度的考察主要采用 α 系数的高低来判断，其公式为

$$\alpha = [K/(K-1)][1-(\sum S_i^2)/S^2] \quad (3-1)$$

（3-1）式中，K 为量表包含的题项总数；$\sum S_i^2$ 为量表题项的方差总和；S^2 为量表题项加总后的方差。

另外，内部信度的检验还可以采用折半信度（split-half reliability）的方法，即考察某问卷拆分成同等两部分题目计分的相关系数，但是一般而言对内部信度的考察只需检验 α 系数的大小，因为 α 系数反映的是问卷所有可能的折半信度的平均数，因此，检验了问卷的 α 系数就不用再检验其折半信度了[93]。

对农村大学生学校疏离态度问卷外部信度的考察，主要参考其重测信度（test-retest reliability）的高低。考察的是相同被试者在两个不同时段填答问卷所得分数的一致性程度（两次测量分数的相关系数）。在此，我们选择间隔 1 个月的两个时间点对同一批农村大学生样本的学校疏离态度问卷进行施测，其中第一时间点即为初测问卷施测时的时间（问卷的题项只选取验证性因素分析后保留的题项），第二次施测时间选择距离第一次约 1 个月的时间（实际为 27 天）。第二次施测的样本与第一次施测相同，具体实施方法是找到负责第一次实地发放问卷施测的主试人员，让其对第一次施测的农村大学生群体进行集中性的再次施测。

为保证重测被试的相同，让主试人员在辅导员的帮助下对

这些学生进行编号，即学生姓名与编号对应，发放问卷时请辅导员根据姓名对号发放问卷，以便于第二次选取同一批被试进行施测。施测的时间也尽量保证相同，选择在集中自习课或者课间空闲时间。尽管在初测（第一次施测）时已考虑重测信度检验所保证的样本相同，但实际上在第二次施测时仍发现有少部分被试流失。总共发放问卷 296 份，回收有效问卷 253 份（第一次施测时为 261 份有效问卷，重测信度检验的相关分析时只选取与第二次施测相同的这 253 名学生的数据）。

一般认为，问卷总体的 α 系数超过 0.8，即表示该问卷的内部一致性程度较高；若问卷包含分问卷或者维度，则各分问卷（或维度）的 α 系数应不小于 0.6，如果各分问卷（或维度）的 α 系数在 0.7～0.8 则表示分问卷（或维度）的内部一致性程度较高。另外，问卷总体的 α 系数不应小于 0.7，否则应考虑对问卷或维度及题项进行重新修正或重新编制。农村大学生学校疏离态度问卷的内部和外部信度分析结果如表 3－11 所示。

表 3－11　问卷的内在信度（α 系数）

内部信度指标	总问卷	学业疏离	管理疏离	环境疏离	人际疏离	服务疏离
α 系数	0.894	0.714	0.733	0.703	0.707	0.658

从表 3－11 的结果可以看到，农村大学生学校疏离态度问卷的总体 α 系数值大于 0.8，说明问卷总体上的内部信度较高，另外各维度反映的 α 系数值也都在 0.6 以上，说明农村大学生学校疏离态度问卷各维度的内部一致性程度较好，只有服务疏离维度的 α 系数值小于 0.7，略低于其他维度，但这可能和服务疏离维度所包含的题项数较少（只有 3 题）有关。

从表 3-12 反映的结果来看，农村大学生学校疏离态度问卷总的 α 系数接近 0.9，其子维度在第一次施测与第二次施测所得分数的相关系数也高于 0.8，说明农村大学生学校疏离态度问卷的重测信度值较高，即农村大学生学校疏离态度有着较好的外部信度（有着较好的测量一致性和稳定性）。

表 3-12   问卷的外在信度（重测信度）

外部信度指标	总问卷	学业疏离	管理疏离	环境疏离	人际疏离	服务疏离
间隔 1 个月两次测量得分的相关系数	0.887	0.852	0.834	0.819	0.823	0.806

3.4.2   问卷的效度检验

所谓效度（validity）是指某个测验能够测到该测验所欲测的（研究者设计的）心理或行为特质的程度。研究的效度一般分为内部效度（internal validity）和外部效度（external validity）两种，内部效度是指研究叙述的正确性与真实性，外部效度是指研究推论的正确性[94]。此外，根据美国心理协会、美国教育协会和美国教育测量委员会 1999 年出版的《教育与心理测验标准》的规定："对于某个测验的评定，效度是最重要的考虑因素，效度概念指的是特定测验结果的推论适当的、有意义的和有用的情况，测验是否有效在于累计证据支持推论的过程。"据此，可以将效度分为三种类型：内容效度（content validity）、效标关联效度（criterion-related validity）和建构效度（construct validity）。

其中，内容效度是指测验的内容或题目的适当性与代表性，即测验内容能反映所要测量的心理特质。对于内容效度的检验一般通过双向细目表来实现，内容效度常以题目分布的合理性来判断，属于命题的逻辑分析，因而内容效度也被称为逻辑效度（logical validity）。对于内容效度的检验，如果无法编制双向细目表，则可以用近年来倡导的专家效度代替。专家效度的检验通常是将编制好的量表请相关的学者或专家评定，这些学者和专家包括实际工作的员工、有相关研究经验者和有相关学术背景的学者等。学者和专家根据测验包含的维度的定义逐一审查维度包括的题项是否能真正反映维度所代表的心理特质，并且对题项的表述和词句等的适当性进行审查，并提出相应的修改意见，如此经过反复的审定和修改，最终形成预测的问卷，这个过程就是对专家效度的检验过程。

效标关联效度是指测验与外在效标间的关系程度，如果某测验与外在效标间的相关越高，说明该测验的效标关联效度越高。所谓效标（criteria），就是检验测验有效性的一种参照标准。效标常用一种公认的或者权威的测验结果表示。这实际上就是用一种已知的且认为其"有效"的测验结果去检验另一个新测验的有效性。之所以不直接用效标测验代替新测验，往往是因为新测验可能比效标测验更为简单、易行或者效标测验不能直接测量到新测验测量的特质。但作为效标的测验工具必须具有较好的信度和效度。效标关联效度通常是求测验分数与效标间的相关关系，是一种实证统计分析，因而效标关联效度又被称为实证效度[95]。

建构效度是指测验能够测量出理论的特质或概念的程度，即某一测验分数能够解释多少对应心理特质的程度。建构效度由于有理论的逻辑分析为基础，又有根据实际所得数据和资料来检验理论建构的正确性，因而是一种比较严谨的效度检验方法。在统计学上，检验建构效度的常用方法是因素分析。以因素分析去检验某测验工具的效度，并有效抽取了共同因素，且共同因素与理论建构的心理特质比较接近，就可以说该测验具有较好的建构效度。

根据以上有关效度检验的测量学要求，对农村大学生学校疏离态度问卷的效度检验，主要从问卷的内容效度、结构效度和效标效度三个方面进行考察。其中，内容效度和结构效度作为问卷内部效度的检验指标，效标效度作为问卷的外部效度检验指标。

（1）内容效度

对内容效度的检验主要通过专家效度的检验方式来实现。首先，通过前面的文献研究对以往有关疏离态度的相关文献进行梳理和分析，初步提取出农村大学生学校疏离态度的内涵，并结合相关领域研究者的意见对农村大学生学校疏离态度的概念作初步界定。其次，依据"理论源于实践"的原则，精心设计出开放式问卷和访谈提纲，选择合适的样本对农村大学生学校疏离态度的内涵、结构及相关影响因素等内容进行搜集，所得信息作为农村大学生学校疏离态度问卷题项的主要来源。然后，通过对开放式问卷和访谈所得信息的内容分析，得到农村大学生学校疏离态度问卷的最初题项原始条目，并对这些条目进行类别归纳。

为保证归纳的合理性，同时邀请多名心理学专业的硕士、博士分别对收集的内容条目进行重新归纳，并综合归纳的结果，经讨论和修改形成农村大学生学校疏离态度初测问卷的维度和题项。最后，分别邀请 1 名心理学教授和 4 名文理科在读本科学生对初测问卷的维度（包括维度的含义）和对应的题项合理性进行评定（分别就问卷维度所能涵盖农村大学生学校疏离态度内涵的范围、各维度含义界定的合理性、维度包含题目能代表维度的准确性、维度各题项表述的合理性和一致性等内容进行评定）。对评定后不合理的地方提出修改、删除或添加意见，并根据这些意见对初测维度及题项进行再次修订，从而保证初测问卷最大程度上的测量有效性。通过以上这些步骤，切实保证农村大学生学校疏离态度初测问卷有着较好的内容效度。

（2）结构效度

一般对量表或问卷的结构效度检验采用因素分析的方法，同时可以结合维度相关矩阵的方法判断测验的结构效度好坏。使用相关矩阵法，就是通过分析问卷总得分与各维度得分以及各维度得分之间的相关关系，从而确定维度结构的合理性。通常认为问卷的维度之间应该保持在中等程度的相关水平比较合理。因为维度之间如果呈高度相关，就说明维度相互间可能存在较多的包含与重合关系，即维度与维度之间可能在很大程度上反映的是相同的心理或行为特质；而如果维度之间的相关程度很低，则可能说明维度之间反映的不是同一类心理特质，因而不能组成同一问卷的结构。

有研究者认为，问卷的维度之间的相关最好在 $0.3 \sim 0.6$，而维度与测验总分的相关应该保持在 $0.5 \sim 0.8$[96]。对于因素分析法判定测验的结构效度，在前文已作说明，就是通过探索性因素分析检验抽取的因素是否与构想的因素相接近，而验证性因素分析则是判定抽取的这一因素结构是否稳定和恰当（表 3 - 13）。

表 3 - 13　问卷各维度的相关及其与问卷总分的相关

问卷维度	学业疏离	管理疏离	环境疏离	人际疏离	服务疏离
管理疏离	0.425**				
环境疏离	0.411**	0.452**			
人际疏离	0.374**	0.433**	0.402**		
服务疏离	0.393**	0.477**	0.385**	0.553**	
疏离态度总分	0.768**	0.719**	0.702**	0.733**	0.651**

注：*** $p<0.001$，** $p<0.01$，* $p<0.05$。

从表 3 - 13 各维度的相关及其与问卷总分的相关矩阵可以看到，农村大学生学校疏离态度问卷各维度之间的相关系数介于 0.3～0.6（最低 0.374，最高 0.553），且所有相关关系均达到统计显著水平，而各维度与问卷总分的相关系数也介于 0.6～0.8（最低 0.651，最高 0.768），并达到统计显著的水平。因而可以说明农村大学生学校疏离态度问卷所包含的维度结构比较合理。此外，从前面探索性因素分析提取得到的共同因素可以看到，这些因素与之前开放式问卷和访谈后的内容分析归纳的类别非常接近，且经验证性因素分析可以看到探索性因素分析提取得到的维度结构与实际获得的观测数据有较好的拟合，说明提取的因素结构是稳定而合理的。综合上述相关矩阵的分析，说明农村大学生学校疏离态度问卷有着较好的结构效度。

（3）效标效度

对于农村大学生学校疏离态度问卷效标效度的验证，采用多效标检验的方法。从概念的定义来看，农村大学生学校疏离态度反映的是预期与实际不匹配导致出现失望、不满和不信任的情绪和行为，因而与农村大学生学校疏离态度紧密相关的两个变量是信任感和满意度，之前的研究者就已经发现农村大学生学校疏离态度对生活满意度有着显著的负向影响[16]。

另外，疏离态度的一大核心特征是愤世嫉俗，指对世道、人心和社会习俗等持有的一种憎恶的态度，也即对人性或动机持怀疑的态度。因此，如果对某人或某事物持疏离态度，那么一定伴随有强烈的不信任和怀疑的认知、情感和行为特征。与此有着较为相似内涵的概念是马基雅维里主义，古意大利的政治家马基雅维里信奉为达目的不择手段，相信结果可以为手段辩护。持马基雅维里主义信仰者不相信人性是好的，认为自私自利是人的本性，因而为达目的可以尔虞我诈、背信弃义、不择手段[97]。从这个角度来讲，马基雅维里主义与疏离态度在关于人性态度的看法上有着相似的特点。因此，选取人际信任、生活满意度和马基雅维里主义作为农村大学生学校疏离态度问卷的三个效标。

另有研究认为，除了愤世嫉俗外，疏离态度包含的另一核心特征是玩世不恭[98]。即由于对现实不满而采取的一种不严肃、不认真的生活态度，以消极、玩弄的态度对待生活。因此，选取学业倦怠量表中的玩世不恭维度，作为农村大学生学校疏离态度问卷的另一效标加以考察。

农村大学生学校疏离态度效标的测量工具分别是：Rotter编制的人际信任量表（interpersonal trust scale，ITS）中用于测查信任和愤世嫉俗的人性哲学修订量表（revised philosophies of human nature scale，RPHNS）[99]；Diener 等编制的生活满意度量表（satisfaction with life scale，SWLS）[100]；
Christie 等编制的马基雅维里主义量表或马氏量表第四版
(*Mach IV scale*)[101] 和 Schaufeli 等编制的马斯拉奇倦怠量表
学生版（Maslach burnout inventory-student survey，MBI-SS）
中的玩世不恭分量表[54]。

其中人性哲学修订量表在中国大学生中的信效度已得到国
内研究者的验证，结果表明该量表适用于评定中国大学生的人
际信任度[102]。该量表包含两个维度（愤世嫉俗和值得信任），
共 20 个题项（其中反映"愤世嫉俗"的题项为 10 题，反映
"值得信任"的题项为 10 题），每道题均采用"完全不同意＝
1，部分不同意＝2，略微不同意＝3，略微同意＝4，部分同
意＝5，完全同意＝6"的 6 点计分法。

Diener 等编制的生活满意度量表是至今使用广泛的测查
生活满意度的量表之一，该量表以中国大学生为被试的信效度
测量指标也得到国内研究者的验证[103][104]。SWLS 总共 5 个题
项，每个题项采用从"非常不同意＝1"到"非常同意＝7"的
7 点计分法。

马氏量表第四版总共包含 20 个题项，其中反向题 10 道，
正向题 10 道，也采用"完全不同意＝1，部分不同意＝2，略
微不同意＝3，略微同意＝4，部分同意＝5，完全同意＝6"的
6 点计分法。马氏量表第 4 版已得到国内研究者以中国大学生
为样本进行修订，修订后的马氏量表信效度良好，能够用于国
内有关马基雅维里主义的测量[105]。作为测量倦怠的有效工
具，MBI 被广泛应用于工作倦怠和学业倦怠的研究，其中
MBI-SS 在中国文化背景下以大学生为被试的信效度指标也得

到国内研究者的验证，表明其能够用于对中国学生学业倦怠的测量[106]。MBI-SS 共包含情绪衰竭、玩世不恭和效能感低下 3 个维度，共 15 个题项，其中玩世不恭维度包含 4 个题项，采用"0＝从来没有过"到"6＝总是"的 7 点计分方式。

效标效度验证的样本选自贵州省和重庆市的两所省属重点本科院校和两所一般本科院校的在读本科农村大学生。施测方式为在样本所在大学进行集体纸笔作答，首先联系到样本所在大学的 1 名心理健康课教师，并告知其问卷施测的具体操作方法和注意事项后，由这名老师在"大学生心理健康教育"通选课后对满足农村户籍和就读乡镇中学这两个条件的大学生进行问卷调查，共发放问卷 500 份，有效回收问卷 482 份。其中，男生 228 人、女生 254 人；大一学生 127 人、大二学生 136 人、大三学生 125 人、大四学生 94 人；重点本科学校学生 233 人、一般本科学生 249 人；文科学生 254 人、理工科学生 228 人。采用 SPSS 20.0 统计软件包对收集的数据进行分析（表 3 - 14）。

表 3 - 14　学校疏离态度与效标的相关数据分析

| | 人性哲学 | | 生活满意度 | 马基雅维里主义 | 玩世不恭 |
	愤世嫉俗	值得信任			
学业疏离	0.473**	−0.324**	−0.385**	0.502**	0.416**
管理疏离	0.412**	−0.379**	−0.371**	0.437**	0.493**
环境疏离	0.506**	−0.417**	−0.408**	0.531**	0.477**
人际疏离	0.492**	−0.445**	−0.415**	0.610**	0.525**
服务疏离	0.388**	−0.358**	−0.349**	0.403**	0.423**
总体疏离	0.422**	−0.406**	−0.385**	0.517**	0.449**

注：*** $p < 0.001$，** $p < 0.01$，* $p < 0.05$。

由表 3-14 相关分析的结果可以看到，农村大学生学校疏离态度各维度及其总分与各效标的相关系数在 0.324～0.610，并达到统计学的显著水平。其中，疏离态度与人性哲学的愤世嫉俗维度、马基雅维里主义和马斯拉奇倦怠问卷的玩世不恭维度呈显著正相关，而与人性哲学的值得信任维度和生活满意度维度则呈显著负相关。农村大学生学校疏离态度与各效标的这一中等程度显著相关关系表明，农村大学生学校疏离态度问卷有着良好的实证效度（测验与效标的相关若太低则聚合效度不好，而太高则区分效度不高）。

3.5　问卷编制的贡献

3.5.1　问卷结构构建的贡献

关于疏离态度的结构和维度类型，目前为止并未达成统一的认识。来自社会学、政治学和心理学的研究者对于各自领域疏离态度的结构有着不同的见解，有按认知、情感和行为划分的结构，如组织研究领域中的组织疏离态度（组织犬儒主义）的结构[27]。也有按子类别划分的结构，如教育心理学研究者对学校疏离态度的划分[16]。不难看出，疏离态度的结构取决于研究的领域、对象以及研究者的研究视角。本研究对农村大学生学校疏离态度的维度构想与前人的研究思路相似，即以农村大学生对大学各主要方面持有的疏离态度作为问卷的维度，属于子类别的维度结构，这是对疏离态度问卷编制的一大创新。之所以按子类别的方法确定农村大学生学校疏离态度的维度结构，出于以下几点考虑。

　　首先，就研究的意义而言，探讨农村大学生对大学各方面持有的疏离态度，可以为大学相应方面的培养和管理工作提供更为具体的参考，从而有助于学校形成有针对性的解决办法和培养管理政策。

　　其次，对农村大学生学校疏离态度做子类别划分，可以更具体地了解农村大学生对学校所持疏离态度的特点（如学生对学校哪些方面持有的疏离态度更突出，哪些方面的疏离态度不明显），并通过对各子类别疏离态度成因的考察，掌握农村大学生学校疏离态度的形成规律，最后有助于制定出相应的有效干预方案。

　　再次，就研究本身而言，以子类别作为农村大学生学校疏离态度的维度结构比认知、情感、行为的维度结构更具优势。以认知、情感、行为作为维度虽然可以从成分上描述农村大学生学校疏离态度的内容，但却只能综合起来反映农村大学生学校疏离态度水平的高低，而无法单独以认知、情感或行为的某一方面来描述农村大学生学校疏离态度，因为认知、情感和行为作为心理特质的三成分是一种相互关联的伴随关系而不能单独分离存在[107]。而以子类别作为维度结构则可以更具体地对农村大学生学校疏离态度进行单独考察，更重要的是可以根据农村大学生在不同类别疏离态度的特点和表现，制定出有针对性的干预方案。

　　最后，根据理论源于实践的原则，农村大学生学校疏离态度的结构主要是根据前期的开放式问卷调查和访谈，以及随后的初测问卷调查结果而总结提炼得到的。在开放式问卷调查和访谈的过程中，我们发现绝大多数受访学生对农村大学生学校疏离态度包含的内容是按照类别的方式回答的，如开放式问卷的问题："您认为农村大学生的学校疏离态度应该包含哪些内容?"大多数学生倾向于从教学、后勤、环境、娱乐等方面来回答。而且在访谈过程中，在告知了受访学生"农村大学生学校疏离态度"的大致含义和针对的问题后，当再次询问受访学生"那么以您的理解，您认为农村大学生学校疏离态度这一概念应该怎样界定比较准确?"受访学生在回答该问题时也多从学生对学校各方面的态度来界定农村大学生学校疏离态度的含义。

此外，根据对初测问卷收集数据的探索性因素分析也发现，最后提取得到的共同因素中，每个因素包含的题项最大的共同点在于农村大学生对学校的某方面情况持有疏离态度这个层面，用其他的特征标准则不能对因素包含的这些题项进行概括。基于以上这些考虑和分析，本研究最后得到的农村大学生学校疏离态度结构与之前的研究一样是按子类别构建的维度[16]。

本研究得到的农村大学生学校疏离态度五因素结构与之前国外的研究较为相似，如五个因素中就有三个因素与Brockway等的CATCS比较相似，如学业疏离、管理疏离、环境疏离分别对应了CATCS的学习疏离、政策疏离和社会疏离。但管理疏离与政策疏离、环境疏离与社会疏离这两个维度略微有所不同。本研究的管理疏离主要是指农村大学生对所在大学的管理政策、管理方式和管理效果等方面持有的疏离态度，而CATCS只针对大学生对学校的管理政策持有疏离态度。我们认为相对于学校的政策而言，农村大学生对学校的管理方式和管理产生的效果有着更直接的体会，毕竟政策只是一种制度，而管理方式和管理效果则是学生实实在在可以接触到和感受到的，因而更容易对此产生疏离态度。

本研究的环境疏离主要是指农村大学生对所在大学的整体环境所持有的疏离态度，包括对大学的人文软环境的疏离态度和物质硬件环境的疏离态度。而 CATCS 的社会疏离主要是指大学生对学校及周边的环境、休闲娱乐环境等持有的疏离态度，是单纯从物质环境来考察大学生的学校疏离态度。我们认为，大学的环境应该包含物质和文化两个方面。从前面的开放式问卷调查和访谈的结果来看，农村大学生更倾向于对大学的文化环境持有疏离态度（如针对学校的学术、校园文化、校风等），而对物质环境持有的疏离态度则不是很突出。因此，本研究中的环境疏离维度不仅包括了农村大学生对大学物质环境的疏离态度，更是指他们对大学文化环境的疏离态度。

此外，本研究编制的"农村大学生学校疏离态度问卷"在结构上还新增加了两个维度，分别是人际疏离和服务疏离。其中，人际疏离在之前的开放式调查和访谈收集的项目中表现得比较突出，我们认为，这与中国特定的文化环境有一定关联。中国的社会被国内外很多研究者称为"关系的社会"，这种"关系"是一种不同于普通人际关系的特定情境概念。中国社会的人际关系更多地倾向于一种非正式的私下人情关系，这种关系涉及权力、地位、声望等人际稀有资源[108]。人与人之间的关系在很大程度上可以决定彼此发展的特点，有关系、有好关系的个体往往有着更好的发展机会和空间。而关系取决于建立的过程，因此建立关系在中国社会有着特殊的重要性。

　　受整个大环境的影响，即便是农村大学生群体也难避免受这种人际关系的影响。同学与同学之间、同学与老师之间的人际关系虽然不如社会其他组织那样复杂，但在很多时候建立关系的过程也会表现出一定的功利性。尤其在当今市场经济飞速发展的时代，建立在利益之上的人际关系在大学里也变得比较普遍。在这一背景下，农村大学生对大学人际关系的实际感受可能会与之前的预期有较大的偏差（更多的是负面偏差），从而导致农村大学生对大学的人际关系产生消极的心理，并形成对大学人际关系的疏离态度。当然，农村大学生对大学人际关系持有的疏离态度不应局限于中国这种特殊的"关系"文化环境，而是具有跨文化的一般性特征。因为无论是在西方国家还是在中国，大学生在进入大学之前与进入大学之后所接触的人际环境都存在差别，由这种差别引起学生进入大学后的人际不适应情况是普遍存在的[109][110]。同样，这种差别也会使农村大学生对大学人际关系的看法发生改变，而消极的看法必然会导致农村大学生对大学的人际关系持疏离态度。因此，人际疏离这一维度在农村大学生学校疏离态度的维度结构中有其突出的现实特征，因而值得对其进行研究和考察。

　　服务疏离是指农村大学生对所在大学提供的有关学习和生活的各种辅助性服务的质量和态度所持有的疏离态度。"以人为本"的服务理念是近年来高校学生管理一直倡导的改革方向，农村大学生作为高校的主体应该享受到学校提供的高度人性化的服务。然而，近年来大学生数量的大量增加，为学校的学生服务工作造成了不小的压力。加之学生相对于学校的各部门而言，处于一种相对的"心理劣势"状态，无论是学校的后勤食堂还是行政教务部门都占有着学生所需的一定"资源"，而学生若要获取这些"资源"就必须放低自己的"心理地位"，这虽然看似人际社会普遍遵循的法则，但却在无意间拉大了学生与学校部门的"地位差距"[111]。实际上，学校各部门占有的这些"资源"其本质应属于学校为学生提供的服务，但由于高校与学生之间并不是明确的市场交易关系，这可能使得学生很难获得像商家对客户般的服务待遇。因此，大学各服务部门在服务农村大学生的过程中，难免会在服务态度和服务质量上有所松懈，农村大学生在与这些部门的互动过程中难以感受到优质的服务，从而导致农村大学生对学校各部门的服务持有疏离态度。

在开放式问卷调查和访谈后对收集的条目进行内容分析的维度构建时，有人曾提到服务疏离这一维度应该属于管理疏离的内容范围，但在探索性因素分析后却发现服务疏离仍保留了3个题项，这3个题项都集中反映了农村大学生对学校提供服务的疏离态度，而且这3个题项对服务疏离维度的负荷值也达到了测量学的要求。因此可以认为，服务疏离这一维度在农村大学生学校疏离态度的结构中亦有其存在的必要性。

本研究通过文献分析、开放式问卷调查和访谈的方法，初步归纳出农村大学生学校疏离态度的维度类型，然后经由探索性因素分析提取得到5个共同因素，分别是学业疏离、管理疏离、人际疏离、环境疏离和服务疏离。这5个因素与之前归纳的维度类型非常吻合，并通过验证性因素分析和相关矩阵的方法验证了5个维度结构的稳定性和恰当性，最后确定了"农村大学生学校疏离态度问卷"由5个维度21个题项构成，为中国文化背景下农村大学生学校疏离态度研究提供了一个科学有效的测量工具，是对现有研究的一大创新。

3.5.2 问卷信效度检验的贡献

通过对大学生学校疏离态度相关文献的研究，以及后续的开放式问卷的调查和访谈，经内容分析得到农村大学生学校疏离态度的初测问卷。我们对问卷收回数据的探索性因素分析发现，农村大学生学校疏离态度包含了 5 个因素，分别是学业疏离、管理疏离、人际疏离、环境疏离和服务疏离。对初测问卷的信度分析的结果表明，农村大学生学校疏离态度问卷的 5 个维度的内部一致性、问卷总体的内部一致性以及问卷的重测信度均符合测量学的要求。但也发现有个别维度题项的内部一致性不高，比如"服务疏离"维度只有 0.658，虽然符合测量学的要求，但是相对于其他维度较低。这可能是因为该维度所包含的题目较少的原因（只含 3 个题项），一般而言，维度包含的题目越多其内部一致性程度越高。

随后的验证性因素分析也发现，"农村大学生学校疏离态度问卷"的五因素结构模型与数据的拟合程度较好，并且相对于其他可能存在的因素结构而言，5 个因素的农村大学生学校疏离态度结构相对较好。各维度及总问卷得分的相关矩阵分析也表明，农村大学生学校疏离态度的各个维度达到中等程度的显著相关关系，而维度与总问卷的相关也达到测量学要求。以上结果说明，"农村大学生学校疏离态度问卷"的五因素结构是稳定而合理的。

此外，我们通过对问卷的效标效度分析发现，农村大学生学校疏离态度与人性哲学、生活满意度、马基雅维里主义和玩世不恭等相关问卷或维度存在中等程度的显著相关关系，说明"农村大学生学校疏离态度问卷"与这四个效标既关系密切又有所区分，从而证明"农村大学生学校疏离态度问卷"有着很好的测量有效性和独立存在的价值。综合上述分析可以表明，"农村大学生学校疏离态度问卷"有着较好的信度和效度，能够用于测量在校农村大学生的学校疏离态度。以上科学而严密的信效度检验，是以往问卷编制所不具有的，也是对学校疏离态度问卷编制的又一创新。

综上所述，通过广泛的调研和严密的分析论证，本研究顺利完成了农村大学生学校疏离态度测量问卷的编制，取得了以下两个重要的创新：①首次建构并验证了农村大学生学校疏离态度测量问卷的内在结构。即具有学业疏离、管理疏离、人际疏离、环境疏离和服务疏离等5个因素在内的丰富内容。②通过科学系统的统计检验表明了该测量问卷有着较好的信度和效度，能够作为农村大学生学校疏离态度相关研究的工具。

第 4 章
农村大学生学校疏离态度的现状调查

　　我国的大学在办学方式、管理制度和培养模式等方面和国外的大学有着较大的差别，而之前的研究仅使用国外编制的学校疏离态度问卷，因而测量的学校疏离态度不一定能准确地反映我国大学生的特点，更谈不上对农村大学生的准确测查。为此，有必要采用一套本土化的学校疏离态度测量工具对我国农村大学生的学校疏离态度进行测查。另外，此前的研究选取的样本过于集中，不能很好地反映大学生学校疏离态度的整体水平，因此有必要对农村大学生做一次较大范围的抽样调查研究。基于此，本研究采用自编的"农村大学生学校疏离态度问卷"作为测量工具，对在校农村大学生的学校疏离态度进行一次较为广泛的实证调查研究，以探查我国农村大学生学校疏离态度的水平现状，并期望为后续的相关研究提供较为准确的数据信息，同时为农村大学生学校疏离态度的干预工作提供有用的参考。

4.1　现状调查过程

4.1.1　现状调查的对象

为了更准确地了解地方高校农村大学生学校疏离态度的水平现状，本次调查采用了线下方式发放调查问卷。通过方便取样与目的取样相结合的方法，在我国农村生源占比较大的四川省、云南省、贵州省、河南省、安徽省和重庆市共 6 个省市的 12 所本科省属高等院校进行样本抽取。本次问卷调查总共发放问卷 2 000 份，回收问卷 1 713 份，回收率为 85.7％。对回收的调查问卷进行筛选，剔除非农村籍大学生以及出现多选、漏选或规律性作答的无效问卷 297 份。最终实际获得的有效问卷 1 416 份，问卷有效率为 82.66％，达到了有效问卷数占总问卷数的比重超过 80％的要求。在有效问卷中，省属重点本科院校 5 所、一般本科院校 7 所。其中，男生 656 人、女生 760 人；大一学生 388 人、大二学生 517 人、大三学生 371 人、大四学生 140 人；文科学生 751 人、理工科学生 665 人；重点本科大学学生 602 人、一般本科大学学生 814 人。样本的具体构成见表 4 - 1。

表 4 - 1　农村大学生学校疏离态度现状研究的样本结构

人口学变量	类别	人数（人）	百分比（％）
性别	男	656	46.33
	女	760	53.67
年级	大一	388	27.40
	大二	517	36.51

(续)

人口学变量	类别	人数（人）	百分比（%）
年级	大三	371	26.20
	大四	140	9.89
专业	文科	751	53.04
	理工科	665	46.96
学校类型	重点本科	602	42.51
	一般本科	814	57.49

4.1.2 现状调查的工具

研究工具采用自编"农村大学生学校疏离态度问卷"，问卷总共包含 21 个题项，5 个维度。题项使用 5 点李克特量表计分方式，即"非常不同意＝1"到"非常同意＝5"，得分越高表示个体的学校疏离态度水平越高。问卷的信度和效度检验过程见第 3 章。本研究中农村大学生学校疏离态度各维度的内部一致性系数介于 0.717～0.784，说明该问卷在本次调查中具有良好的信度。

4.1.3 现状调查的方法

由事先联系好的样本所在高校的辅导员、任课老师或研究生作为问卷发放的主试，问卷发放前已通过电话和网络联系的方式对主试进行了必要的问卷调查的程序和方法的简要培训，培训内容主要针对指导语的使用、问卷施测的环境和时间选择、问卷题项的解释以及其他一些可能遇到的相关问题。并告知主试尽量利用学生集体自习的时间或者上课的课后时间选取符合条件的农村籍大学生进行问卷的填答，以保障学生有耐心地完成问卷的作答，当场作答当场回收。

4.1.4 现状调查的统计处理

使用统计软件包程序 SPSS 20.0 对调查所得数据进行分析和处理，主要用均值差异的 t 检验、方差分析等统计技术，以量化地分析农村大学生学校疏离态度的现状和人口学特征。

4.2 现状调查的结果分析

4.2.1 学校疏离态度总体水平的调查分析

为了对农村大学生学校疏离态度的现状进行量化分析，将收集到的 1 416 份有效问卷数据资料进行整理、分析。首先，采用描述统计对样本的学校疏离态度的总体得分进行分析，以显示农村大学生学校疏离态度的总体水平，结果见表 4 - 2。

表 4 - 2 学校疏离态度的总体水平

变量	Min	Max	M	SD
总体疏离	37.00	103.00	71.14	2.12

注：Min 表示最小值，Max 表示最大值，M 表示平均值，SD 表示标准差，下同。

表 4 - 2 显示，调查对象的学校疏离态度平均分为 71.14，显著高于 5 点量尺中间值 3 作为高低分界的分值 63（$t = 39.82$，$p < 0.01$），总体上表明农村大学生对就读大学持有较高的疏离态度。

4.2.2　学校疏离态度各维度的结果分析

表 4-3　学校疏离态度各维度的结果分析

变量	Min	Max	M	SD
管理疏离	8.00	20.00	14.61	2.33
学业疏离	8.00	24.00	16.84	2.93
环境疏离	8.00	20.00	12.36	2.29
人际疏离	9.00	25.00	16.71	2.77
服务疏离	4.00	15.00	10.62	1.99

由表 4-3 的结果可见，农村大学生学校疏离态度各维度得分较高，且均高于各维度的中间值水平（各题项的中间值为 5 点计分的中间选项值"3"，表示既不倾向于学校疏离态度也不倾向于非学校疏离态度的中间状态，而各维度中间值为"维度题项数×3"）。

4.2.3　学校疏离态度各维度的差异分析

学校疏离态度各维度得分与中间值的差异是否存在显著的统计学意义，还需通过对比检验才能得知。虽然本研究调查的范围较广，但所得数据仍不能作为全国性常模。因此，暂时以各维度的中间值作为农村大学生学校疏离态度高低水平的界限标准，对各维度得分进行单样本 t 检验，结果见表 4-4。

表 4-4　学校疏离态度各维度得分高低水平的单样本 t 检验结果

变量	M	SD	t
管理疏离	14.61	2.33	30.56***
学业疏离	16.84	2.93	15.04***

（续）

变量	M	SD	t
环境疏离	12.36	2.29	3.37*
人际疏离	16.71	2.77	17.16***
服务疏离	10.62	1.99	22.07***
总体疏离	71.14	7.76	33.09***

注：* $p < 0.05$，** $p < 0.01$，*** $p < 0.001$，下同。

通过单样本 t 检验的结果可以看到，农村大学生学校疏离态度各维度得分有着显著的统计学意义，各维度中间值的差异也均有着显著的统计学意义。其中管理疏离、学业疏离、人际疏离和服务疏离 4 个维度的得分与中间值的差异有着非常显著的统计学意义（$p < 0.001$），而环境疏离维度的得分仅略高于中间值水平，且与中间值的差异刚好有着显著的统计学意义（$p < 0.05$）。综合表 4-3 和表 4-4 的结果可以表明，农村大学生对大学各方面的疏离态度水平整体较高。

4.3　现状结果探讨

4.3.1　学校疏离态度的整体状况

从前述研究结果可以看到，农村大学生的学校疏离态度得分普遍较高。其中，学生在管理疏离、学业疏离、人际疏离和服务疏离 4 个维度的得分均非常显著地高于各自维度的中间值水平，而在环境疏离维度的得分则相对较低，仅略高于中间值，且与中间值的差异刚好达到显著统计学意义的水平。因而，总体上表明农村大学生对学校各方面持有的疏离态度水平较高，但具体到农村大学生学校疏离态度的各个维度则有一些差异。比如，学生在管理疏离、学业疏离、人际疏离和服务疏离 4 个维度的得分较高，而这 4 个维度恰好反映了农村大学生在大学的学习和生活中接触的 4 个主要方面，同时是农村大学生在四年的大学生活中关心的 4 个重要内容。

4.3.2　学业疏离的状况

学业疏离反映的是农村大学生对大学学业相关内容的疏离态度，具体表现在大学的课程设置、专业价值、课堂教学和学习方式等方面。

首先，教育作为培养人的一种社会实践活动，是在理性指导下的有目的的教育实践活动，因此制定和确定教育目的是教育工作的首要问题。在确定了教育目的之后，通过什么样的课程设置来反映和落实教育目的则是最重要的问题。这是因为课程是反映教育目的的具体内容和载体，也是学校教育活动的中介，学校的一切教学活动都是以课程为中介展开的。所以，学校课程设置、课程结构体系如何，不仅关系到教育目的的有效落实问题，也关系到人才成长的质量问题。就大学的课程设置而言，在大学课程改革中，课程设置始终是课程计划中的核心问题，因为它最终要确定开设课程科目、课程开设顺序和课时分配等问题。其关键问题是开设哪些课程以及为什么要开设这些课程，这需要以尊重人的需要、遵循人的身心发展规律为大学教育的基本前提。

大学课程设置的主要目的是解决学生学习与发展的问题，要关注学生身心发展的多方面需要。然而现实中我们的大学课程在这方面却做得并不尽如人意，未能体现以学生发展为本的理念。有调查结果显示，即便是研究型大学也只有 49％的学生对所在院系的教学质量表示满意，多达半数的学生对大学四年 50％以上的课程不满意[112]。若课程设置不与学生发展的需要相关联，则学生对学习无兴趣，更不能从根本上调动和激发学生学习的主动性与创造性，培养新时代创新人才无疑会成为一句空话。

其次，由于家庭文化资本的欠缺，农村大学生与城市大学生相比，其前期学习积累更弱，大学专业选择也更盲目。专业选择是大学生对专业的一种挑选和抉择的过程，对大学生和大学教育来说都是非常重要的问题。然而，目前学生还不具备专业选择意识。大学专业选择主要是通过高中毕业填报大学志愿来进行的，而大学志愿多是在家长、亲友、中学教师的指导下填报的，事实上这些指导者对大学的专业并不十分了解，这就很容易造成大学专业选择的盲目性。农村学生在中学阶段生涯指导课程缺乏，在志愿填报时能够获得的专业指导和支持很少，这些原因使得农村大学生专业选择的盲目性比城市学生更大。研究者对理工类农村大学生的调查发现，"在报考时个人对专业的了解程度"这个因素上，显示出对专业非常了解以及清晰了解的学生几乎没有，大概了解占 39.39％，模模糊糊占 40.91％，一点都不了解的占 19.70％。进入大学后，也仅有 16.67％ 的学生对本专业充满了热情，而有 63.64％ 的学生对专业还是很迷茫，有 12.12％ 的学生对本专业的学习存在混日子的心理，另有 7.58％的学生对所学专业很反感[113]。而学生如果萌发了转专业的想法，也会因为转换专业的各种条件限制而难以达成。在尊重自己兴趣的基础上选择专业，才是大学专业选择最正确的方式。兴趣不仅是人们从事某一活动的动力，它还会带给人积极的情绪反应。对学生而言，缺乏学习兴趣自然就学不开心学不好。因高考志愿填报不当，使得农村大学生对所学专业缺乏认同，但专业又难以转变的现实问题，也可能引发农村大学生的学业疏离。

再次，大学的教学现状也是引发农村大学生学业疏离态度的至关重要的原因。当前地方大学的课堂教学模式仍然以传统课堂教学模式为主，即注重教师讲授，缺乏师生的互动，缺乏学生的合作、参与，这样的课堂教学模式已经不适应当代大学生的学习特点和学习需要。因为即使是家庭背景处于劣势的农村学生，也是在我国进入 21 世纪以后的基础教育课程改革背景下从普通高中升入大学的。近些年，基础教育课程改革在课堂教学方面进行了较大的改革。新课程反对"死记硬背、机械训练"的教学方式，倡导"自主学习、合作学习、探究学习"，提出了"研究性学习、实践中学习、参与式学习"等新型的学习方式[114]。在新课程理念下，国家通过"国培计划"等形式，对农村中小学教师持续地开展了师资培训活动，使其掌握新课程教学理念和教学方式。因此，近年来农村中小学生的授课形式也发生了较大的变化，借助多媒体教学资源等，以往传统落后的课堂教学模式向现代课堂教学模式变革，学生更加适应新型的学习方式[115]。

尽管中学教育阶段的升学考试压力，可能使得学生身心疲惫，但是由于具有基础教育课程改革的经历，进入大学后农村大学生与城市大学生一样，会更喜欢和更适应有别于传统课堂的教学方式。然而当前大学课堂的传统教学模式，不仅不利于激发农村大学生的学习热情和正面感受，而且容易导致农村大学生对大学教学的疏离态度。

从大学的教学方法来看，现代教育技术手段的运用也是一个短板。众所周知，现代的互联网技术已经广泛运用到社会生产生活的各个方面，在现代家庭之中，互联网设备及技术司空见惯。同样，互联网技术也已经广泛运用到现代学校教育体系之中，尤其是在基础教育领域，通过国家现代教育技术的普及工程及现代教育技术的师资培训，已经被中小学校视为必需的教学硬件与软件，不仅设备齐全，而且在资源库开发与建设、师资培养与培训等方面，均体现了现代教育的特点。即使是在农村地区，绝大多数的中小学校也可以采用多媒体技术和在线教学手段开展教学。

诚然，大学的网络资源十分丰富，但教师在网络资源利用方面却十分有限。目前大学课堂上的常见情形是，原先教师站在讲桌前宣读讲义的教学变成教师坐在操作台前宣读 PPT 的教学，传统的黑板加粉笔的教学变成白板加话筒的教学。无论形式上如何变化，其本质仍然是满堂灌的照本宣科教学法。课堂教学效果的好坏直接关乎高等教育质量的高低，随着新时代的到来，我国社会对大学生综合素质提出了更高的要求，其中对实践能力和创新能力的要求尤其迫切。由于缺乏政策支持与制度的保障，大学教师在如何改进大学课堂教学和引导学生学习适应等方面思考和从事的动力往往不足。于是，大学课堂上的低效问题成了当前大学教学中的普遍问题。这一问题的普遍存在引发的后果是，越来越多的农村大学生对大学课堂教学滋生不满，甚至产生反感情绪。大学的教学方法没有与时俱进，仍较多采用传统的教学方法，这也是学生对教学产生疏离态度的原因之一。

最后，从农村大学生自身的学习情况来看，农村大学生在进入大学之前接触到的外界信息相对较少，生活和学习环境也相对比较单调，他们中的不少人为了能考上大学在中学阶段都经历了一番寒窗苦读，接受了题海训练。在网络上他们甚至还被冠以"小镇做题家"的称呼，认为他们是出身小城镇，埋头苦读，擅长应试，但缺乏一定视野和资源的那部分学生。可能原本他们以为，大学的学习再也不用在忙于应考中度过了，是轻松而自由的。但是进了大学后却发现，高等学府里也同样充斥着各种考试以及功利化学习风气。各门课程结业考试、大学英语四六级考试、计算机等级考试、研究生入学考试……各种名目繁多的考试，让应考依然是大学学习的主旋律，其结果就是功利化学习风气日渐盛行。例如，在大学英语的课堂上，学生的出勤可能要依赖老师的点名和签到保证，而在课后的四六级考试的培训班上却出现了人满为患的现象。有了这样的感知后，农村大学生原本对大学学习怀有的改变期望则会大受影响，并进一步引发对学业的疏离态度。

与此同时，大学的自主学习特点也可能让农村大学生感到难以适应。自主学习是一种有效的学习方式，也是大学生必须具备的能力，自主学习的核心是学生积极主动控制调节自己的学习。但是由于学习方法上缺乏有效的引导，不少农村学生在中小学形成了被老师领着学习、督促着学习的方式，并将这一学习特点变成了牢固的习惯，也就是养成了被动学习的习惯。进入大学，却发现许多大学老师在课堂上并没有完全按照教材和知识点逐一讲解，而是自由发挥的空间很大，讲台上的侃侃而谈、滔滔不绝，可能与考试内容并不相干。于是，造成了他们可能在课堂上听得热闹，课后却学得茫然的结果。如果再加上对所学专业缺乏认同的话，则会出现被动学习，甚至反感学习的现象。

通过之前的数据分析可以看到，农村大学生对学业持有的疏离态度水平最高，由此可见学业疏离在农村大学生学校疏离态度问题中的突出性。众所周知，农村大学生到大学的主要目的仍然是学习，只是学习所要达成的目标与之前阶段的学习有所不同。大学着重培养高素质和高技能的应用型人才，因而学生到大学除了要掌握理论知识外，还必须掌握相关的专业技能，以作为毕业后就业所需知识和技能的储备。但是，多年来大学的人才培养与社会的需求存在脱钩的问题一直为人诟病，农村大学生毕业后因为所学知识和技能不对口或者不能满足用人单位要求的现象时有发生，尤其是在最近几年随着大量学生毕业进入社会，农村大学生就业困难的越发突出似乎使该问题有加剧的趋势[116]。这会直接导致农村大学生对大学培养的不满，而大学教学中存在的课程设置不合理、教师授课方式单调以及课业考核不公平等问题正好印证了学生的不满情绪，最终演化为农村大学生对学校的教学培养工作的失望和不信任态度。

4.3.3　管理疏离的状况

管理疏离反映的是农村大学生对学校学生管理工作的疏离态度，主要表现在学校针对学生的学习和生活方面所做的管理工作。德国教育家赫尔巴特（Johann Friedrich Herbart）在《普通教育学》一书中指出："如果不坚强而温和地抓住管理的缰绳，任何功课的教学都是不可能的。"[117]近年来，管理育人在中国高校蓬勃兴起。在管理育人理念下，高校管理工作紧紧围绕育人这一中心任务，为培养中国特色社会主义事业建设者和接班人作出了巨大的贡献。当然，在肯定成绩的同时也应看到高校管理工作中还存在着诸多不足之处。比如在本研究问卷编制时对农村大学生的开放式访谈中，就有不少学生提到诸如"学校对我们的管理经常是说一套做一套""学校制定的政策多存在一纸空文的情况，没有见到实际效果""大家都知道向学校反映问题基本都不会得到解决，所以很少去反映"等关于学校学生管理工作的消极感受，说明大学在学生管理工作方面确实存在一定差距。本次调研结果也显示，农村大学生在管理疏离维度上得分较高。究其原因，可以从学校和学生两方面原因来理解。

一方面，从学校管理层面来看，当前高校管理工作实际存在的缺陷在一定程度上形成了农村大学生的负面感受。"我们面对的是世界上最大的独生子女群体和最大的网民群体，他们的价值观念、思维方式、学习方式、交往方式与以往大学生相比有了很大变化。我们熟悉的教育理念、管理方式、人才培养机制、培养模式、教学内容和方法，都迫切需要作出改革和调整。"这是教育部长陈宝生在 2016 年年底接受《光明日报》记者采访中所讲的一番话[118]。这番话反映出，在大学生群体不断展现出时代特征的新形势下，高校管理工作面临着新的挑战。

　　在高校内涵式发展的时代背景下，大学生参与高校管理是高校管理创新的发展趋势。随着对大学生参与度的重视，高校在制定管理政策时，积极探索学生参与管理的新方法、新途径、新模式。但是长期以来，高校管理部门和管理人员没有直接承担人才培养工作，高校学生管理工作多停留在事务层面，多数管理机制是从以前的管理模式继承过来的。由于受传统教育观念和教育体制的影响，在管理过程中，学校管理者处于主导地位，发挥主导作用，而学生往往处于听从安排、服从管理的地位。这样做的好处虽然能满足学校管理工作的基本要求，有利于学校日常管理的有序进行，但也存在很大问题。

　　高校在学生管理中制定了各种各样的制度来规范学生的行为，这样的刚性管理制度，过于强调学生行为的一致性，忽略了对学生自身的选择性、独立性与差异性培养，从而使学生的思维方式、学习能力趋同化严重。高校扩招后，管理对象的复杂性也在逐渐增强，对高校管理工作提出了更高的要求。随着国家对贫困大学生的帮扶力度逐年增强，解决贫困生的经济问题成为高校学生管理中的一项重要工作。贫困生中的大多数都是农村学生，高校日益完善的资助体系极大地缓解了他们的经济困难。但是，在帮助贫困大学生解决经济问题的同时，对他们心理健康水平的改善工作还不够细致[119]。农村大学生参与学校管理的机制有待完善，缺乏对农村大学生参与意识和行为的引导，以致难以吸引他们参与其中。与此同时，由于学生数量激增而使得学校的管理工作也面临不少压力，不可避免地加大了学生管理的难度，以至于在某些方面的管理工作出现纰漏[120]，从而可能引发大学生的不满意和不信任。

同时，学生管理人员素质参差不齐对农村大学生管理疏离的形成也有影响。高校学生管理工作的复杂性，需要管理人员具备管理学的学科知识和良好的综合素质。但目前在一些高校中，学生管理者队伍严重不足，很多学生管理者未参加过正规系统的岗前培训，有的高校是由研究生负责学生工作。大部分学生日常管理工作由辅导员或班主任兼职完成，由于各高校辅导员的工作性质和状态，普遍面临着任务多、学生多、管理难度大等难题。在管理过程中，事务烦琐的他们往往处于超负荷运转状态，严重影响了学校学生管理效率。与此同时，个别学生管理人员往往停留在完成单一任务以及解决局部问题的层面上，缺乏培养专业人才的目标和提高自我为己任的责任感，未能实现对学生的人性化管理，多依靠经验解决问题[121]。同时，在管理过程中，容易忽视农村大学生心理教育，造成对农村大学生管理不全面，从而给他们带来负面感受。

另一方面，从农村大学生自身层面来看，农村大学生的弱势心理也是造成他们对学校管理疏离的重要原因。农村大学生目前还是大学中的弱势群体，还存在一些相应的弱势心理，表现在学校管理中就是认为自己处于无权或弱权的地位，认为自己可能会被不公正对待，从而妨碍他们对学校管理工作的积极参与和体验。研究者发现，弱势群体因社会分化和制度安排等因素，缺乏维权和实现自我利益主张的权力[122]。农村大学生由于从小受到的教育和城市大学生不同，导致农村大学生自身的学时、见识和才艺等方面和城市大学生有程度上的差距，在管理的意识和能力上也有差距。依据参与发展理论，参与能促使个体自我意识的形成、完善和成熟[123]。农村大学生因为对自身的管理权力缺乏足够的认识，缺乏主动参与到校园管理建设的积极性和维护自身权益的维权意识，参与感较差，无权感强烈。他们在大学管理方式的模式化、同质化管理之下，表面上似乎循规蹈矩，实则对大学某些方面的管理工作可能产生不信任、不参与等疏离态度。

4.3.4　人际疏离的状况

人际疏离反映的是农村大学生对大学内人际关系和人际氛围持有的疏离态度。人类社会实践活动的开展是必须依靠人际交往的，人际交往是人作为一种社会性动物的基本需求。对于任何一个人来说，正常的人际交往和良好的人际关系都是不可或缺的，它是人们保持心理健康、发展健全人格和具有主观幸福感的必要前提和重要保证。现实生活中，每个个体都有自己的"生活圈"，即各式各样的社会关系，人际关系是人与人之间通过交往和相互作用而形成的心理关系，它反映了个体或团体寻求满足需要的心理状态，人际关系的好坏在一定程度上对个体的生活质量有所影响。

当代农村大学生必然会面临或者将要碰到的也是必须认真面对的重要问题之一便是人际交往，农村大学生的人际关系表现为农村大学生在学习、生活、工作中发生的人与人之间的心理关系，对其日常学习生活、身心健康、全面发展有重要的影响作用。研究表明，良好的人际关系有利于身心健康，能够促进学业的进步；不良的人际关系常引起心理失衡，导致心理问题的出现，如焦虑、空虚、心情压抑、抑郁，严重者甚至出现自杀倾向[124]。因此，能否形成良好的人际关系，对农村大生的身心健康和个人发展有着重要的影响，能够建立和拥有和谐的人际关系是当代农村大学生人际交往能力的重要标志。如果农村大学生在学校里能与同学、老师和朋友保持良好关系，他们便会感到被人接纳、尊重、理解，不仅有助于提升自我价值感，而且能保持积极愉快的情绪，促进兴趣发展、思维活跃，积极投入到学习当中。如果人际关系失调，农村大学生会产生负面的情绪体验，挫折感加剧，心情抑郁、沮丧，产生心理疾病，影响身体健康和学业发展。

人际疏离态度涉及的范围主要是农村大学生经常接触和感受到的人际关系和人际氛围，如同学之间、师生之间以及学生与其他经常接触的学校工作人员之间的人际关系，但也包括一部分学生可能知晓的人际关系和人际氛围，如教师之间、学校其他工作人员之间以及教师与学校其他人员之间的关系。大学阶段相对于之前的中学或小学阶段，人际环境发生了较大的改变。

在中小学阶段，农村大学生的人际环境相对稳定也相对单一。但到了大学之后，一方面与家庭的空间距离拉大，另一方面更多的人际交往自由和选择，使得大学期间的人际关系与中小学阶段相比发生了很大的变化。有学者将大学生的人际关系分为两类：现实人际关系和虚拟人际关系[125]。就农村大学生而言，其现实人际关系包括师生人际关系、同学人际关系和生活人际关系。师生人际关系是指农村大学生在学习和生活中与任课教师或者辅导员所形成的关系；同学人际关系涵盖了农村大学生与宿舍同学、同班同学及其他院系学生之间的交往关系；生活人际关系是农村大学生在校期间，与老师、学友之外

的人（包括学校后勤人员、商贩、在校内外勤工俭学所结识的
人等）在生活过程中所建立起来的关系。

　　虚拟人际关系是以网络为媒介发展起来的，通过虚拟的交
流空间和平台，与陌生人在人际交往和人际互动过程中建立、
形成的关系。它的特点在于交往互动空间的虚拟性，摆脱了传
统视觉、触觉意义上的物理空间，具有交流主体间的身份不确
定性和不受限制的特性。随着被称为网络原住民的"00 后"
大学生逐渐成为大学生的主体，虚拟人际关系也势必成为农村
大学生人际关系的重要形式。虚拟人际关系拓展了农村大学生
人际关系的广度和深度，给农村大学生人际交往带来了革命性
变革。但是，虚拟人际关系与现实人际关系的冲突也是显而易
见的。虚拟人际交往的不确定性和随意性，可能会引起农村大
学生的人际信任感和责任感降低等问题。

　　在农村大学生的人际关系中，同学关系可以说是最重要、
最亲密的人际关系。因为大学阶段是青少年与父母分离，同学
开始成为他们生活中心的阶段。对远离亲人的农村大学生而
言，与同学的友谊显得尤其重要，同学之间不仅能够彼此提供
帮助、建议、安慰和赞扬，而且朋友交往的数量和质量也关系
到个体自我价值感的建立、归属需要及情感需要等心理需求的
满足。但是当前大学同学关系之间普遍存在疏离现象，同学关
系疏远而且可能充满敌意[126]。曾经，关于大学生宿舍的话题
还停留在"睡在我上铺的兄弟"和"卧谈会"等亲密无间的状
态。然而时至今日，一句"感谢室友不杀之恩"却成为大学校
园的流行语，也成为大学毕业生毕业聚会的流行话题。这句话
貌似戏谑，却透露出对当前大学同学关系的几多无奈与唏嘘。

事实上，近年来发生的大学宿舍同学之间相残相杀的极个别极端事件的确给昔日亲密无间的同窗情谊蒙上了一层阴影。

农村大学生同学关系问题凸显，在主观方面主要是由于农村大学生自身心理发展特点所致。有研究表明，作为当代农村大学生主体的"90后"和"00后"的社会成熟度是比较低的[127]。他们一方面随着年龄的增长，生活范围和活动内容逐渐复杂化，希望成为独立自主的人。但另一方面他们还带有儿童天真、单纯、幼稚、有依赖性的特点，缺乏自觉性和自我教育的能力，表现出幼稚与懂事、依赖性与独立性、自觉性与不自觉性相互交织的复杂现象。这种介于不成熟与成熟之间的过渡性特点，使得农村大学生的人际交往能力比较缺乏，并由此产生许多人际交往问题[128]。尤其是与中学阶段相比，大学期间的同学更是形形色色，他们可能来自天南地北，有着各自的成长背景，彼此在价值取向和生活习惯等方面较难协调一致。这是不少农村大学生在进入大学后对大学的人际环境感到不适的一个主要原因，也是导致同学之间人际疏离的主要原因。

从客观原因来看，一方面，农村大学生一般在中小学时代都是班级甚至学校里的尖子生，但是，进入大学后，身边的同学都非常优秀，并且很多来自城市里的学生综合素质往往强于农村学生，这些因素可能使得农村大学生产生很大的失落感，同学交往方面产生一些障碍。另一方面，互联网的迅猛发展，对农村大学生的现实生活也有巨大影响。不少农村大学生是在考上大学后才开始拥有智能手机和个人电脑，多姿多彩的网络世界可能使其流连忘返，导致的结果是，农村大学生对人际接触的积极性降低，与同伴的面对面互动显得越来越少。在本研究访谈中，有农村大学生提到，"很多同学的交往主要在网上进行""除了上课，我与一些同学的见面机会很少""我与好些同学基本没有什么交往""平时我们班里同学聚在一起的时候非常少""我们很少去别的宿舍串门聊天"。面对大学同学关系的疏离和淡漠，农村大学生对同学关系的疏离态度恐难避免。

从小学到高中，大部分的同学和老师之间的关系是很不错的，交流和沟通也多，但到了大学，这种情况就变得少之又少了。因此，农村大学生人际疏离的另一个主要表现是对师生关系的疏离态度。在传统型的师生关系中，教师和学生的交往都以求知为目的，教师和学生的地位不同，只是因为"闻道有先后，术业有专攻"。而且，教师不仅对学生起着"传道授业解惑"的作用，还因对学生产生的多方面影响，而被尊为"一日为师，终身为父"。于是，师道尊严成为传统师生关系的要求和规范。如今这种传统型的师生关系正在发生微妙的变化，变化的发生与高校扩招和实施收费政策有密切的关系。

20 世纪 90 年代中后期，中国启动了高等教育的扩招计划和学费改革。随着大学扩招，在校农村大学生人数连年增长，矛盾也随之而来。虽然高校教师人数也有所增长，但是相对学生的增长比例却是微乎其微的。由于教师之于学生的比例大大降低，大班授课成为最常见的教学组织形式，师生关系也因大班授课增多而疏远。再加上大学老师通常不坐班，上课时来，下课就走，除了课堂上，学生很少有和老师接触的机会，很多老师讲完一学期几百人的大课后，甚至没有记住几个学生的名字，考试结束后更是形同路人。大学长期存在的传统讲授式的课堂教学形式，更使师生间接触不多、沟通不够。研究表明，农村大学生在师生交往上不如城市大学生主动、大胆[129]。农村大学生在师生交往上的特点，加剧了师生之间的疏离感。

另外，高等教育收费政策的实施形成了学校和教师为学生提供教育服务工作，而学生和家长支付相应的费用的状况。农村大学生虽然有更多机会享受助学金等资助政策，但同样也需要承担大学学习费用。由此师生之间的知识传授、师生关系发生了微妙变化，教师变成了知识的供给者、辅导者和服务者，传统型的师生关系逐渐被削弱。现在的师生关系变得越来越像卖家和买家式的"消费型的师生关系"。消费型师生关系的主要影响在于它颠覆了传统的师道尊严。韩愈说："道之所存，师之所存也。"在传统教育中，"师"和"道"是不能分开的，"重道"必然"尊师"。而在消费型的师生关系中，学生只需要获得教师提供的具有针对性的教学服务，教师也只在特定的时空内提供这种服务。两者之间并不存在传统的传承关系，师道尊严也就难免式微。

近年来宏观教育评价体系的变革，高校纷纷推行量化考核式的激励体系，重科研产出，轻教学成果。在很多大学教师看来，他们的工作重心并不是教学，而在于研究。高校教师科研工作压力大，跟学生的交流机会有限，除了少数班级干部和学生会干部，普通学生与老师的接触难以发生。对于从农村来到陌生城市的农村大学生而言，原有的人际关系被打破了，新的人际支持系统急需建立，才能有助于其对大学生活的适应。在新的人际网络建立的过程中，他们尤其希望能得到师长的支持和关怀，但是漠然的大学师生关系现状，难免让他们感到失望。因此，这也是造成农村大学生对高校师生关系的疏离态度较为显著的原因之一。

　　归根结底，农村大学生的人际疏离，实质上正是社会急剧转型必然带来的社会失范的一个微观表现。法国著名社会学家杜尔凯姆曾经指出，急剧社会变迁必然引发社会失范[130]。急剧社会变迁时，外部环境发生翻天覆地的变化，传统经过一代一代的稀释，渐渐失去了权威，渐渐被怀疑式地拷问，渐渐被疏远。当生活条件发生变化时，调节各种需要的尺度也就不可能再维持原来的样子。原来的社会标准被打乱，但新的标准尚未建立起来，因为失控的各种社会力量尚未建立起新的平衡，各种价值观还处于未定状态。此时，个人内心的秩序被打乱了，对团体和他人的负面情感增加了，所以难以保持和睦友好的状态。人与人之间的疏离态度类似于"流感"一样包围着个体。大学作为一个亚社会，虽然人际环境相对于社会环境要单纯一些，但也难免受到外界人际风气的影响。

　　但是，就像不同个体在面对"流感"时因个体体质差异而表现出不同程度的反应一样，不同的个体、人群或组织，在面对这种疏离风气时，也会有不同程度的反应，有些表现得不那么强烈，而有些表现得极为剧烈。年轻一代的农村大学生是社会潮流的敏感群体，在面对人际失范的潮流时，容易被其裹挟其中。因而当整个大的社会环境表现出一些不良的人际关系和人际氛围时，比如社会上的人际交往中表现出来的重利轻义倾向，为达目的不择手段的不良行径，建立在利益和利用基础上的所谓"人情关系"等不良现象，也不可避免地会波及农村大学生的人际交往，从而可能使得正处于城市适应期的农村大学生感受不佳。

因为身处大学环境，农村大学生的城市适应是在大学环境中进行的，而半社会化是大学环境区别于中学的重要特征，农村大学生进入大学也相当于踏入大半个社会。相对于中学的人际交往，大学的人际环境更为多元化和复杂化，这在客观上造成了农村大学生的人际适应困难，因而难免会使农村大学生将大学"人际关系的不如意"归因于大学环境，从而导致农村大学生对就读大学产生负面的信念和看法。

4.3.5 服务疏离的状况

服务疏离反映的是农村大学生对大学服务学生工作方面的疏离态度，主要针对学校为学生的学习和生活提供的基本服务质量。服务的含义是为满足顾客的需要，供方和顾客之间接触的活动以及供方内部活动所产生的结果[131]。服务的内涵极其广阔，这里所指的服务是微观和具体的，不同于宏观的教育服务理念，宏观的教育服务理念是基于高等教育的基本产出就是教育服务，学生就是高校的主要顾客等观点而言的。对于宏观服务来说，随着竞争加剧，服务成为大学竞争的重要利器。各大学无不在服务上加大投入，希望提升学校服务质量与形象，建立良好口碑，吸引学生就读，吸引社会各界的捐助和政府的支持。这里的服务亦不同于管理，服务更强调从细微处落实对个体的关心和爱护。

以大学生为对象的高校服务工作，主要指大学的后勤服务。大学后勤有别于企业后勤，它淡化了营利目的，而将服务学生生活放在首位，强调其服务功能，高校学生后勤服务的内涵也是非常广泛的。住宿的服务包括新生入住、毕业生离校、宿舍安排调整、床具家具、电视电话、安全卫生等服务；教室上课的服务包括多媒体教学、定时音乐、环境整洁等服务；校园环境的服务包括校园清洁、绿化美化、生态建设等服务；饮食服务包括卫生、安全、花样品种、价格等服务；水电暖的服务包括全校用水用电、北方冬季供暖、增容维修等服务；还有医疗服务、保卫服务、社区服务、基建服务等服务。

高校后勤服务还有育人的特殊功能，比如，教室是学生学习的重要场所，要给学生一个安静安全、洁净明亮、现代的学习环境；宿舍是学生生活、休息及学习的"家"，需要提供一个安静安全、洁净舒适、和睦温馨的生活条件，同时也要教育学生养成良好的卫生习惯，加强自我管理能力；食堂虽然只是进餐的场所，但是服务范围和要求更高，确保饮食卫生，工作人员的个人卫生、虚心听取学生意见等言行对学生都有潜移默化的教育作用。

虽然高校后勤服务越来越重视对农村大学生的人文关怀，例如制定较低的食堂饭菜价格、为农村贫困大学生提供补贴、为其提供勤工助学岗位等措施，体现了高校服务以学生为本、为学生服务的理念。然而遗憾的是，尽管采取了这一系列积极举措，但高校后勤服务效果仍差强人意。究其原因，与高校后勤管理人员和服务人员的职业素养有很大关系。服务质量对服务人员的素质依赖性是非常强的，服务质量的现场控制几乎完全依赖服务人员的素质，这就要求有一支良好的服务队伍。但是，大学后勤服务部门缺乏具有执行力的高素质员工队伍是普遍现象。

多年来，后勤新增学校编制职工多为学校引进人才的家属以及校内分流人员，基本没有自主引进的高素质专业技术和管理人才，校内各单位优秀人员也不愿意向后勤流动，导致后勤管理队伍和技术骨干的建设与培养存在严重的青黄不接现象。后勤部门自身招聘的编制外员工待遇较差、学历不高、主体意识不强，部门内部没有建立起长期有效的员工培训和学习机制，编制外员工各种福利保障没有到位，流动性较大，这些都严重制约着后勤服务质量。

农村大学生在农村环境中养成的生活习惯和作息方式可能与城里的大学环境要求有较大出入，需要高校后勤服务人员对他们给予更多的理解和指导，然而由于当前部分高校服务人员的职业素养堪忧，因此在面对农村大学生日常生活表现时，可能产生看不惯、瞧不起等歧视心理，甚至认为农村大学生无权无势、软弱可欺的服务人员也不乏其人。如此，自然容易引发农村大学生对高校服务工作的疏离态度。

从大学的组织属性来看，虽然服务理念是社会经济发展到一定阶段对高等教育提出的必然要求，但是大学生与大学的关系并不能简单地用市场经济中的交易关系来看待，教育的公益性质决定了高校不可能像普通企业一样以营利为根本目的，因而"顾客就是上帝"这一市场经济中的通则自然难以落实在学校服务部门和服务人员对待学生这一顾客群体的观念上，从而优质的服务也就不太容易落到实处。农村大学生客观上存在的弱势心理，使其在接受学校服务的过程中更难于体验到"上帝"的优越感。因而，对大学在服务工作方面的疏离态度比较突出，这不仅在之前问卷编制研究的访谈中可以发现，在其他相关的研究文献中也可以找到类似的结果和观点。比如李春玲等[132][133]在农村大学生的生活世界研究中发现，农村大学生对学校的相关服务这一因素的评价较低，且与中间的一般状态有着非常显著的差异。另外，朱以财的研究也认为，我国高校的服务部门服务学生的意识较为淡薄，而且服务质量和水平有待提高[133]。可见，农村大学生对学校服务工作持有的疏离态度有其客观原因。

4.3.6　环境疏离的状况

环境疏离态度，主要反映的是农村大学生对学校文化环境和物质环境持有的疏离态度。本次研究发现，农村大学生在环境疏离维度的得分虽然高于中间值但却明显低于其他维度，说明农村大学生总体上对学校的环境有一定认可。虽然近年来在新农村建设和城镇化进程的推动下，农村的生活条件和环境设施已经大为改善，但与城市相比还是存在较大差距。农村大学生从相对落后甚至偏远的乡村来到城市里的大学，看到大学里无论是教学还是生活的配套设施都比较齐全，校园环境也布置得很漂亮，自然对大学的"硬环境"较少产生失望和不满意之感。那么，农村大学生对大学的环境疏离态度可能主要是针对大学的文化环境，即常说的"软环境"而言的。通过对环境疏离维度上反映硬环境和软环境的题项进行单独计分比较后也发现，农村大学生对大学硬环境的疏离态度要显著低于对软环境的疏离态度。

大学的软环境主要涉及大学的文化环境，是指学校办学过程中形成的，并由师生员工传承和创造的具有学校特色的文化境况[134]。例如，大学的学术氛围、崇尚知识和追求真理的精神、大学的校风和丰富的文化活动等。文化环境是大学人在共同心理基础上长期积淀的思想和行为的表征，文化环境渗透着大学的办学理念、人才培养的价值追求，无不体现着大学具有的时代性、社会性和学生发展的个体性的价值选择，正是在追求、实现这些价值理念的过程中，大学文化的核心价值得以体现。

文化环境是大学精神文化的形象体现，对置身其间的大学生具有强大的感召力。大学生在了解学校的办学历史中，理解和传承学校的办学精神；在了解学校培养的杰出校友中，理解立足于社会的学术、学业标准和人生价值准则；在参与学习活动的各种实践中体会个人成长，感知学校彰显的核心价值。从而让他们以校为荣、奋发进取、积极有为。大学文化环境还具有陶冶功能，一方面是指文化环境"润物细无声"，良好的文化环境在思想上、行为上给学生以美的熏陶，感受到美的力量并愿意去创造美。另一方面，文化环境展现出来的大学精神，有助于塑造学生的理想、信念等精神层面的追求，增强社会责任感，勇于承担时代赋予的历史使命。从上小学到考取大学的求学期间，农村学生正是怀揣着对大学的美好憧憬，激励自己发奋学习直到考上大学。他们甚至可能在心中一遍又一遍地梦想着大学将会给自己带来的洗礼和熏陶，促进自己的学习和发展，不断提升人生追求的层次。然而由于社会转型期的复杂性，大学文化环境的育人功能受到了极大挑战，并在一定程度上造成大学文化精神的缺失。

一方面，农村大学生正处于成长的关键时期，有着蓬勃朝气、活力十足，学习能力、认知能力强，可塑性大，乐于接受新鲜事物的种种优点，但同时也具有缺乏社会经验和人生阅历，自我意识较差，认知水平还处于成长阶段，尚未形成稳定的价值观念等缺点。农村大学生身上的这些缺点使其容易受到外界环境的负面影响，例如市场经济中拜金主义、享乐主义的流行，互联网时代多元化的社会思潮的存在，难免让农村大学生的人生理想和价值观产生迷失。同时近年来高校招生规模不断扩大，相伴而来是就业压力的与日俱增，对未来、对前途的担忧让农村大学生产生焦虑，感到学习紧张、竞争激烈。社会上"拼爹"等消极腐败现象的出现，使得一些农村大学生产生了较严重的挫折感，产生抱怨情绪和自卑心理，不再相信"知识改变命运"[133]。"读书无用论"在部分农村大学生中间再度泛滥，使得他们或精神萎靡、意志消沉，或"宅"在宿舍、沉迷网络、酗酒熬夜，或心理健康出现问题。

另一方面，全球范围内科学技术的迅猛发展及其对人类生活的重大改变，使得"唯科学主义"对高校办学理念产生较大的影响，高等教育过分倚重科学教育，专注于科学技术的传授与习得，轻视人文精神的培育和人格的完善与塑造，甚至人文教育课程本身也出现了知识化倾向，注重人文知识的学习传授，忽视人性的完善和人文精神的培养。大学生普遍存在着只注重本专业知识的学习、忽视其他人文知识学习的现象，许多学生人文知识匮乏、人文底蕴肤浅，对传统文化更是不感兴趣，人文、历史知识支离破碎。在这种教育环境下，农村大学生人文素养教育本来就先天不足，如果在大学里又难以感受到真正的大学精神和人文氛围的熏陶，则对大学文化环境的疏离态度就在所难免。

　　此外，市场经济大潮也在冲击着"大学人"的传统价值取向，使其市场化取向、功利化取向日益明显。在大学这个半社会化环境里，高消费、炫富等不良风气在诱惑着家境不宽裕的农村大学生，让他们中的一些人失去了淳朴的本色，而另一些人则在诱惑和坚守之间犹豫不决。农村大学生出现的种种问题，亟须大学教育者的正确引导和教育，但是作为承担主要教育功能的大学教师的作用却发挥不足。在这个倾向于追求财富和成功的时代，大学教师的价值取向也或多或少地受到影响。甘于清贫、甘坐"冷板凳"的大学教师越来越少了，许多老师都忙着"拿"课题、"拿"项目和从事第二职业去了，学生往往只能在课堂上见到老师，课后既不见其踪也不闻其声。如果对学生知识技能的传授都只限于完成任务层面，那么就更谈不上引导学生理解生命价值、追求生活的意义了。

　　对功利化的追求弱化了对大学精神的探究，流俗与浮躁打破了"大学人"原本高雅、宁静的生活方式；充满创造的、鲜活的教育活动变成了谋生的简单重复，置身期间的农村大学生自然难以感受到真正的大学精神。在问卷编制研究的前期访谈中我们也发现，有较多的农村大学生提到在现在的大学感受不到那种深厚的人文气息和文化底蕴，并认为是学校不够重视所导致，这在之前的许多相关研究中也能够找到依据，如胡文斌就曾指出当前大学软环境建设存在的诸多问题，比如商业气息重、重理工轻人文、信仰缺失、道德感降低等不利于大学人文环境建设的弊病[135]。赵宗宝认为地方高校正面临着信仰教育的严峻挑战，学生信仰呈现多元化趋势，马克思主义信仰教育与大学精神塑造亟须加强[136]。因而可以看到农村大学生对大学软环境所持有的疏离态度是有其现实原因的，这应该引起大学相关部门和管理者的重视。至于学生在环境疏离维度的得分不高，可能是因为学生对大学的硬环境较为认可从而使软环境的疏离态度得分得以一定中和的缘故。对此，在以后的研究中可以考虑将农村大学生对大学软硬环境两方面的疏离态度分开来考察，以得出更具体更有意义的结果。

综上，从对农村大学生学校疏离态度的现状调查中可以看到，农村大学生的学校疏离态度整体水平较高。农村大学生在学校疏离态度问卷各个维度的得分均高于各维度相应的中间值水平，且差异具有显著的统计学意义。相对于其他维度的学校疏离态度而言，农村大学生的环境疏离态度水平较低。

第 5 章
农村大学生学校疏离态度的特征分析

　　学校疏离态度是农村大学生针对大学各方面情况持有的疏离态度，但具体到不同类型的农村大学生，其所出现的学校疏离态度可能有所区别，因而会使其表现出不同的学校疏离态度特点。其中，与农村大学生群体密切相关的一些人口学变量如性别、年级、专业和学校等是导致农村大学生学校疏离态度出现差异的重要特征变量。本研究将对此进行分析，以考察农村大学生在这些人口学特征上的差异，从而更深入细致地认识农村大学生学校疏离态度的状况。

5.1　学校疏离态度的特征调查

5.1.1　特征调查的对象

　　由于特征调查与现状调查是同步进行的，因此调查对象也是同一批人次，调查共获得 1 416 份有效问卷。本研究中的人口统计特征主要指性别、年级、专业、学校类型等指标的特征。在本次收集到的有效问卷中，性别指标：男生 656 人、女生 760 人；年级指标：大一学生 388 人、大二学生 517 人、大三学生 371 人、大四学生 140 人；专业指标：文科学生 751 人、理工科学生 665 人；学校类型指标：省属重点本科大学 5 所、一般本科大学 7 所。其中，省属重点本科大学学生 602 人、一般本科大学学生 814 人。以下将针对这 4 个类型的人口学特征调查结果进行分析。

5.1.2　特征调查的方法

依据自编的"农村大学生学校疏离态度问卷"，综合考察农村大学生在性别、年级、专业和学校类型上的学校疏离态度得分差异。以目的取样和方便取样相结合原则，通过线下纸笔作答方式收集问卷。在数据分析上，使用统计软件包程序 SPSS 20.0 对调查所得数据进行分析和处理，采用多因素方差分析对各人口学变量单独及交互作用的效应进行检验。

5.1.3　特征调查的结果分析

为了考察农村大学生学校疏离态度在不同性别、年级、专业和学校类型上的得分差异，采用多因素方差分析对各人口学变量单独及交互作用的效应进行了检验，结果见表 5-1。

表 5-1　人口学特征的方差分析结果

变量	F	p
性别	3.16	0.008

（续）

变量	F	p
年级	2.03	0.011
学校类型	0.786	0.560
专业	1.24	0.287
性别×年级	2.13	0.038
性别×学校类型	0.79	0.554
年级×专业	0.78	0.567
学校类型×专业	0.93	0.532
性别×年级×学校类型	0.81	0.390
性别×年级×专业	0.96	0.497
性别×学校类型×专业	0.70	0.620
年级×学校类型×专业	1.08	0.362
性别×年级×学校类型×专业	0.72	0.704

注：F 为方差检验值，p 为检验显著性，下同。

表 5-1 为多元方差分析的 pillai 轨迹法检验结果，模型中包括的人口学变量为性别、年级、专业和学校类型。结果表明，独立项人口学变量中只有性别和年级对农村大学生学校疏离态度的主效应具有显著的统计学意义，而交互项人口学变量中只有二次交互项"性别×年级"对农村大学生学校疏离态度的效应具有显著的统计学意义，其余人口学变量及其交互项对农村大学生学校疏离态度的效应均没有显著的统计学意义。但具体到农村大学生学校疏离态度各维度的情况还需做进一步的组间效应检验，检验结果见表 5-2。

表 5 - 2 性别对学校疏离态度各维度组间效应的检验结果

自变量	因变量	F	p
	管理疏离总分	0.880	0.348
	学业疏离总分	8.243	0.004
性别	环境疏离总分	2.942	0.037
	人际疏离总分	0.016	0.898
	服务疏离总分	7.016	0.058

表 5 - 2 的结果表明，男女生性别特征对农村大学生学校疏离态度各维度的影响确实存在不同差异。其中，调查对象在学业疏离和环境疏离两个维度的性别得分差异具有显著的统计学意义（$p < 0.05$）。

表 5 - 3 年级对学校疏离态度各维度组间效应检验结果

自变量	因变量	F	p
	管理疏离总分	3.561	0.014
	学业疏离总分	0.989	0.397
年级	环境疏离总分	3.597	0.013
	人际疏离总分	2.548	0.055
	服务疏离总分	2.571	0.053

表 5 - 3 的结果表明，从农村大学生所处的大学年级特征来看，农村大学生学校疏离态度问卷中的管理疏离和环境疏离得分差异亦具有显著的统计学意义（$p < 0.05$）。

从表 5 - 4 的结果来看，农村大学生的专业（本研究主要从理工科和文科两个大类专业进行考察）特征对学校疏离态度各维度的影响无显著差异。

表 5 - 4　专业对学校疏离态度各维度组间效应检验结果

自变量	因变量	F	p
专业	管理疏离总分	3.459	0.063
	学业疏离总分	0.353	0.552
	环境疏离总分	0.301	0.583
	人际疏离总分	1.413	0.235
	服务疏离总分	0.291	0.590

表 5 - 5　学校类型对学校疏离态度各维度组间效应检验结果

自变量	因变量	F	p
学校类型	管理疏离总分	0.005	0.945
	学业疏离总分	1.452	0.229
	环境疏离总分	0.401	0.527
	人际疏离总分	0.162	0.687

表 5 - 5 的结果显示，农村大学生就读的学校类型（本研究主要从重点本科院校和一般本科院校两个类型进行考察）特征对学校疏离态度各维度的影响也无显著差异。

为了进一步考察各人口学变量对学校疏离态度的交互作用，采用多因素方差分析进一步检验农村大学生学校疏离态度的各人口学特征与各维度间的交互效应，结果见表 5 - 6。

表 5 - 6 的结果显示，在性别人口学变量分别与年级、专业和学校类型这三个人口学变量进行二阶交互检验后，发现性别与年级的交互项对学业疏离和人际疏离两个维度的效应具有显著的统计学意义（$p < 0.05$）。

表 5-6 学校疏离态度的二阶交互效应检验结果（1）

自变量	因变量	F	p
性别×年级	管理疏离总分	0.832	0.477
	学业疏离总分	3.269	0.029
	环境疏离总分	0.551	0.647
	人际疏离总分	2.900	0.038
	服务疏离总分	1.039	0.375
性别×学校类型	管理疏离总分	1.473	0.225
	学业疏离总分	1.670	0.197
	环境疏离总分	0.492	0.483
	人际疏离总分	2.114	0.146
	服务疏离总分	1.148	0.284
性别×专业	管理疏离总分	0.052	0.820
	学业疏离总分	1.067	0.302
	环境疏离总分	2.231	0.136
	人际疏离总分	0.025	0.874
	服务疏离总分	0.019	0.889

表 5-7 学校疏离态度的二阶交互效应检验结果（2）

自变量	因变量	F	p
年级×学校类型	管理疏离总分	1.295	0.275
	学业疏离总分	0.799	0.495
	环境疏离总分	2.006	0.112
	人际疏离总分	1.653	0.176
	服务疏离总分	0.480	0.697
年级×专业	管理疏离总分	1.532	0.205
	学业疏离总分	0.170	0.916
	环境疏离总分	0.473	0.701
	人际疏离总分	1.314	0.269
	服务疏离总分	1.315	0.268

表 5-7 表明，在年级变量分别与学校类型变量和专业变量进行二阶交互检验后，发现年级与学校类型的交互以及年级和专业的交互均无显著的统计学意义。

表 5-8 学校疏离态度的二阶交互效应检验结果（3）

自变量	因变量	F	p
	管理疏离总分	1.373	0.242
	学业疏离总分	1.062	0.303
学校类型×专业	环境疏离总分	0.427	0.514
	人际疏离总分	0.102	0.750
	服务疏离总分	0.205	0.651

表 5-8 的结果显示，在学校类型变量与专业变量进行二阶交互检验后，发现学校类型与专业的交互无显著性。

表 5-9 各人口学变量对学校疏离态度的三阶交互效应检验结果

自变量	因变量	F	p
	管理疏离总分	1.062	0.332
	学业疏离总分	0.680	0.463
性别×年级× 学校类型	环境疏离总分	1.721	0.161
	人际疏离总分	1.386	0.182
	服务疏离总分	0.712	0.313
	管理疏离总分	0.322	0.810
	学业疏离总分	0.264	0.851
性别×年级× 专业	环境疏离总分	0.522	0.667
	人际疏离总分	1.856	0.136
	服务疏离总分	0.973	0.405
	管理疏离总分	0.144	0.704
性别×学校类型× 专业	学业疏离总分	0.000	0.983
	环境疏离总分	2.879	0.090
	人际疏离总分	0.023	0.878

表 5 - 9 的结果表明，经过各人口学变量对学校疏离态度的三阶交互效应检验后，发现交互项对农村大学生学校疏离态度各维度的效应均无显著的统计学意义。

由表 5 - 9 的结果可知，农村大学生性别与年级的交互项对学业疏离和人际疏离两个维度的效应具有显著性，因此为了更清晰直观地显示性别对学业疏离和人际疏离的交互作用情况，绘制了以下交互作用图 5 - 1～图 5 - 4。

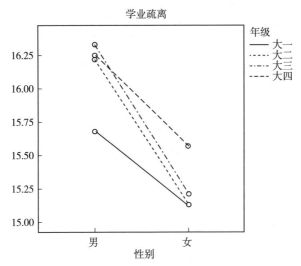

图 5 - 1　性别在学业疏离维度得分的年级差异交互作用图

从图 5 - 1 的交互作用图可以粗略地看到：在农村男大学生中，各年级的学业疏离得分存在一定的差异，其中大一学生的得分最低，而大二、大三和大四的学生得分则相对较高，但总体来看四个年级的农村男大学生在学业疏离维度的得分差异均不太大；在农村女大学生中，大一到大四的学生在学业疏离的得分差异不大。但大三和大四的学生在学业疏离的得分变化关系有所交叉，因而有必要做进一步的简单效应分析，以便准确判定这一差异的显著性。

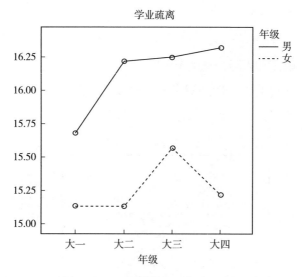

图 5-2　不同年级在学业疏离维度得分的性别差异交互作用图

从图 5-2 可见，从大一农村大学生到大四农村大学生都是男生的学业疏离水平高于女生。在大一学生中，男生和女生在学业疏离的得分差异最小；而在大二、大三和大四学生中，男生的学业疏离均明显高于女生。

从图 5-3 可以看到，无论是在农村男生中还是在农村女生中，都是大四学生的人际疏离态度水平低于其他年级的学生。在农村男大学生中，大一、大二、大三年级学生的人际疏离态度水平接近，且都明显高于大四的学生；而在农村女大学生中，大一、大二、大三年级学生的疏离态度水平出现差异，其中大一最高、大二次之、大三最低，但这三个年级学生的人际疏离得分差异并不大，且仍明显高于大四的学生。

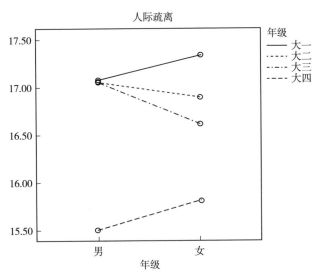

图 5 - 3　性别在人际疏离维度得分的年级差异交互作用图

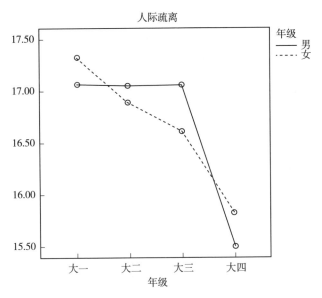

图 5 - 4　不同年级在人际疏离维度得分的性别差异交互作用图

从图 5 - 4 的情况来看，在不同年级的农村大学生中，男女生的人际疏离得分呈现不同差异。大一学生中是女生的人际疏离得分高于男生，大二和大三学生中是男生人际疏离得分高于女生，而大四学生中女生的人际疏离得分又高于男生。但可以明显看到，在各年级中男女生在人际疏离维度的得分差异都很小，这可能预示着各年级中男女生的人际疏离得分均不易出现显著统计学意义的差异。

虽然性别与年级的二次交互项对农村大学生学校疏离态度的效应具有显著的统计学意义，理应首先对其具体的简单效应进行检验，但由于性别与年级的二次交互项只对学业疏离和人际疏离有显著的影响，而性别因素除了对学业疏离有着显著的影响外，还对环境疏离有着显著的影响，另外年级的主效应也只是针对管理疏离维度和环境疏离维度。因此，性别因素对环境疏离的影响以及年级因素对管理疏离和环境疏离的主效应与二次交互项"性别×年级"的效应并无交叉的部分，因而可以说明性别因素对环境的主效应，以及年级因素对管理疏离和环境疏离的主效应均有独立存在的意义。对此，采用独立样本 t 检验的方法对学生在环境疏离维度得分的性别差异进行检验，另用单因素方差分析的方法对学生在管理疏离和环境疏离维度的得分差异分别进行检验，结果见表 5 - 10～表 5 - 12。

表 5 - 10　在环境疏离维度得分的性别差异检验结果

性别	M	SD	t	p
男	12.13	2.128	-2.943	0.003
女	12.59	2.437		

由表 5-10 的结果可以看到，农村男大学生在环境疏离维度的得分要低于农村女大学生，而且男女生得分差异具有非常显著的统计学意义（$p<0.01$）。

表 5-11 各年级在管理疏离维度和环境疏离维度的得分情况

	大一		大二		大三		大四	
	M	SD	M	SD	M	SD	M	SD
管理疏离	14.047	2.096	14.842	2.417	14.911	2.428	14.640	2.062
环境疏离	11.719	2.187	12.664	2.306	12.882	2.343	12.177	2.043

由表 5-11 的结果可以看到，各年级学生在管理疏离维度和环境疏离维度的得分存在一定差异，其中大一学生的得分最低，大四学生的得分较高，而大二和大三学生的得分最高。具体均值图见图 5-5 和图 5-6。

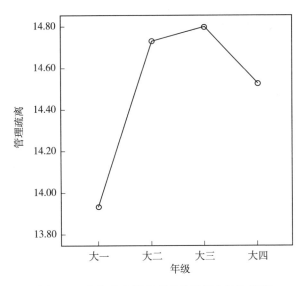

图 5-5 各年级在管理疏离维度得分的均值图

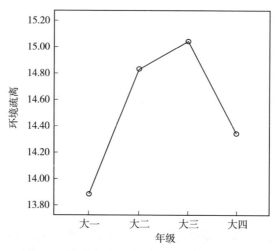

图 5 - 6   各年级在环境疏离维度得分的均值图

由均值图 5 - 5 和图 5 - 6 可以清楚地看到四个年级在管理
疏离维度和环境疏离维度得分的走势，大一农村学生的管理疏
离态度和环境疏离态度水平最低，大二农村学生较之大一农村
学生增长到较高的水平，而大三农村学生的管理疏离态度和环
境疏离态度水平最高，到大四农村学生中这两个维度的疏离态
度水平又有所降低，低于大二的农村学生但仍高于大一的农村
学生。至于各年级农村学生在管理疏离和环境疏离得分的具体
差异还需要采用方差分析和事后比较的方法才能确定，分析结
果见表 5 - 12 和表 5 - 13。

表 5 - 12   在管理疏离和环境疏离维度得分的年级差异方差分析结果

因变量	SS	df	MS	F
管理疏离	60.393	3	20.131	3.718
环境疏离	109.999	3	36.667	7.087

从表 5 - 12 的方差分析结果可见，不同年级农村大学生在管理疏离维度和环境疏离维度的得分差异具有显著的统计学意义（$p<0.05$），其中环境疏离维度的年级差异有着极为显著的统计学意义（$p<0.001$）。但具体是哪几个年级在这两个疏离态度维度的得分差异具有显著的统计学意义，还需要做进一步的事后多重比较才能判定，事后检验的结果见表 5 - 13。

表 5 - 13 管理疏离和环境疏离维度得分年级差异的事后多重比较结果

因变量	(I) 年级	(J) 年级	均分差 (I－J)	标准误	p	结果
管理疏离	大一	大二	0.796	0.260	0.026	大一＜大二
		大三	0.853	0.279	0.023	大一＜大三
环境疏离	大一	大二	0.944	0.255	0.003	大一＜大二
		大三	1.163	0.272	0.000	大一＜大三

注：为便于阅读，以上只保留年级差异具有显著统计学意义的结果。

由事后多重比较的结果可见，在管理疏离维度和环境疏离维度，农村大学生的得分均表现出相同的年级差异性，即大一农村学生在这两个维度的得分分别与大二和大三的农村学生得分存在显著的差异。其中，在管理疏离维度，大一农村学生的得分与大二和大三农村学生的得分差异具有显著的统计学意义（$p<0.05$），而在环境疏离维度，大一农村学生得分与大二和大三农村学生得分的差异均有着非常显著的统计学意义（$p<0.01$）。

虽然性别在学业疏离维度的主效应具有显著的统计学意义，但是由于性别和年级的二次交互项对学业疏离态度和人际疏离态度的效应也具有显著的统计学意义，因此应首先分析性别与年级的交互作用，以检验该交互项具体在哪种水平组合情况下会导致被试的学业疏离态度和人际疏离态度得分具有显著的统计学意义。对此，采用简单效应分析的方法对该问题进行进一步考察，结果见表 5 - 14～表 5 - 15。

表 5 - 14   不同年级和性别在学业疏离和人际疏离维度的边际均值

因变量	性别	年级	M	SD
学业疏离	男	大一	15.737	0.453
		大二	15.933	0.281
		大三	16.428	0.391
		大四	16.344	0.470
	女	大一	15.511	0.457
		大二	15.104	0.283
		大三	15.813	0.373
		大四	14.631	0.595
人际疏离	男	大一	16.913	0.478
		大二	16.491	0.296
		大三	17.549	0.413
		大四	15.417	0.496
	女	大一	17.110	0.482
		大二	16.946	0.298
		大三	16.414	0.394
		大四	15.692	0.628

表 5 - 15   性别和年级对学业疏离维度的简单效应分析结果

变异来源		SS	df	MS	F	p	事后比较结果
年级因素	在男生中	12.463	3	4.154	0.525	0.665	
	在女生中	11.566	3	3.855	0.558	0.643	

（续）

变异来源		SS	df	MS	F	p	事后比较结果
性别因素	在大一学生中	7.637	1	7.637	1.032	0.312	
	在大二学生中	99.95	1	99.95	13.384	0.000	男生＞女生
	在大三学生中	33.539	1	33.539	9.364	0.048	男生＞女生
	在大四学生中	23.119	1	23.119	2.748	0.041	男生＞女生
年级因素	在男生中	75.109	3	25.036	2.796	0.040	大一＞大四 大二＞大四
	在女生中	62.327	3	20.776	2.613	0.0470	大一＞大四 大二＞大四
性别因素	在大一学生中	1.785	1	1.785	0.29	0.592	
	在大二学生中	2.269	1	2.269	0.254	0.615	
	在大三学生中	10.107	1	10.107	1.193	0.276	
	在大四学生中	1.800	1	1.800	0.190	0.664	

注：SS 为离均差平方和，df 为自由度，MS 为均方，F 为方差检验值，p 为检验显著性。

由表 5 - 14 和表 5 - 15 的简单效应分析结果可以看到，不同性别和年级的农村大学生在学业疏离维度和人际疏离维度的得分差异分别表现为以下几个方面。

（1）学业疏离维度

无论是在农村男大学生群体中还是在农村女大学生群体中，各年级学生的学业疏离维度得分差异并无显著的统计学意义；但是在大二、大三年级和大四年级农村大学生中，农村男大学生的学业疏离维度得分均高于农村女大学生，且差异有着显著的统计学意义（$p < 0.05$），其中二年级男女生的学业疏离维度得分差异有着非常显著的统计学意义（$p < 0.001$）。

(2) 人际疏离维度

在所有年级的农村大学生中,男生和女生在人际疏离维度的得分差异均无显著的统计学意义;但在不同性别的农村大学生中,不同年级学生的人际疏离维度得分出现了显著的差异。在男生中,大一和大二的男生在人际疏离维度的得分分别显著地高于大四的男生($p < 0.05$);在女生中,大一和大二的女生在人际疏离维度的得分也分别显著地高于大四的女生($p < 0.05$)。

5.2 基于特征调查结果的讨论

5.2.1 学校疏离态度在性别特征上的差异表现

通过前面的统计分析发现,农村男大学生和农村女大学生只在环境疏离维度的得分差异(女生高于男生)具有显著的统计学意义,这与之前的研究结论一致[7]。大学环境是以大学校园为空间范围,以社会文化、学校历史传统为背景,以大学人为主体,以校园特色物质形式为外部表现,制约和影响着大学人活动及发展的一种环境[136]。大学环境包括硬环境和软环境两部分。硬环境有学校地理环境,即学校所处的地理位置。中外的高等学校多选择环境优雅、交通信息便利的地方作为大学校址,充分为莘莘学子营造有利于其成长、成才的良好的物质环境。校舍建筑、教学设施等也是有形的硬环境的组成部分。相对于硬环境而言,大学的软环境具有更为丰富和多样的内涵,如校园的人文景观、校园文化等软环境能够以间接的方式对置身其中的农村大学生产生潜移默化的影响。

以往的研究中仅考察了大学生对大学硬环境的疏离态度，而并不包含大学生对大学软环境的疏离态度。对此，我们将研究中环境疏离维度题项得分拆分为硬环境和软环境两个子维度后，经差异检验发现，农村男女大学生在软环境疏离维度的得分并不存在显著意义的差异，而在硬环境维度的得分则是农村女生高于农村男生，且差异有显著的统计学意义。因此可以说明，本研究中农村男女学生在环境疏离维度的得分差异多是体现在硬环境方面，这正好与谢倩等的研究结果相符合，即反映了男女生各自在兴趣和行为等方面的固有差异[7]。男女有别，生而不同，各自具有特定的身体结构及功能。男性左脑更发达，因而更擅长线性抽象思维和推理，女性右脑更发达，因而想象力丰富，更擅长基于知觉的整体思维。由于女性特殊的生理和心理本能，女性在视觉、味觉、触觉和听觉方面反应大多比男性敏感。女性细腻而敏感的心理特点，使得她们在生活中有着敏锐的观察力。例如，研究发现，农村大学生中女生会比男生更加关注周围的环境和设施[137]。因而女生可能对大学环境有着较高的期望并且对大学环境更加敏感，从而使其更易产生对大学环境的疏离态度。

5.2.2　学校疏离态度在年级特征上的差异表现

从农村大学生学校疏离态度的年级差异来看，各年级农村学生只在管理疏离和环境疏离两个维度的得分存在显著统计学意义的差异，而且差异的年级趋势较为一致。其中一年级农村学生在管理疏离和环境疏离的得分要明显低于其他三个年级，而大三年级农村学生在这两个维度的得分最高，其次是二年级的农村学生得分较高，且大二、大三年级农村学生在管理疏离维度和环境疏离维度的得分要比四年级农村学生略高。但进一步对各年级在这两个维度得分的具体差异检验结果显示，只有大一农村学生的得分分别与大二和大三农村学生的得分有显著统计学意义的差异。这可能与农村学生在各年级阶段的学习生活状况及其心理状态有关。

大一农村新生刚刚进入城市和大学里学习和生活，这一阶段最主要心理发展任务是努力适应新的环境，建立新的心理结构，从而实现新的心理平衡。以往的调查研究表明，大学新生普遍对大学有着较高的期望，他们对大学的意识中多带有高中时期及初入大学的理想色彩，显示出中学生普遍较为天真、思想较单纯的一面[138]。特别是刚从乡村来到城市的农村大学新生，见到"高大上"的大学校园时，对大学的新鲜感和好感更甚于城市学生。加之作为新生在进入大学之初，对大学的管理和环境的具体情况还不太了解，导致大一农村学生对大学的管理和环境不易产生较高水平的疏离态度，因而在这两个维度上的得分要明显低于其他三个年级。

而到了大二和大三后，由于农村学生在平常的学习和生活中逐渐对学校的情况有了比较深刻的了解，可能会更多地感受到大学在管理和环境等方面存在的问题，因而学生对大学这些方面持有的疏离态度会凸显出来。不过，大二、大三年级农村大学生对大学管理和环境的疏离态度加重还可能与该阶段的心理压力有关。车文博等学者对大学生心理压力感的年级特点研究表明，大二、大三年级的大学生在学业压力、学校环境压力、择业压力和人际压力各方面的压力感平均得分都高于其余两个年级，大二、大三年级大学生感受到的心理压力最大[139]。农村大学生在身处大二、大三年级时，也会面临同样的压力。而且由于农村大学生普遍存在自信心不足，主动寻求外界社会支持的意识和能力还不够等原因，导致他们可能对来自学业、就业和学校管理制度等方面的压力应对更为困难，进而使其产生情绪浮躁、忧郁、厌烦、易怒等心理问题，也容易产生偏激态度和过激行为[140]。

到了大四后，农村大学生已经对大学有了相对客观全面的认识，同时具有了更多的社会阅历，已能成熟看待问题。加上学生此时的主要任务是顺利毕业和就业，所以农村大学生在这些方面投入的精力要多一些，而对其他方面的关注就相对少些，这可能是农村大学生对学校的管理和环境等方面疏离态度有所下降的主要原因。当然也有可能是大四的农村大学生对学校的管理和环境已经很适应，已不再对这些方面的问题作更多的计较，因而对这些方面的疏离态度也相应地降低。

5.2.3　学校疏离态度在性别和年级交互特征上的差异表现

通过前述多元方差分析发现，在人口学变量的交互项中只有性别和年级的二次交互项对学业疏离和人际疏离两个维度的效应具有显著的统计学意义。在随后对性别和年级的交互作用进行简单效应分析后发现，在学业疏离维度中，男女农村大学生在学业疏离维度的得分并无显著统计学意义的年级差异，但是在大二、大三和大四年级的学生中，均发现男生的学业疏离态度要显著地高于女生。在人际疏离维度中，各年级农村大学生在人际疏离维度的得分并无显著统计学意义的性别差异。但同时发现，无论是在农村男大学生中还是在农村女大学生中，大一、大二和大三农村学生的得分都是分别显著地高于大四农村学生的得分。

对于不同年级农村大学生在学业疏离维度的性别差异，一方面可以认为这是与农村男女大学生在大学阶段的不同学习状态有关。一般而言，男生较之女生更擅长动手型技能的操作且更擅长理解记忆，而女生则更擅长模仿操作和机械记忆。然而，目前大学的教学内容多偏重理论知识的识记，动手操作性和实践性的学习内容则相对较少，而且大学的考核也多依赖于对理论知识的机械记诵，这种学习模式更适合女生的学习特点，而男生则不太适应这种学习方式。故在大学的学习中也多出现女生普遍比男生成绩高、男生比女生出现"学习障碍"多的现象，这可能会导致男生对大学的学习比女生持有更高的疏离态度。

另一方面，随着我国高等教育的迅速发展，女性接受高等教育的机会不再受到限制，农村女大学生的独立意识增强，特别是在男生就业机会优于女生的社会环境下，农村女大学生在争取个人发展的过程中表现得更为突出，因而学习的动力更强。但也有研究表明，就业环境困难是影响农村男大学生学习动力的主要原因，从性别差异来看，由于受传统文化和农村传统习俗的影响，"男主外，女主内"思想在当今社会仍然有很大市场，在农村更甚。因此农村男大学生的就业压力普遍比农村女生要大，大部分男同学都认为一旦大学毕业，就应该承担起家庭的责任，而目前的就业形势让更多人似乎看不到希望，影响了学习的积极性，这也可能是农村男大学生的学习疏离态度较为突出的原因之一。

对于男女农村大学生在人际疏离维度表现出的不同年级差异，可能正好反映出高、低年级农村大学生在大学中的人际交往特点。有研究表明，高年级农村大学生在交际和交友能力上明显高于低年级的农村大学生[141]。另有研究者也发现，大一、大二年级农村大学生的人际交往能力与大三、大四年级的农村大学生有着显著的差异，其中大一、大二年级农村大学生的人际适应得分与大四年级农村大学生的人际适应得分差异尤其显著[142]，这正好与本研究的结果相一致。这可能是因为大一、大二年级农村大学生还处于大学人际环境适应阶段，特别是大一农村学生的人际交往能力亟待提高，这主要是由于大一农村学生进入大学时间较短，尚未完全适应新的环境，形成新的交往圈，此时他们大部分与中小学时期的朋友联系较多，因而会在人际交往方面面临较多的问题。例如，缺乏与老师、同学相处的一些社交技巧；人际圈子还不够稳定；对较为复杂的人际关系不善于处理；心理成熟度不够，在人际交往中容易体验到伤害等。在本研究的前期访谈中，一些大一农村学生表示非常怀念高中时光中的同学关系，认为高中时的同学关系是纯洁的友谊，对现有的大学生活中的人际沟通表现出不满。因而，低年级农村大学生的人际疏离得分较高也就不难理解。

高年级农村大学生，尤其是大四学生经过了将近四年的大学学习生活，基本适应了大学的人际氛围，同时对大学的人际关系的整体状况比较熟悉，大四农村学生参加的社交活动最多，与其面临的毕业以及即将踏入新的社交圈有关。同时随着心理成熟度的提高,大四农村学生对大学人际关系中存在的问题可能也倾向于理性处理而不极端。因此,在遇到一些人际问题或者在对整个大学人际关系的态度上,低年级农村大学生容易表现出消极的一面,而高年级农村学生则会较为积极和理性地看待这些问题,所以才会出现大一、大二年级农村大学生的人际疏离态度高于大四年级农村大学生的现象。

综合以上有关人口学特征的调查结果,对农村大学生的学校疏离态度的特征得到以下发现。

①农村大学生在管理疏离维度和环境疏离维度的得分有着显著的性别和年级差异。其中农村男大学生的环境疏离态度水平要显著低于农村女大学生;大一年级农村学生的管理疏离态度和环境疏离态度水平均显著低于大二、大三年级的农村大学生,但与大四年级农村学生的得分没有显著的差异。除此之外,农村大学生在其他学校疏离维度的水平上没有出现性别或年级差异。

②农村大学生在性别、年级、学校类型和专业四个人口学变量的所有交互项中,只有性别与年级的二次交互项对学校疏离态度的学业疏离和人际疏离两个维度有显著的交互作用。进一步简单效应分析发现,就学业疏离而言,无论在男生还是在女生中均没有发现其学业疏离水平具有显著的年级差异,但在大二、大三和大四年级农村大学生中,均发现男生的学业疏离水平显著高于女生。就人际疏离态度而言,在各年级学生中均没有发现显著的性别差异,但在男生和女生中却发现大一、大二年级的人际疏离态度水平要显著地高于大四年级的农村学生。

第6章
农村大学生学校疏离态度的形成机制

作为一种负性心理特征，疏离态度的成因一直是研究者热衷探讨的问题。但是由于受到关注和开展研究的时间较晚，因而目前关于大学生学校疏离态度的研究多集中在概念的界定、结构的探索和测量工具的开发等几个方面，直至最近才有研究者对其后效作用的机制进行了探讨，但却没有实证研究考察过农村大学生学校疏离态度的成因。农村大学生学校疏离态度与组织疏离态度（组织犬儒主义）都是个体针对具体环境的各个方面持有的疏离态度，因而其形成也与组织犬儒主义有着相似之处。鉴于之前尚无对农村大学生学校疏离态度成因的实证研究，本研究拟从疏离态度形成的两个基本因素入手，即对环境特征因素和个体特征因素在农村大学生学校疏离态度形成中的作用进行检验。其中，环境特征因素主要通过个体对大学各方面现状的感知来考察，而个体特征因素则主要从攻击——敌意人格特质进行考察，以期验证农村大学生个体内外因素与学校疏离态度的关系。

6.1 学校疏离态度形成机制的相关概念

6.1.1 大学环境感知

一般来说，大学环境是以大学校园为空间范围，以社会文化、学校历史传统为背景，以大学人为主体，以校园特色物质形式为外部表现，制约和影响着大学人活动及发展的一种环境[143]。但是这里的大学环境，是从组织特征层面探讨的客观环境。而从个体心理特征层面来说，大学环境并不是仅仅指客观的物理环境，更是个体体验到的、为个体感知到的心理环境，有研究者称其为学校气氛。根据心理学家勒温的场理论，个体行为是所处环境与个体心理特征之函数，即 $B = F(E, P)$，B 指个体的行为，E 代表个体所处的环境，P 代表个体的心理特征[144]。因此，这里的环境更多的是指学生感受到的学校气氛。学校气氛被认为是一所学校的独特风格，是指老师、学生、学生家长与行政人员对学校行政执行、人员关系的主观心理感受。学校气氛是成员集体知觉与态度的产物，会影响组织个体的行为和态度，此气氛具有持久性和可测量性。因个体心理的差异性，即使是在同一所学校里，不同的个体感知到的学校气氛也是迥异的。当然，对学校气氛的感知有积极和消极之分，这种不同的感知结果可能通过作用于农村大学生的态度，从而对农村大学生的行为造成一定的影响。

6.1.2 攻击—敌意特质

人格特质是一个人相对稳定的个性特征的总和，作为一种重要的人格特质，攻击—敌意特质是一种包含愤怒、敌对等负面情绪和怀疑、否定等认知偏差的多维结构。依据攻击本能论的观点，攻击的倾向是天生的、独立的本能倾向。攻击本能论的代表人物弗洛伊德（Sigmund Freud）就认为，好比人有性本能、防御本能一样，人也有攻击本能。在弗洛伊德那里，攻击本能又被称为"死亡本能"，与"生存本能"是一对相对立的概念。人类的生存本能是以保存自我为目的，而"死亡本能"与"生存本能"相对，具有明显的"攻击性"或"破坏性"冲动。这一本能的目的在于："把有机的生命带回无机状态"[145]，对内表现为毁灭自我，对外体现为攻击他人。虽然人生命的过程处于两种本能的斗争中，但是通过强化"生存本能"，"死亡本能"或"攻击本能"就会受到抑制。大部分现代精神分析论者也认为攻击是一种本能的驱力，是一种攻击性的、毁灭性的冲动。攻击的本能倾向可能是在追求需要的满足时遭到了挫折，或者自我的作用因面临威胁而受到阻碍的结果。依照这种看法，攻击驱力是好的，它可以协助个体满足基本的需求，可维护生命而非自我摧毁。关于攻击特质的生物学研究也发现，攻击性作为一种特质，是由个体的神经结构及生理特点决定的。我国学者张倩等研究表明，攻击性儿童与正常儿童相比，大脑两半球的均衡性较低[146]。还有研究者发现，攻击—敌意特质的形成与某些社会因素也密切相关，童年期受虐待可增加其冲动、攻击性的人格特征[147]。

6.1.3　学校认同

根据社会认同理论，学校认同是学校组织影响学生的重要心理机制，是研究和解释学生群体行为的一个重要概念和视角。当个体形成了对某个群体的认同之后，不仅会积极将群体的规范内化为自己的行为准则，遵守群体纪律，而且会正面评价和支持群体。关于学校认同的内涵，目前还没有统一和权威的界定。有研究者基于学校文化气氛的视角，将学校认同定义为学校师生及员工在心理上对所属学校文化气氛的一种接纳、肯定和欣赏，并且包含了反映学校办学理念和价值取向的校训、行为规章制度以及学校环境建设与利用等广泛的内容[148]。另有研究者将学校认同视作一种归属感，认为学生的学校认同感是学生对他所在学校所产生的一种归属感，即个体认识到自己属于该学校群体，并且意识到成为此学校成员会给自己带来的情感和价值意义[149]。此种归属感建立在其对学校文化传统、价值观念及学校精神认可的基础之上。

还有研究者从组织认同的范畴来界定学校认同，指出大学认同属于组织认同的具体形式之一[150]。从认知上看，是大学生个人对大学成员之一身份归属的认知，体现了与所在学校价值观的一致；从情感上看，是在个人对大学预期基础上形成的大学忠诚度和自豪感；从行为上看，是在对大学价值观认同基础上形成相应言行的过程。尽管学者对学校认同的内涵观点不一，但是都一致认为学校认同对学生的学校适应、学业成就、学习动机具有明显的正向预测作用。因此，学校认同是高校管理的重要内容之一，学校认同对学校的发展和学生的成长有着重要的作用。但学校认同并不是生来就有的，农村大学生学校认同的产生并不以在学校所待时间的长短来决定，它是在学校生活中逐渐产生的，是一个需要主动培育的过程。

6.2　形成机制的研究假设

6.2.1　大学环境感知与学校疏离态度的形成负相关

作为一种负性心理特征，疏离态度的成因一直是研究者热衷探讨的问题。后来的很多研究者发现疏离态度的形成与具体的情景存在很大的关联，尤其是当疏离态度指向某特定对象时，其形成更是与该对象的特征以及个体对该对象的认知和评价有着紧密的联系[68]。例如，员工对组织的犬儒主义就与组织的一些消极特征（如管理者无能、分配不公和抵制申诉等）以及员工对这些消极特征的感知有关。Andersson 在其提出的组织犬儒主义成因模型中，就曾指出组织犬儒主义的形成受两大因素影响[151]。其中之一就是个体感知到的环境特征因素，如组织环境中的组织不公平、缺乏沟通、组织无责任感、组织不正当利益获取等。而关于疏离态度的形成与情境因素的关系，已有不少研究者对此进行了探讨。例如，Bennett 和 Schmitt 的研究发现[152]，员工的犬儒主义与其工作环境的特征存在很强的联系，这些工作环境特征如领导和下属的沟通容易度、员工在组织中的话语权以及组织奖惩的公平性等。Davis 和 Gardner 对组织犬儒主义与组织政治环境关系的研究也发现，那些认为自己处于功利性政治环境的员工会更容易对组织产生疏离态度[71]。可见，情境因素对于疏离态度的形成确实非常重要。

本研究拟对环境特征因素在学校疏离态度形成中的作用进行检验。其中，环境特征因素主要通过个体对大学各方面现状的感知来考察。本研究假设 $H1$：大学环境感知与学校疏离态度之间有显著的负相关关系。

6.2.2 敌意人格特质与学校疏离态度的形成正相关

回顾以往的相关研究发现，早期的研究者倾向于认为疏离态度是个体内在的且稳定的人格特质，因而其成因中含有较多关于人性的先天成分，疏离态度实际上就是指疏离人格。不过，也有研究者指出人格与疏离态度之间并无多少关联，如 Fizgerald 的研究结果就显示，个体的人格对其疏离态度并没有显著的预测作用[61]。但是 Fizgerald 的研究针对的是组织疏离态度，而之前的研究多考察个体的一般疏离态度，那么研究结果的差异是否与疏离态度的具体指向对象有关，目前尚不知晓。虽然后来更多研究者认为疏离态度和其他态度一样是在后天的具体环境中形成的，但是同样认为疏离态度的形成过程仍受到个体特征的影响，比如最典型的是个体人格特征。在 Andersson 的组织犬儒主义成因模型中，用以解释组织犬儒主义形成的另一大因素就是个体特征因素，如人格、控制点和人口学因素等[151]。

早期的研究者将疏离态度视为一种人格特质，虽然这一观点被证明有失偏颇，但是基于这一视角的研究也有一定收获，其中最主要的就是发现了人格与疏离态度的关系。例如，Guastello 等的研究就发现个体的敌意特质对其疏离态度有非常显著的预测作用[50]，Abraham 也发现疏离态度与个体内在的敌意攻击性特质有显著的相关关系，而与其他人格特质的关系则并不显著[68]。基于此，本研究将对个体特征因素中的攻击—敌意特质进行考察。本研究假设 $H2$：农村大学生的攻击—敌意特质与学校疏离态度之间有显著的正相关关系。

6.2.3　学校疏离态度的形成机制中具有中介和调节作用

本研究假设情境因素和个体人格因素都与农村大学生学校疏离态度的形成有关，具体从大学环境感知和攻击—敌意特质分别进行考察，但有必要更进一步探索农村大学生学校疏离态度形成的内在机制。学校疏离态度的源头是对大学环境的感知，因而环境因素是学校疏离态度形成的主导因素，然而个体人格特质水平的不同会使环境因素的作用效果出现差异，即大学环境因素对学校疏离态度的作用可能因不同的个体特质水平而表现出不同的效果。本研究着重考察农村大学生的学校认同和攻击—敌意特质水平在大学环境感知与学校疏离态度形成中的作用，以更深入地把握农村大学生学校疏离态度的形成机制。

据此，本研究假设 $H3$：大学环境感知与大学学校认同有显著的正相关关系；$H4$：大学学校认同与大学疏离态度有显著的负相关关系；$H5$：攻击—敌意特质在大学环境感知与大学疏离态度之间能够起到显著的调节作用；$H6$：攻击—敌意特质的调节效应是通过大学学校认同的中介而起作用。

6.3 形成机制的研究程序

6.3.1 形成机制的研究对象

本次形成机制的研究对象仍然与第 4 章现状调查的对象相同，即为同一批学生，共获得 1 416 份有效问卷。

6.3.2 形成机制的研究工具

(1) 农村大学生学校疏离态度问卷

采用自编的"农村大学生学校疏离态度问卷"，在本研究中该问卷的内部一致性系数为 0.879。

(2) 攻击—敌意特质量表

攻击—敌意特质量表采用的是 Zuckerman 等开发的 Zuckerman-Kuhlman Personality Questionnaire (ZKPQ) 人格量表中反映个体攻击和敌意人格的 aggression-hostility 人格分量表[153]。ZKPQ 的攻击—敌意特质分量表共 17 个条目，采用"是""否"型两点计分方式。ZKPQ 在中国文化背景下的信效度指标已得以验证，本研究中，ZKPQ 攻击—敌意分量表的内部一致性系数为 0.807。

(3) 大学学校气氛问卷

对大学环境感知的测量采用翟亚奇编制的大学学校气氛问卷[154]。该问卷包含四个维度，分别是教学氛围、多样性发展、就业措施和人际关系，反映农村大学生对大学环境四个主要方面的感受。问卷总共 33 个题项，每题均采用从"非常不同意＝1"到"非常同意＝5"的 5 点计分方式，得分越高表示

学生感受到学校相应方面的氛围越好。该问卷被证实具有较好
的信度和效度，本研究中该问卷各维度的内部一致性系数介于
0.772～0.834。

（4）大学生学校认同问卷

采用丁立编制的大学生学校认同问卷[155]。该问卷总共包
含 20 个题项，分别从认知、情感、行为和评价四个方面反映
大学生对大学的认同程度。计分方式采用从"非常不符合＝1"
到"非常符合＝5"的 5 点计分法，得分越高表示学生对学校
的认同程度越高。该问卷的信效度指标在随后的研究中已得到
很好的验证[155]，本研究中该问卷的总体内部一致性系数
为 0.854。

6.3.3　形成机制的施测方法

与第 4 章的施测方法相同，即通过主试发放纸质问卷的方
式，由符合条件的农村籍大学生进行问卷的填答，当场作答当
场回收。然后使用社会科学统计软件包程序 SPSS 20.0 对获取
的数据进行统计分析。

6.4　形成机制研究的结果分析

6.4.1　各变量与学校疏离态度的关系检验

为了考察大学环境感知、攻击—敌意特质和大学学校认同
与农村大学生学校疏离态度的关系，对四个变量的相关关系进
行检验。且前面假设攻击—敌意特质在大学环境感知和学校疏
离态度关系间的调节作用，以及大学学校认同在大学环境感知

与学校疏离态度间的中介作用，也只有四个变量的相关达到显著统计学意义的水平，才能做进一步的中介和调节作用分析。检验结果见表 6-1。

表 6-1　大学环境感知、攻击—敌意特质和学校认同与
学校疏离态度的关系

	环境感知	攻击—敌意	学校认同	学校疏离态度
攻击—敌意特质	0.206*			
大学学校认同	0.345**	0.293**		
学校疏离态度	0.419**	0.360**	0.356**	
M	83.47	7.13	52.57	73.64
SD	7.105	1.793	6.298	7.761

注：* $p<0.05$，** $p<0.01$，*** $p<0.001$。

从表 6-1 可以看出，大学环境感知与攻击—敌意特质、大学学校认同以及学校疏离态度之间分别有着显著的相关关系。其中，大学环境感知与攻击—敌意特质（$p<0.05$）和学校疏离态度（$p<0.01$）呈显著的负相关关系，与大学学校认同则呈显著的正相关关系（$p<0.01$），且各变量的相关值保持在中等水平的程度，能较好地避免变量间的多元共线性发生[155]，这为下一步的调节效应和中介效应检验奠定了基础。

6.4.2　学校疏离态度"有中介的调节模型"检验

由于之前假设为大学环境感知和学校疏离态度的关系受到攻击—敌意特质的调节作用，且大学环境感知和学校疏离态度的关系也可能存在大学学校认同的中介过程，这实际上是对

"有中介的调节模型"进行检验，如图 6-1 所示。其中自变量 X 为大学环境感知，因变量 Y 为学校疏离态度，中介变量 W 为大学学校认同，调节变量 U 为攻击—敌意特质，$X \times U$ 为自变量与调节变量的交互项。

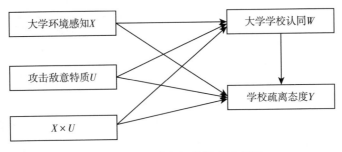

图 6-1 有中介的调节效应示意图

根据有中介的调节效应的检验程序，首先对自变量、调节变量和中介变量做中心化处理，然后在控制了性别、年级和专业等人口学变量效应的前提下，依次对以下三个回归方程的回归系数进行检验：①用分层回归分析依次做 Y 对 X，Y 对 U 和 Y 对 $X \times U$ 的回归，以检验调节项 $X \times U$ 的回归系数是否显著，即检验调节变量 U 对因变量 Y 和自变量 X 的关系是否有显著的调节效应。②用分层回归分析依次做 W 对 X，W 对 U 和 W 对 $X \times U$ 的回归，以检验 $X \times U$ 的回归系数是否显著。③用分层回归分析做 Y 对 X，Y 对 U，Y 对 $X \times U$ 和 Y 对 W 的归回，以检验 W 的回归系数是否显著。若最后一个方程中 W 的回归系数不显著，则说明调节变量 U 的调节效应完全通过中介变量 W 而起作用，若显著则表明 U 的调节效应部分通过 W 而起作用。检验结果见表 6-2～表 6-4。

表 6 - 2　回归方程 1：Y 对 X、U 和 $X \times U$ 的分层回归分析结果

	ΔR^2	β	ΔF
大学环境感知 X	0.275	0.324 ***	152.098 ***
攻击—敌意特质 U	0.023	0.291 ***	38.496 ***
$X \times U$	0.017	0.236 ***	27.572 ***

注：人口学变量对因变量的回归系数均未达到显著水平，故将其具体效应值略去，下同。*** $p < 0.001$。

从表 6 - 2 的分层回归结果可以看到，学校疏离态度对大学环境感知的回归系数达到显著统计学意义的水平（$\beta = 0.324$，$p < 0.001$），说明大学环境感知与学校疏离态度有显著的负相关关系，使得假设 $H1$ 得以支持；学校疏离态度对攻击—敌意特质的回归系数也达到显著统计学意义的水平（$\beta = 0.291$，$p < 0.001$），说明攻击—敌意特质与学校疏离态度也有显著的正相关关系，这使假设 $H2$ 也得以支持。此外，学校疏离态度对自变量大学环境感知与调节变量攻击—敌意特质的交互项 $X \times U$ 的回归系数也达到显著水平（$\beta = 0.236$，$p < 0.001$），说明攻击—敌意特质对大学环境感知与学校疏离态度的关系能起到显著的调节作用（图 6 - 2），这使得假设 $H5$ 得以支持。

由表 6 - 3 的结果可以看到，大学学校认同 W 对大学环境感知 X 的回归系数达到显著统计学意义的水平（$\beta = 0.277$，$p < 0.001$），说明大学环境感知与大学学校认同有显著的正相关关系，使得假设 $H3$ 得以支持。

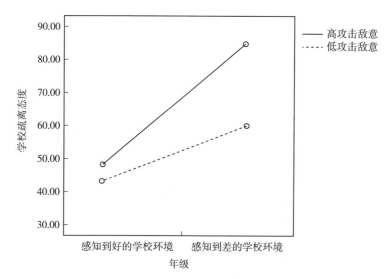

图 6-2　攻击—敌意特质对大学环境感知与

学校疏离态度关系的调节

表 6-3　回归方程 2: W 对 X、U 和 $U \times X$ 的分层回归分析结果

	ΔR^2	β	ΔF
大学环境感知 X	0.184	0.277 ***	129.467 ***
攻击—敌意特质 U	0.036	0.214 ***	53.582 ***
$U \times X$	0.024	0.205 ***	42.239 ***

注: *** $p < 0.001$。

中介变量大学学校认同 W 对自变量 X 与调节变量 U 交互项 $U \times X$ 的回归系数达到显著统计学意义的水平 ($\beta = 0.205$, $p < 0.001$), 说明攻击—敌意特质在自变量 (大学环境感知) 与中介变量 (大学学校认同) 的关系之间能起到显著的调节作用 (图 6-3)。

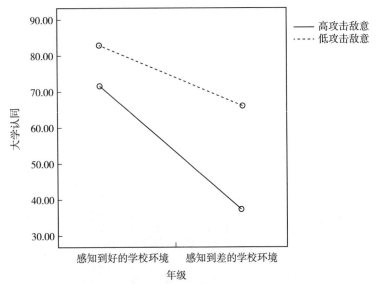

图 6 - 3　攻击—敌意特质对大学环境感知与
大学学校认同关系的调节

最后，为了深入考察大学学校认同和攻击—敌意特质在大学环境感知与学校疏离态度关系中的中介和调节作用是否具有交互效应，通过回归方程进行检验。结果见表 6 - 4。

表 6 - 4　回归方程 3：Y 对 X、U、$U \times X$ 和 W 的分层回归分析结果

	ΔR^2	β	ΔF
大学环境感知 X	0.268	0.319***	129.467***
攻击—敌意特质 U	0.021	0.287***	53.582***
W	0.018	0.230***	46.239***
$U \times X$	0.001	0.053	3.648

注：*** $p < 0.001$。

从表 6 - 4 可以看到，学校疏离态度对中介变量 W（大学

学校认同）的回归系数达到显著统计学意义的水平（$\beta = 0.230$，$p < 0.01$），说明大学学校认同与学校疏离态度有着显著的负相关关系，使得假设 H4 得以支持。同时也说明攻击—敌意特质对大学环境感知与学校疏离态度的调节作用是通过大学学校认同而起作用的，并且回归方程 3 中调节变量与自变量的交互项 $U \times X$ 的回归系数此时没有达到显著统计学意义的水平（$\beta = 0.053$，$p > 0.05$），说明攻击—敌意特质的调节效应完全通过中介变量大学学校认同而起作用，这也使得假设 H6 得以支持。

6.5　形成机制的研究发现

6.5.1　攻击—敌意人格特质与学校疏离态度的形成

Andersson 提出的疏离态度形成和发展模型认为，个体疏离态度和其他常见的心理现象一样，是内外因共同作用的结果，人格的因素是疏离态度形成的内在基础[151]。本研究发现攻击—敌意特质与学校疏离态度有显著的正相关关系，而大学环境感知与学校疏离态度有显著的负相关关系，说明倾向于攻击—敌意特质的个体更容易形成学校疏离态度，且个体感受到的学校气氛好坏也与学校疏离态度有着密切的关联，感受到的学校气氛越差越容易导致个体对学校持有疏离态度，这也与前人的相关研究结论相一致[71]。

攻击—敌意特质表现为较高的人际冲突和较低的人际信任，情绪上多表现出易怒和烦躁，且有强烈的攻击和对抗的行为倾向，这正好与疏离态度的一些主要特征相对应，因而具有攻击—敌意特质的个体相对于其他个体而言更容易形成疏离态度。之前有许多研究直接将攻击—敌意特质得分作为测量疏离态度的指标，可见攻击—敌意特质与疏离态度确实有着非常紧密的联系。近年来对青少年攻击行为的研究中亦发现，青少年攻击行为受内外两方面因素的影响。从青少年个体因素来看，人格特质中的敌意归因偏向有着导致攻击行为的消极功能[156]。不同于情境性敌意归因偏向，特质性敌意归因偏向具有跨情境的稳定性，即具有这一人格特质的人总是一贯地将他人的行为意图解释为敌意意图，而且在模糊情境中更是倾向作出敌意归因。依据这一观点，农村大学生对大学的疏离态度可能与其个体自身的攻击—敌意人格特质有关，而这一人格特质会影响其在大学环境中的态度倾向和行为反应，使其对大学的各种现象更可能作出敌意归因，从而产生对学校的疏离态度。研究者从学校适应成功的农村大学生研究中也发现，其人格中的乐观特质在他们顺利适应大学生活中发挥了积极作用[157]。这也从反面证实了本研究的结论，即学校疏离态度的产生与攻击人格特质有关。那些对所读大学具有疏离态度的农村大学生，在自身人格特质上可能倾向于消极。

6.5.2 大学环境感知与学校疏离态度的形成

更重要的是，疏离态度指向的是外部环境，因而个体感知到的外部环境特点是疏离态度形成的直接诱因。大学环境感知是个体对所在学校各方面气氛的感受和体验，比如对大学的学习气氛、文化气氛和人际气氛的感知，这都是学校疏离态度形成的直接来源。这些方面在农村大学生的学习和生活中最常接触也最易察觉，同时也是农村学生对大学有所期望的主要方面。因此，一旦农村大学生感受到学校在这些方面的情况与预期不符合，即可能引起他们对学校的不满和不信任，并发展为对学校各方面持有较高的疏离态度。

虽然攻击—敌意特质和大学环境感知对学校疏离态度的形成都有显著的影响，但两者的作用也存在一定差异，具体表现为大学环境感知对学校疏离态度形成的影响效果要高于攻击—敌意特质。可能这与学校疏离态度的性质有关，毕竟学校疏离态度针对的是大学环境，个体对大学环境好坏的感知是学校疏离态度形成的直接原因，而攻击—敌意特质仅为学校疏离态度的形成提供了倾向性铺垫，是否能够形成学校疏离态度最终取决于环境的具体情况。此前也有研究发现，人格因素与疏离态度之间并无显著的相关，即个体的内在特质因素并不能导致疏离态度的形成，而外部因素如环境、制度和文化等却是疏离态度形成的主要原因[61]。因此，在探讨学校疏离态度的形成时，不仅要分析个体内在特点的作用，更要注重对外部环境因素的考察，以便充分掌握各因素的不同效应，从而为干预和应对策略的制定提供可靠的依据。

6.5.3 学校疏离态度形成中的中介作用和调节作用

虽然攻击—敌意特质和大学环境感知对学校疏离态度的形成都有着突出的作用，但正如之前所假设的，两者对学校疏离态度的影响可能更多地表现为人格与环境的交互效应，即大学环境因素对学校疏离态度的作用可能因不同的个体特质水平而表现出不同的效果。学校疏离态度的源头是对大学环境的感知，因而环境因素是学校疏离态度形成的主导因素，但个体特质水平的不同会使环境因素的作用效果出现差异。本研究的结果显示，攻击—敌意特质能够显著地调节大学环境感知对学校疏离态度的影响，即当个体感受到的大学环境气氛较好时，高攻击—敌意特质的个体所表现出的学校疏离态度水平要高于低攻击—敌意特质的个体，当个体感受到的大学环境气氛较差时，高攻击—敌意特质个体所表现出的学校疏离态度水平更是远高于低攻击—敌意特质的个体，说明攻击—敌意特质能够加剧农村大学生学校疏离态度的发展程度。由此可以表明，学校疏离态度的形成并非个体与环境因素的独立作用，而是两者交互效应的结果。

此外，本研究还发现在大学环境感知与学校疏离态度之间还存在着大学学校认同的中介作用，即大学环境感知对学校疏离态度的影响是通过大学学校认同而实现的，这与已有的相关研究结果较为一致[156]，说明学校疏离态度的形成是经由个体对大学学校认同的失败而引发的。结合前面攻击—敌意特质调节效应的检验结果，进一步对大学环境感知与学校疏离态度之间是否存在中介的调节效应做了检验，结果显示这一有中介的调节效应达到统计学意义的显著水平，即攻击—敌意特质对大学环境感知与学校疏离态度关系的调节效应是通过大学学校认同而实现的，且攻击—敌意特质的调节效应完全通过中介变量大学学校认同而起作用。

学校疏离态度成因的有中介的调节模型中，大学学校认同在大学环境感知与学校疏离态度关系间的中介作用，说明了大学环境感知是如何影响学校疏离态度的，而攻击—敌意特质对这一中介过程的调节则表达了大学环境感知是在什么时候影响学校疏离态度的。这一模型的证实与心理学生态系统论的观点相一致，即人的心理和行为是多因素共同作用的结果[158]。之前的相关研究多从人格或环境独立作用的视角检验疏离态度形成的影响因素，并未涉及两者交互的情况，更没有考察疏离态度成因的内部中介过程或外部调节效应，因而本研究对攻击—敌意特质和大学学校认同的调节和中介效应分析不仅是对已有疏离态度研究的补充，更是对以后相关研究思路的启发。

　　本研究从人格和环境两方面考察了学校疏离态度的形成因素，发现攻击—敌意特质与大学环境感知均能显著地影响个体的学校疏离态度，这与之前的相关研究结果较为一致[50]。本研究结果也启示我们，对农村大学生学校疏离态度成因的理解必须建立在多因素共同作用的基础上，同时考量个体与环境的内外因素作用，在此基础上才能对农村大学生学校疏离态度的干预制定出科学有效的策略。

第 7 章
农村大学生学校疏离态度成因的个案研究

个案研究（case study research）是质的研究中的常用方法，个案研究将有助于更加深入地理解农村大学生学校疏离态度形成的多种原因。

7.1 个案研究在学校疏离态度成因探索中的作用

7.1.1 个案研究在成因研究中独具优势

个案研究（case study research）是质的研究中的常用方法，个案研究将有助于更加深入地理解农村大学生学校疏离态度形成的多种原因。

质的研究是为了发现特殊现象的意义模式而对访谈资料和文本进行分析及解释的一种研究[159]。在质的研究中，研究者通过在生活情境中对被研究者进行深度访谈或观察，深入被研

究者的经验世界中去研究他们的所思所想，并对被研究者的个
人经验和意义建构进行解释，从而达到深入细致的研究[160]。

　　质的研究策略有很多，其中个案研究是质的研究中的常用
方法，个案研究是对一个个人、一件事件、一个社会集团或者
一个社区进行的深入全面的研究[161]。研究者认为，虽然个案
研究在外部效度方面受到一定的限制，但是个案研究与其他研
究方法相比独具优势，运用此种研究方法可以探索一些其他研
究方法不能观察到的深层问题[162]。其优势集中体现在以下三
个方面：一是研究的事件具有真实性。二是研究具有深刻性。
三是能够为研究提供综合分析的结果。个案研究通常采用目的
性取样的方法，选取那些具有丰富的、有比较价值的信息的个
案，来集中体现某一类别的现象的重要特征。个案可以是单个
个案，也可以是多个个案。研究者进行多个个案研究（multi-
ple-case design）可以探索个案内与个案间的不同，从而通过
案例来重复验证结果。选取多个个案是为了进行比较，所以仔
细选择那些研究者能够预期获得相似的结果或者是基于理论的
相反结果的个案是至关重要的。个案研究在心理学研究中尤其
适用于研究因果关系复杂多变的社会心理学课题，比如在社会
偏见、性别角色形成、社会态度等研究中均有广泛的运用。

7.1.2　个案研究是学校疏离态度成因量化研究的补充

　　通过量的研究方法，可以对当前农村大学生的学校疏离态
度成因有客观的了解。然而研究者认为，量的研究范式虽然特
别适用于发现某一心理现象趋势性、群体性的变化特点，但对
于揭示深层的心理过程和心理结构却存在着自身的缺陷[163]。

因此，在对农村大学生的学校疏离态度进行系统研究时，可能面临着问卷调查尚未测查到或尚不能测查的因素。即仅仅运用量的研究方法可能无法达到对农村大学生学校疏离态度成因的深层揭示。因此，在量的研究基础上辅以质的研究方法，将有助于更加深入地了解农村大学生学校疏离态度形成的多种原因。

而质的研究方法由于更加强调研究的过程性、情境性和具体性，因而能揭示复杂的、深层的心理生活经验，近年来引起了心理学研究者的重视和运用。有研究者指出将质与量的方法进行整合，使之优势互补，能够更大可能地揭示心理现象发生和发展的规律[164]。基于此，本研究为了加强研究的深度，突破研究手段的局限性，拟在问卷调查研究的基础上，遵循质的研究范式，借助于多个个案研究策略，将选取的农村大学生分为高疏离组和低疏离组，通过个体深度访谈、组间对比寻找到农村大学生学校疏离态度形成的更多、更深层的原因。期望能与问卷调查的结果相互验证、互为补充，并进一步深化量的研究的发现，进而一方面深入探查农村大学生学校疏离态度的形成原因，另一方面为学校疏离态度的干预研究提供有价值的参考。

7.2 学校疏离态度成因的个案研究过程

7.2.1 个案对象的选取

先按照方便抽样和目的抽样的方法在四川一所综合性普通本科大学中选取 150 名农村大学生进行学校疏离态度的问卷调

查,最后得到有效问卷 129 份。其中,男生 74 人、女生 55
人;文科学生 53 人、理工科学生 76 人;一年级学生 38 人、
二年级学生 41 人、三年级学生 32 人、四年级学生 18 人。然
后根据被试学校疏离态度的得分高低情况(并兼顾性别、年级
和专业),抽取高分组 4 人(简称为高疏离组)和低分组 4 人
(简称为低疏离组),共 8 名农村大学生作为深度访谈对象,研
究对象的基本情况见表 7 – 1。

表 7 – 1　个案研究对象基本情况

高疏离态度组					低疏离态度组				
代码	性别	年级	专业	总分	代码	性别	年级	专业	总分
A	男	大一	理工	91.26	E	女	大一	理工	43.72
B	女	大二	理工	89.98	F	男	大二	文科	40.57
C	男	大三	理工	94.51	G	男	大三	文科	46.09
D	男	大四	文科	87.37	H	女	大四	理工	42.64

7.2.2　个案研究工具

质的研究中研究者本人即为研究工具,研究者参与到自然
情境之中,而非人工控制的实验环境,充分地收集资料,对社
会现象进行整体性的探究,采用归纳而非演绎的思路分析资料
和形成理论,通过与研究对象的实际互动理解他们的行为。为
了更方便收集和整理访谈资料,还需要配备录音笔、笔记本等
工具。

7.2.3　个案研究步骤

步骤 1:做好访谈准备工作。包括与访谈对象商定访谈的

时间、地点，设计半结构化访谈提纲（围绕受访者个性特点、家庭情况、父母影响、其他重要他人的影响、社会舆论的影响、大学环境的影响和个体自身因素等方面进行提问），准备访谈结束后送给访谈对象的小礼物等。

步骤 2：开始访谈。访谈地点选择了一处安静独立的小会谈室进行，访谈时间控制在 1.5 小时内。访谈开始时研究者先向对方介绍本次访谈的目的并承诺不会公开访谈对象的个人信息，接着对学校疏离态度的含义进行解释以便于对方理解，在征求对方同意的前提下进行录音记录。

步骤 3：访谈结束之后进行访谈笔记和录音记录的整理。

7.2.4 个案资料分析方法

对访谈笔记和录音记录信息进行解析，步骤包括阅读原始记录、登录、搜寻核心概念、建立编码和归档系统。并按照多个个案研究的数据分析方法，采用组间和组内两个层次来构建学校疏离态度的形成要素，组间的信息结果主要反映高疏离与低疏离，组内的信息结果主要反映学校疏离态度形成的各个要素。

7.3 高低疏离态度学生的个案访谈

7.3.1 高疏离态度学生的个案访谈

（1）农村大学生 A

男，某理工专业大一学生，父母常年在外打工，该男生从小和爷爷奶奶一起生活，上初中后就在乡中学住校，周末回到农村爷爷奶奶的家里，属于农村留守学生。该生在农村大学生学校疏离态度问卷中的得分情况如下：疏离总分 91.26，学业疏离（21.38）、管理疏离（18.59）、环境疏离（16.98）、服务疏离（14.28）、人际疏离（21.03），在本研究的 129 名被试中总分排名第 3。

　　A 学习成绩在中学一直都是年级的前几名，但由于乡中学的学生整体成绩较差，所以考入现在就读的大学也算是正常发挥。但 A 认为自己是一个理想主义者，考取的省属本科院校跟自己憧憬的大学差距还是很大。"在上大学之前，我对大学很向往，大学在我心中的形象特高大。"当问到 A 怎么会对大学形成这种印象时，A 提到自己的爷爷对他的影响，并说爷爷对他希望很大，经常告诉他大学生有多了不起，大学有多么高深莫测，这些给他留下了深刻的印象。A 觉得自己进入大学后感到很失望，"学校招生宣传手册上说得多好啊。"A 说最大的失望来自课堂，"原来以为大学教授都是学富五车的，结果也就那样，讲课干巴巴的，只管满堂灌，一打铃就急忙闪人了，好像来完成任务一样，听课太没意思了，还不如在寝室睡觉。"进一步询问 A 是不是所有老师都给他这样的感觉，A 表示不同意，"当然也还有讲得好又很认真的老师，但是大学老师不都应该是这样的吗？"A 告诉研究者他大一第一学期的期末考试结果很不理想，有三门课没及格，并说还有一门课补考也未通过，面临重修。"我觉得老师故意整我，因为我逃课多，老师就喜欢以修理学生来显示他的权威。"A 这样解释道。

　　在访谈中 A 也反映出了他对学校管理与服务的疏离态度。"本来以为在大学里面工作的人素质都挺高的，结果让人很失望。"A以自己的亲身经历为例，"我开学去交选课费，遇到一个收费的说话很冲还讽刺我，好像挺看不起我的样子，我敢怒不敢言！"问他有没有想过去向管理部门投诉，A回答说他没有想过也不知道向谁投诉，"我清楚得很，一个小小的办事员都那么拽，应该是在学校有背景吧……那些人还不是一个鼻孔出气。"研究者提醒他学校有完善的管理制度和机构，A再次重申他不相信会有用，并引用刚进校时学校承诺给学生宿舍改善网络状况却迟迟没兑现的例子来说明管理部门只会说一套做一套。研究者进而询问遇到这样的委屈时是否会向老师、同学倾诉，A的回答表达了他对人性的负面看法和对大学人际关系的疏离态度，"现在的人都功利得很，谁愿意去管别人的闲事？再说老师的面都难得见上，怎么会关心我这种小事情！同学之间也冷淡得很，有好吃的就聚在一起，吃完就各走各的路，没办法做交心的朋友，我相信他们只会笑话我。"研究者继续询问他会不会向家长或朋友倾诉，A讲到自己从小到大都没有见着父母几次面，父母也希望他能够独立一些，所以在学校遇到不如意的事情一般不会告诉父母。进大学之前有两个关系好的朋友，但是因为现在不经常在一起，所以联系的时候也只是说点高兴的事情。A对学校环境的疏离主要表现在对学校周边环境上，"学校里面还可以吧，外面就不行了，乱糟糟的，尽是些做生意的，都快把学校包围了，哪里像是高等学府哦。"研究者指出A既然对学校有那么多的消极感受，以后打算怎么办时，A说自己前段时间想过退学，但是遭到周围人的极力反对，自己也还没想好，"先混着呗。"

对A的访谈共进行了两次，在第二次访谈时，研究者给了他一些具体的建议以帮助他缓解学校疏离态度。通过两次访谈，研究者认为，A 对大学的学习、管理、服务和人际关系以及环境均表现出了疏离态度。其中，以学业疏离态度、管理疏离和服务疏离和人际疏离较为突出。经过整理访谈资料发现，A 对大学形成高疏离态度与以下几个方面的因素有关：第一，A 自身因素与其学校疏离态度关系很大。A 对大学的期望落差较大，进大学前对大学的期望过高，进大学后又不能适时调整是 A 形成高疏离态度的最主要原因。第二，A 的归因方式不当，如习惯将个别老师和个别服务人员的问题和管理部门偶尔出现的问题归为普遍性、经常性的问题，从而产生疏离态度。第三，A 对人性持有负面的看法，认为人都很功利、相互之间漠不关心。第四，A 获得的社会支持较少，不能正确看待独立生活与家庭支持的关系，因为从小留守的经历而很少与父母交流倾诉，另外在朋友和同学那里获得的支持也很少。此外，从访谈所获取的信息来看，A 与学校沟通不畅，从学校获取的信息很少，对学校的沟通渠道缺乏了解，遇到问题不能及时合理地解决掉，而是一味地想当然，这可能与他对大学持有较高疏离态度有关。

(2) 农村大学生 B

女，某理工专业大二学生。B 虽然一直生活在农村，但未离开过父母，一直在村小和乡中学就读。父亲曾经担任过村长，后来辞去村长职务，除了务农也会点木工活。母亲在村里开了一个小卖部，售卖一些日常生活用品。B 在农村大学生学校疏离态度问卷中的得分情况如下：疏离总分 89.98，学业疏离 (21.21)、管理疏离 (17.31)、环境疏离 (17.70)、服务疏离（13.01）、人际疏离（20.75），在本研究的129名被试中总分排名第9。

B自述自己的性格"有点缺乏主见，很容易被别人支配"。"我其实一直喜欢文科的，上这所大学读这个专业都是老爸老妈做的主，我爸妈听城里一个做生意的亲戚说这个专业今后好找工作，工资也高。于是就劝我报了这个专业。"研究者询问B就选择专业问题有没有试过与父母沟通，B摇头道："我觉得他们不会听我的。"B形容自己在大一时还是"一个努力向上的好孩子"。"我是既来之则安之，心想还是要表现好点儿，大一还竞选了生活委员，不过这学期就不干了。"研究者问起原因，B的回答再一次反映出父母对她的影响，同时反映出了她对大学人际关系的疏离态度。"老爸老妈说干个生活委员没意思，还耽误学习。""那些同学当干部还不是为了给自己加点分，跟老师套近乎……"而其他同学之间的关系"也跟社会上差不多，都是些利益之交，再好的哥啊姐啊，一到评奖的时候就原形毕露了。"研究者请B谈一谈对学校评奖的公平、公正的感受，B认为学校有一套考核标准，但是"跟那些人（注：指辅导员和学生干部等）关系好的是会受到照顾的，我一个农村学生无权无势怎么可能照顾到我的头上。"

B谈到了自己的学业疏离问题，"要学的课程太多了，什么经济学、管理学、土木工程、计算机啊都要学，麻麻杂杂的，都是蜻蜓点水，学校在开这些课的时候有没有好好计划一下呀，开点有用的嘛，""我听几个大四的同学也说，学了这么多还是什么都不会……我现在一进教室就心烦，感觉老师都在讲台上装，""而且社会上天天都在说大学生就业就是拼爹，像我这种家庭背景的，感觉学得再好也找不到一个好工作。"研究者追问 B 认为的好工作是什么样的工作，B 答："就是大家都在想的呀，挣钱多一点，工作轻松一点。"

对于学校的环境，B 的疏离态度主要指向学校的文化娱乐活动方面，"学校的活动太少了，固定的只有周末的露天电影看，冬天吹冷风夏天喂蚊子，哪个去哦。"研究者提醒 B 学校也开展了有意义的文娱活动，比如上个月的交响音乐演出。B 答不知情也听不懂，并说："好多农村同学都对这些活动不感兴趣。"而对于学校的管理和服务工作，B 的态度较为中立，B 认为对于学校的管理方面自己一般不太关注，所以感受不深，而对服务人员接触的多是食堂师傅和宿管人员，"感觉他们挺辛苦的，虽然宿管阿姨有点偏心，喜欢嘴巴甜的学生，但我能理解。"对其他服务部门和人员 B 则称不太了解，所以也没什么感觉。

对 B 的访谈原计划进行两次，但因第二次访谈预约遭到 B 的拒绝而作罢。研究者通过访谈发现，B 的学校疏离态度主要表现在学业疏离、人际疏离和环境疏离这三个方面。而 B 形成学校疏离态度究其原因主要在以下几个方面：第一，在 B 的学校疏离态度形成过程中，受父母的影响很大。父母的影响使 B 选择了一所不太中意的大学，从而使她一开始就对就读的大学持比较消极负面的看法，父母也影响 B 形成了一种实用主义的价值观，从而倾向于用实用主义的眼光来看待大学期间当干部、为人处世和专业学习等问题，不信任感较强。第二，从性格方面来看，B 缺乏主见和独立的性格，使得她面对负面信息时缺乏自我判断，容易为其左右，这可能也与她产生学校疏离态度有关。第三，B 获取信息的途径较为狭窄，对学校信息的感知很不充分。另外，研究者还发现，B 在学业疏离上与 A 有所不同，A 指向的是教师的授课形式问题，而 B 则深入到专业课程的设置问题。

(3) 农村大学生 C

男，某理工专业大三学生。C 生活在四川一所中等城市的近郊，属于城市郊区农民家庭。C 的家境较好，且自小受到家人的宠爱，但因父母忙于在城里打工，所以他多数时间跟爷爷奶奶生活在一起。C 在农村大学生学校疏离态度问卷中的得分情况如下：疏离总分 94.51，学业疏离（22.03）、管理疏离（19.24）、环境疏离（17.63）、服务疏离（13.93）、人际疏离（21.68），在本研究的 129 名被试中总分排名第 1。

C 坦言自己"性格上比较任性"，喜欢阅读和玩网络游戏，知识面较广，但是"我喜欢无拘无束地阅读。"他表示对应试教育很反感，中学学习成绩一直是中等水平，报考这个学校主要是"想离家人远一点，自在一些。"C 进大学时录取的是农学专业，大一结束后申请转到现在所读专业。"转专业是出于兴趣所在，我喜欢××专业，但是一个学期后我就失望了。"失望的原因是"本来以为××专业很有意思的，没想到学的都是些枯燥的东西，跟我之前的想象差了好远。""老师的水平也就那样，还成天喊忙，不过我不相信他们在忙着提高自己的教学水平。"C 同时表示这是大学老师的普遍问题，"现在的人都很功利，我想大学老师也脱不了俗。"C 用"厌恶"一词来形容对大学考试的看法，他说大学的课程看似很多，"但是对学生来说也不过是应试而已，我厌恶应试，我现在考前都不复习。"

对于学校的管理方面，C 的态度是倾向疏离的。认为学校的相关部门"总是说得比做得好"，并认为学校只会重视那些"重点专业的优秀学生，不会理我们这些小屌丝"。

在对大学的人际关系看法上，C 采用了"自私自利""人情冷漠"等字眼，并称这是没法改变的状况，"因为现在社会上的人都这样，大学里面的人也不能免俗"。因此，C 在大学里也没什么朋友，遇到不顺心的事时的通常做法是"去网吧打游戏发泄一通"。C 还说自己打游戏有点儿上瘾了，"经常晚上打游戏，白天补觉""逃课是家常便饭""但是很不开心，我觉得自己不应该混成这样的……这都怪我当初不该考这所大学""现在我对打游戏也提不起劲儿了，觉得做什么都没意思。"

C 在访谈最后提到前两年家乡被纳入城市规划中了，家里因房屋拆迁得到了一笔不小的补偿款，这让他产生了出国留学的想法。他因此结识了几个在国外念书的网友，"人家跟我聊的尽是些国外大学里好玩的事情，我是很羡慕他们的，让我觉得待在国内的大学念书真没意思"，但是对于出国去读什么学校和专业他却很茫然，"心里也没底，现在挂了好几门，都不能按时毕业了……只能得过且过先"。C 在第一次访谈结束时让研究者教他一些对付失眠的方法。

对 C 的访谈共进行了三次，在访谈的后期，研究者试着运用归因训练方法对 C 的学校疏离态度和抑郁倾向进行个别辅导，后因寒假来临而终止，新学期开始后 C 一直请假未归校，不知 C 近况如何。研究者认为 C 的学校疏离态度主要表现在学业疏离、管理疏离和人际疏离方面。产生的原因可能与以下几个方面有关：第一，性格原因，C 虽然出生于农村家庭，但自小受到宠爱和娇惯比较多，让他养成了任性、喜欢意气用事的个性，在转专业问题上表现得尤为明显，对所转专业仅凭一时兴趣，缺乏持之以恒的学习精神，因而遇到困难就趋于逃避，喜欢找客观原因。第二，归因不当也在 C 的身上有突出表现，C 在对大学的人和事进行归因时，倾向于外归因和消极归因，习惯把自己的偏执看法说成是老师、学校的问题，还存在以偏概全的归因方式。第三，社会比较的影响，C 将自己的处境与在国外念书的网友进行了上行比较，但因他自我效能感较低，比较的结果产生了更为消极的自我评价和对就读大学的负面感受。第四，社会舆论的消极影响。C 的消极归因既有对学校的负面感知，也有受社会舆论的消极影响，比如受社会上人际关系的负面影响。

(4) 农村大学生 D

男，某文科专业大四学生。D 在上大学之前一直生活在一个较为偏僻的四川农村地区，家境比较贫寒。D 的母亲在他 8 岁时离家出走了，此后 D 一直和父亲、爷爷奶奶生活在一起。在农村大学生学校疏离态度问卷中的得分情况如下：疏离总分 87.37，学业疏离（20.60）、管理疏离（18.82）、环境疏离（16.21）、服务疏离（12.49）、人际疏离（20.25），在本研究的 129 名被试中总分排名第 12。

因为 D 已经是大四学生了，眼前最急迫的就是就业问题。对此，D 形容"现在的我就像一只装在玻璃瓶里的苍蝇，前途一片光明，却看不到出路在哪里"。D 讲到找工作也不是完全没有机会，有的同班同学很早就签了就业协议，他们中也有不少是来自普通家庭的农村同学。D 自述自己有点"完美主义情结",不愿意将就,并以找工作为例,"就拿找工作来说吧,我的观点是宁缺毋滥,不能太没底线了"。研究者询问 D 的底线是什么? D 却答:"也没个准,还得凭感觉。"他还说 10 月份的时候去应聘过一家感觉不错的单位,"不过被拒了""人家就是看不上我,想去的人那么多,我算什么呀,一没背景二没长相,学校也名不见经传,被拒很正常。"研究者观察发现 D 话虽如此,但脸上显露出愤愤不平的表情。

D 又说身边的同学都在准备考公务员,不过他不想参与其中,"考了也没用,那是千军万马过独木桥,我去了就一准落水,咚,连泡都不会冒一个就淹死了"。D 接着说眼看年关将至了,工作还没着落呢,"本来计划在过年前把工作搞定,结果大失所望,哎!都不想回家过年了,跟家里人怎么说呀。"D 说父亲现在 50 多岁了还在外地打工挣钱供他读书,"我觉得我读这个大学读得挺'坑爹'的。"在访谈过程中 D 的情绪一直比较低落,并说道,"老实说,我最近老想哭,吃饭也没胃口……""没找到工作虽然心焦,但就是提不起劲儿来,就想待在寝室不想见人。"D 一再述说自己没什么人可以依靠,只有靠自己。

研究者询问 D 对专业学习的看法时,D 的语气有点不屑,"老师也算是敬业了,不过你觉得他们教的东西对找工作有多大用处呢!"对于大学的课程,D 的态度也是消极的,"那些课程的名字听起来挺唬人的,但那也就是个噱头而已,我严重怀疑有多少有用的东西。"研究者追问 D 认为的有用是什么意思,D 答:"就是对找工作有用嘛。"D 还提到开设的实践类课程是"聋子的耳朵，形式多过内容"。

D 也表达了他对学校管理的看法，他认为学校的管理制度很完善，但他对执行层面持质疑态度。"到了执行的时候，我不相信真的就那么公平、公正了。"并举例说某某同学能够保研就是因为"走了后门"，研究者问其消息的来源，D 说他是听别的同学说的，不过 D 也承认同学的话也并不可信，但是认为学校的管理还是趋于表面化，"学校貌似很重视学生的就业，但你不能指望能有多大作用。"

D 对大学的人际关系也趋于疏离，"同学们都在各奔前程，这个时候谁还会理谁呀，工作来了的时候还是竞争对手，知人知面不知心，要友情还是要工作，我觉得他们都分得清的吧。"而对于师生关系，D 的态度也比较疏离，"师生之间当然比社会上的人要简单多了，但已经简单到互不往来的地步了""我觉得像我这样的寒门学子很难跟老师成为朋友"。研究者指出也有师生成为朋友的事实，D 却说："我觉得那是一种交换吧，毕竟老师也需要学生帮他做点事的，学生也需要老师的资源呀。"

对 D 的访谈进行了两次，第二次访谈时学校刚刚放寒假，D 说他将在春节前才回家去，又说有个专业老师给他介绍了一个事务所的文书工作，不过要先去实习才决定录用与否。与第一次访谈相比，D 的情绪显得要高涨一些。研究者通过分析对 D 的访谈内容，认为 D 的学校疏离态度主要集中在学业疏离、管理疏离和人际疏离方面。第一，从性格原因来看，D 具有完美主义人格特征，这主要反映在他的就业观念上，他的"高不成低不就"的就业观给他的就业造成了一定的障碍，并使得他在找工作受挫后，不能及时调整心态而出现抑郁倾向。第二，D 的价值判断也趋于实用主义，在对专业学习和大学的人际关系的看法上，均以对找工作是否有用或对自己有何好处来衡量，这可能也是他对大学产生疏离态度的一个缘由。第三，D 对学校的消极归因和认知偏差也与他对大学产生疏离态度有关，D 将找工作受挫归咎于学校的专业培养问题和就业工作的不力，从而表现出学业疏离和管理疏离态度，认知偏差尤其表现在对大学的管理疏离方面。第四，作为农村学生获得的社会支持较少也可能促使 D 产生对大学的疏离态度，这一点在第二次访谈中得到了证实，当 D 对研究者提起有老师帮他介绍了一个单位的同时，他表现出了对师生关系的正向评价。

7.3.2　低疏离态度学生的个案访谈

(1) 农村大学生 E

女，某理工专业大一学生。父亲是当地村小的语文老师，母亲在家务农，父母对其教育比较自由、宽松。E 在农村大学生学校疏离态度问卷中的得分情况如下：疏离总分 43.72，学业疏离（12.87）、管理疏离（8.09）、环境疏离（8.48）、服务疏离（4.76）、人际疏离（9.52），在本研究的 129 名被试中总分排名倒数第 8。

E 自述自己的成长"一直都很顺利""但考大学是我遭遇到的重大失败"，E 说她的学习成绩一直较好，本以为能考入一所重点大学，但高考的时候生病发烧，导致高考发挥失常，仅考入这所普通二本学校。"我去年暑假的日子真不好过呀，"E 笑说，"班上有个成绩跟我差不多的考进了重点大学，我的心里真不是滋味","我哭过好几场呢"。E接着说,"但是爸妈说他们对我并不失望,说读大学又不是人生的终点,他们相信我……慢慢地我也就想通了。"E谈到她刚进大学时的感受,"说实话,有点失望,我以前对大学有太多美好的憧憬了!在心里的大学多么巍峨高大、光鲜亮丽啊!但是你看我们住的老校区(注:大一学生住学校老校区)宿舍也太破旧了,教学楼也很陈旧,一切都跟想象中的大学差距太大了。""刚进校那段时间每晚都要给爸妈打电话,跟爸妈说会儿话心里才好受些","在爸妈的安慰下,我也就慢慢地想通了,我想既来之则安之,又不是来享福的。"

E对大学的同学关系持非常肯定的态度,她说:"我觉得大学的同学都很可爱。"她认为和中学的同学交往相比,大学的同学交往显得要轻松一些,E认为主要原因是大学没有中学那么大的升学压力和学习竞争的缘故。E表示虽然大学师生之间的互动很不够,"课外跟老师的接触还是比较少",但她对老师的感觉是很和蔼、很亲切,对新生很热情。不像乡下中学老师那么严厉。E谈了她对大学的人际关系的总体看法:"我相信师生之间和同学之间的交往是纯真的。"

E接着谈到她的大学学业情况:"当然也听到一些学长说'课堂学的好多都没用'之类的话,但是我不这样想,这要看你怎么看了,我相信老师教我的总有一天会有用的……而且我有自己的学习目标。"E说她的学习目标是要争取考上全国一流大学的研究生,并说到她以后的工作理想,"也要当一名大学老师"。E认为她感受到学校在一天一天地变得越来越好,"听老师说我们专业马上就要招博士了""学校已经很努力了"

E 最后说道。

对 E 的访谈原计划只进行一次，但 E 后来主动与研究者联系，又面谈了一次，E 还通过 QQ 聊天和研究者保持联系。研究者认为 E 之所以保持较低程度的学校疏离态度的原因有以下几点：首先，家庭的影响，父母对 E 的教养方式是属于民主型教养的方式，这使得她对父母的信任度很高，在学校遇到看不惯、不信任的问题时，能及时得到父母的支持和帮助。其次，E 具有良好的社会支持系统。不仅有来自父母强有力的支持，E 还会主动寻求同学、老师的支持，这也是她与高疏离组同学的最大区别。另外，E 在进行社会比较时，采用的是向上比较，虽然她也是来自经济基础不太好的农村家庭，但因她比较自信，能保持独立的自我判断，因而比较的结果使她产生了对专业学习和学校的正向态度。还有，E 善于适时调整期望、利用积极的归因方式、学习目标明确也可能是其维持较低疏离的原因。

（2）农村大学生 F

男，某文科专业大二学生。F 来自川北一个普通农村家庭，F 形容其父母"都是善良本分的农民"，家里经济条件不太好，"我姐姐打工会接济我一些，另外我也在学校做勤工助学，生活还算过得去"。F 学习十分刻苦，在第一学年期末考试中专业排名年级第一。在农村大学生学校疏离态度问卷中的得分情况如下：疏离总分 40.57，学业疏离（11.24）、管理疏离（8.46）、环境疏离（6.85）、服务疏离（4.13）、人际疏离（9.89），在本研究的 129 名被试中总分排名倒数第 1。

F 的话不多，给人不善言谈的感觉。F 对自己的评价是

"算一个有担当的人吧",并说希望通过自己的努力"让辛苦了半辈子的父母能够到城里来过晚年生活,过得幸福、轻松一点"。对于大学的学习,F说他所读的专业并不是"热门专业","但我的心态很好,不是说大学(阶段)锻炼综合素质最重要吗!"F还说学校给学生创造了不少实践锻炼的机会,但好多同学都不愿意参与其中,并认为眼高手低是主要原因,"上学期学校的学生创业超市(注:学生创业超市是该校在校内专门为学生勤工助学所创办,一般管理人员和服务人员均为学生)招人,去的人寥寥无几,其实还是很锻炼人的,但是好多农村同学都看不上,我去报了名,已经干了大半年了。"F认为那些对大学持疏离态度的农村大学生,应该多找自身的原因,"我觉得那些同学平时吊儿郎当的,拿学习呀什么的都不当一回事""自己付出的太少了,不能一味地怪学校"。F也提到现在的大学经常被社会媒体描述成问题成堆的地方,但是他相信大学"还是年轻人最梦想的地方"。

对F的访谈进行了一次。在访谈过程中,研究者深深感受到F身上具有自信和成熟的个性特点,并认为这种个性特点是F能理性看待自己就读的大学的主要原因之一。F善于运用积极的归因方式,看待问题多从内归因,即从自身找原因,而不是外归因,即一味地指责学校环境。另外,F也感知到社会舆论对目前大学的负面评价较多,但他对大学具有正确的感知和理性的认识,因而能维持较低的学校疏离态度。

(3) 农村大学生 G

男,某文科专业大三学生。G也是来自一个普通的农村家庭,家庭经济条件尚可,家里还有一个妹妹,父亲在外地打工，母亲主要在家照顾 G 和妹妹的生活。在农村大学生学校疏离态度问卷中的得分情况如下：疏离总分 45.09，学业疏离（11.14）、管理疏离（8.36）、环境疏离（7.76）、服务疏离（8.04）、人际疏离（9.79），在本研究的 129 名被试中总分排名倒数第 10。

G 认为自己是一个"性格温和的人，性格像我的母亲"，平时喜欢思考各种问题，并说虽然家里经济条件"一般般而已"，但是"一家人在一起很开心"。G 称"很珍惜大学的生活"，最喜欢大学的图书馆，"是除寝室外去的最多的地方"。G 说："我想趁大学期间多读点书，以后工作了时间就少了。"谈到学业问题，G 说有自己的学习目标，不会受别人的影响，并称对所学专业很感兴趣，"当时报志愿的时候只是对这个专业好奇，现在学进去了就越来越感兴趣了"。G 相信学校的课程设置"一定有它的道理"，而对于老师的教学，G 的态度是倾向于信任和宽容的，"当然也有老师对学生有点儿应付了事"，不过"老师也不容易"，并认为多数老师是"很敬业的"。

而对于大学的人际关系 G 的态度则较为理性，认为师生之间、同学之间的关系自然会受社会的影响，但是称"没那么严重""就是有交换也很正常，不过我相信大学里面人与人之间的关系还是比较单纯的"。G 对学校的管理工作也持积极的态度，认为"学校会尽力为学生着想"，并提到现在大学也面临生源竞争，"我觉得学校不会拿学生的问题不当一回事的。"而对于学校为学生提供的服务方面，G 表现出了一定的疏离态度，他讲到"食堂那些……我怀疑他们对赚钱的兴趣肯定比提高服务要高"。问其原因，G 答"食堂的菜价涨了几回了"，研究者提醒 G 现在原材料的价格涨幅很大，G 表示涨价可以理解，但是学校"也没提个醒，开学一来，嗖，就涨价了"，不过他觉得"学校还是关心农村学生的"，G 以学校为农村大学生设立了各种助学金为例证。

对 G 的访谈进行了两次，在访谈过程中，研究者感觉 G 性格较为开朗，这可能与他良好的家庭氛围有关。G 喜欢思考和分析，自我效能感较高，看问题不极端，善于吸收正面的信息，这些优点可能使得他能较为理性地看待大学的人和事，从而维持较低程度的疏离态度。而 G 对专业的学习兴趣和明确的学习目标也可能是他没有出现较高的学校疏离态度的原因。从归因方式来看，G 采用的多是内归因，即能够从自身的角度看待学校出现的一些问题和社会的负面影响。最后，G 对学校的信息感知较为充分，但在食堂的后勤服务方面由于没有获得正确的感知信息而出现了一定的疏离态度，这也暗示着让学生正确感知学校信息对于降低疏离态度的重要性。

（4）农村大学生 H

女，某理工专业大四学生。H 来自四川农村，父亲在她念高一那年因车祸去世，家里还有一个妹妹。"我妈很坚强，硬是撑起了一个家，把我们两姊妹照顾得很好"，"妹妹今年也考上大学了，我妈算是熬出来了"。在农村大学生学校疏离态度问卷中的得分情况如下：疏离总分 42.64，学业疏离（10.36）、管理疏离（8.83）、环境疏离（7.32）、服务疏离（4.51）、人际疏离（11.62），在本研究的 129 名被试中总分排名倒数第 5。

H 认为自己是个"乐天派"，并形容自己是"一粒响当当的铜豌豆"。H 目前正在备考研究生，并说希望能够考上公费，为家里减轻负担。H 说她在大学期间一直在参加学校组织的志愿者活动，"我觉得学校组织的这些活动很有意义，而且我应该回报社会，因为别人也帮了我那么多。" H 认为自己对所学的专业经历了一个由不认同到认同的过程，"开始是不太喜欢，我是调剂到这个专业的。" H 说她大一时经常主动去找老师谈心，是老师使她转变了对专业学习的态度，"我现在是深深喜欢上这个专业了"，H 笑着说。H 还介绍了她的一些经验，比如刚进校的时候期望不要太高，对专业的态度应该是先学习了解再判断去留，不要抱着过于功利的学习态度，等等。

　　H 对于大学同学之间的关系的看法趋于理性，她认为同学之间有竞争，特别是在就业的时候可能会让人际关系变得敏感，但她相信这些问题"不会动摇同学之间的友谊"。H 的理由是一起在大学渡过的四年时光，每位同学都会珍惜的，而且认为"学校和社会上还是有区别的"。在关于学校的管理与服务方面，H 对学校的服务设施的完善便利和服务人员的素质都比较认可。但她也谈到学校的管理工作可能与同学们的期望还有一定的差距，尤其是大四学生关注的就业问题，同学们希望学校能提供更有用的帮助。但她认为农村大学生不可能像多数城市同学那样有家庭背景和人脉优势，就业"主要还是靠自己"，认为有些农村同学"还没尽人事，就听天命了"的态度是不对的。在访谈的最后，H 谈到自己在大学期间成长了很多，她觉得这个大学"读得很值得"。

　　对 H 的访谈进行了两次，第二次访谈时 H 刚参加完全国研究生入学考试，H 说感觉不错，应该能考上，还说已经给硕士生导师发了一封邮件详细介绍了自己的情况，希望能争取读上公费（注：前段时间 H 给研究者打电话说她以高分通过了研究生入学统考，而且导师也热情地给她回了邮件，希望她好好准备复试，目前她正全力以赴准备中）。研究者深深地被 H 的乐观、自信所打动，并认为 H 之所以能保持较低程度的学校疏离态度，其乐观、自信的个性特征起了很大的作用。而 H 获得的社会支持较多，并善于主动寻求社会支持也很重要。可能也与 H 在大学里感知到较多的正面信息，并在面对负面信息的时候，倾向于进行积极归因有关，当然 H 母亲的坚强对她的影响以及她能及时地调整对大学的期望等因素的作用也不容忽视。

7.4 学校疏离态度成因的个案分析

7.4.1 个案的总体情况分析

通过对上述受访者的访谈发现，本研究设计的农村大学生学校疏离态度问卷的 5 个维度能够反映农村大学生学校疏离态度的实际情况。通过高疏离组个案与低疏离组个案的疏离特征分析得知，两组农村大学生在学业、管理、服务和人际的疏离程度上显示出了高低，而在环境疏离上则差别不大，这与前面问卷调查的结论相一致。从组内分析来看，样本资料存在着一些共性，如高疏离组中的 4 个农村大学生的学业疏离表现均较突出，这一发现印证了前面问卷调查的结果，即农村大学生在学业疏离维度的得分高于其他疏离维度的得分。相反地，低疏离组中的农村大学生的学业疏离表现均较低。此外，在对个案的访谈中，研究者还发现，高疏离组学生表现出了诸如失眠、焦虑、抑郁等身心健康问题以及逃课、上网成瘾等不良行为问题，这也印证了前面研究的发现，即学校疏离态度对农村大学生的学业和身心健康具有负面影响。

另外，在这些共性存在的同时，组内的样本资料之间也表现出了较大的差异。以学业疏离为例，高疏离组中，A 主要表现为对老师授课方式的失望，B 表现为对教师的教学内容和教学水平的质疑，C 则是对人才培养计划和专业课程设置的不认可，D 主要是对专业的学习内容能否帮助就业的不信任。同样，在低疏离组中，尽管样本农村大学生的学业疏离态度水平均较低，但具体表现也是各有特色。组内个案之间的差异既可能是样本个体差异的表现，也可能意味着农村大学生的学校疏离态度因年级的不同而具有内在的发展趋势。例如，就学业疏离而言，低年级农村大学生由于对大学的学习有关的方面认知有限，因而针对学习的疏离态度多指向教师的授课形式、章节内容讲授等表层、具体的方面。而高年级农村大学生已具有了一定的大学学习经验，对大学学习有关的各个方面都较为熟悉，因此其学校疏离态度可能更多地指向学校的人才培养模式、课程设置和学习价值等更深层的方面。这启示我们，在未来的学校疏离态度研究中，可以采用追踪研究的方法，以更深入地了解农村大学生学校疏离态度的发展变化趋势。

通过对高、低疏离组个体的访谈与分析，我们发现了农村大学生学校疏离态度的形成有着较为复杂的原因。处于同一种学校环境下的两组农村大学生，在学校疏离态度的水平上却表现出了高低差异。通过组内分析和组间比较，我们发现，农村大学生学校疏离态度的形成从宏观的方面来看，可以归纳为个体自身及外界环境两方面因素，从更具体的方面来说，与以下因素有关。

7.4.2　个体因素分析

学生个体自身因素与学校疏离态度形成的关系在案例中体现得最为突出。这些个体自身因素主要体现在以下几个方面。

（1）人格特点

前面的问卷调查发现，农村大学生的敌意一攻击人格特征是影响学校疏离态度的个体特征因素。而在对个案的研究中我们还发现，学校疏离态度的形成可能也与一些其他的人格特点有关。例如，高疏离组的个案 A 和 D 在言谈间体现出了完美主义人格倾向，完美主义作为一种人格特点，不仅有指向自己的完美主义，也存在指向他人的完美主义[166]。指向他人完美主义指以不切实际的完美标准苛求他人，而且以极高的标准评价他人的所作所为。A 在进大学前存在着对大学过于完美的想象，在进大学后又以这种带有理想主义色彩的幻想来认知和评价大学的各个方面，其结果导致了对大学的失望和不满，这与他对大学产生疏离态度有很大关系。而 D 的完美倾向则表现在对大学学业有关的各个方面的完美期望，D 希望大学在理论教学与实践教学、课程的实用价值与发展价值、教师教学水平等方面都要做到尽善尽美，过高的要求也同样容易导致对大学学业的疏离态度。

组间分析发现，高疏离组农村学生具有外控者和悲观者的特点，低疏离组农村学生多表现为内控倾向。控制点（locus of control）理论认为，内控者相信自己是其行为结果的最终原因，个人的能力、努力等内部因素是决定成败的关键；而外控者相信其行为结果是由社会环境、机遇等自我以外的因素造成的，是自身难以控制的[167]。C将自己转专业后学习的失败看作教师的教学态度和水平问题，而不是自身努力不够所致，从而对学业产生疏离态度。低疏离组农村学生在面对同样问题时，则多找自身原因，如F认为学生"自己付出的太少了，不能一味地怪学校"，H认为就业成功与否"主要还是靠自己"，等等。

个案也反映出高疏离组农村大学生比低疏离组农村大学生更悲观。另外，低疏离组农村学生还表现出了独立性、主动性、责任性等特点，这些特质被看成自立人格的特质[168]。这些积极品质也可能是低疏离组农村大学生能够维持较低疏离水平的一个原因。因此，我们认为，未来的研究有必要纳入完美主义、内—外控性、乐观—悲观、自立等人格变量，进一步考察人格特质与农村大学生学校疏离态度的关系。

（2）归因方式

个案研究发现，高疏离组和低疏离组农村大学生的归因方式有所不同。例如，高疏离组A习惯将个别老师和个别服务人员的问题和管理部门偶尔出现的问题归为普遍性、经常性的问题。C则认为大学里的人情冷漠是"因为现在社会上的人都这样，大学里面的人也不能免俗"，D则将自己找工作的失利全部归因于大学课业设置问题，而不是因为自己的期望过高的原因。由此可见，虽然高疏离组学生具有不同的归因形式，但反映出了消极和悲观的特征。与之相反，低疏离组个体的归因则倾向积极和乐观。例如，G 对学校的教学与管理的态度，就反映出了他善于积极归因的特点。他相信学校的课程设置"一定有它的道理"，认为"学校会尽力为学生着想"，等等。由此推之，农村大学生的学校疏离态度可能会受到农村大学生的消极归因方式的影响。

(3) 大学期望与感受的落差

对学校疏离态度形成原因的探索发现，农村大学生期望与感知的差距是学校疏离态度产生的主要原因。个案访谈的结果发现，不仅高疏离组个案 A 和 C 表现出对大学的过高期望，而且低疏离组中的个案 E 也对大学有过高期望。这表明对大学的高期望本身并不一定会导致疏离态度。进一步分析发现，E 与 A 和 C 的区别在于，E 能根据对大学的感知进行及时调整期望，而 A 和 C 却更多表现为对学校的责怪和抱怨，而不是降低自身的期望。可见，农村大学生能否调整期望是学校疏离态度形成与否的一个原因所在。

(4) 学习的价值取向与专业兴趣

从态度的形成机制来看，态度的形成是建立在一定的价值取向的基础之上的[169]。B 和 D 对学业的疏离态度反映出他们对大学学习价值的取向是较为功利和实用的，而低疏离组的 G 和 H 则认识到了大学学习的长远发展价值和意义。两组对比后可以认为，功利的学习价值观也影响了农村大学生的学校疏离态度的形成。有研究者发现，在高校里，持功利主义学习观的农村大学生日益增多，他们对学习的价值以实惠、实用为取向，学习时只重眼前利益和毕业后的暂时就业，而不能正确看待大学的学习对自身发展长期的影响[170]。这一点在高疏离组学生中表现突出。另外，通过组间比较还发现，专业兴趣缺乏也可能会影响学校疏离态度的形成。高疏离组农村大学生表现出对专业缺乏兴趣，这在 C 的身上表现得最明显，C 前后读了两个专业，结果皆不感兴趣。专业兴趣缺失会导致失望、沮丧等负面情绪的产生，继而出现各种心理问题和学业问题，比如厌学、无所事事等。因此可以认为，专业兴趣缺乏与农村大学生产生学校疏离态度是相关的。

(5) 社会比较

社会比较就是把自己的处境和地位与他人进行比较的过程[171]。社会比较是人们在相互作用过程中不可避免的一种社会心理现象。经典社会比较理论认为，人们具有评估自身处境和能力的需求，当缺乏客观的标准时，就会把自己与其他相似个体进行比较，为主观上获取正确的自我评价提供信息。根据比较对象的不同，社会比较可分为上行社会比较（upward social comparison）、下行社会比较（downward social comparison）和平行社会比较。本案中的高疏离组 C 和低疏离组 E 都进行了上行比较，但比较结果对自我的影响却各不相同。C 在与国外念书的网友比较后，得出的是“很羡慕他们”的结论，而 E 在与考上重点大学的同学比较后，却认为“大学不是终点，在普通大学我一样能学好”。

以往的研究发现，上行社会比较对自我的影响，依赖于比较者对自己将来达到他人成就状态的知觉，当个体认为自己可以取得比较对象同样的成功时，会产生自我效能感；但当个体感觉无论自己怎样努力也无法达到上行比较的目标时，则会产生挫折感[172]。因此，我们认为学校疏离态度的形成与农村大学生不当的社会比较有关，但具体过程可能呈现出较为复杂的内在机制，尚须后续研究加以验证。

(6) 社会支持

前面的研究业已证实，社会支持作为重要的外源变量，能在大学生的学校疏离态度与其相关后效变量间发挥调节作用，即社会支持能缓解学校疏离态度对农村大学生的学校生活满意度、学业和身心健康的消极影响。但是，本研究对个案研究发现，社会支持可能也与疏离态度的形成有一定的关系。高疏离组的样本反映出了在大学期间缺乏社会支持的问题，如 A 在面临大学期望与现实感受巨大落差的情况下，未能感受到来自老师和同学的帮助，甚至没能及时感受到来自父母的关心，当然这与 A 不善于主动寻求社会支持有关，但是却使 A 对大学产生的许多消极感知得不到疏通。低疏离组个案却表现出了不同，研究者在与 H 的谈话中明显感受到，H 的社会支持源较多，并且来自家庭、学校、老师和同学的多方支持强化了 H 对大学的正面感受。而且，低疏离组学生还表现出比高疏离组学生更善于主动寻求社会支持的特点。因此，基于对两组个案的对比分析，我们认为，社会支持的缺乏可能也与农村大学生学校疏离态度的产生有关。因此，以后研究中我们有必要考察和检验社会支持等积极变量对农村大学生学校疏离态度的影响。

7.4.3 个案的家庭因素分析

通过对高低疏离组的组间对比我们还发现，农村大学生的家庭气氛和父母的影响也与学校疏离态度的形成有关。青少年在对人对事进行评价时，往往会以父母的评价为参考，这是由父母在个体心目中的特殊地位决定的[173]。高疏离组农村大学生中不乏有留守经历，属于农村留守大学生。由于在儿童青少年时期没有父母在身边陪伴和关爱，这对他们来说是较大的逆境。许多关于农村留守儿童的研究表明，留守给农村学生的心理和成长造成了很多负面影响[174]。宋淑娟等的研究也发现，有留守经历的农村大学生的心理韧性显著低于没有留守经历的农村大学生[175]。说明留守经历给农村大学生的心理韧性产生了破坏效应，其主要原因在于家庭支持的缺乏。特别是在个体年幼时就与父母分离这个逆境，已经超出了儿童适应能力的可调节范围，因而不利于儿童积极心理品质的发展，并且不可逆转，以至到大学阶段依然如此。一些研究表明，相比于没有留守经历的农村大学生，有留守经历的农村大学生出现焦虑、抑郁和敌意等心理症状的可能性更高。这些以往的研究与本研究都提示着，早期父母关爱和温暖对降低农村大学生情绪困扰和疏离态度的重要性。

此外，高疏离态度的农村大学生还谈到了父母对自己的专业学习、在大学当学生干部和对大学人际关系的一些消极看法，这可能也影响了他们对大学形成负面态度。而低疏离组农村大学生在访谈中则显示出了良好的家庭氛围和父母对大学教育的正面评价对其产生的积极影响。家庭是农村大学生最为重要的情感依托，父母则是农村大学生最为重要的支持来源。个案研究的结果也表明，家长通过言传身教和引导孩子形成积极的认知与评价，将有助于农村大学生对大学形成正确的认知和态度。

7.4.4 个案的学校因素分析

高疏离组农村大学生对大学教学、课程设置、学生管理以及学校服务等方面的消极评价，一方面与学生的认知偏差有关。认知行为疗法认为，个体在学习过程中对环境的观察和解释对其行为有很大的影响，不适应的行为产生于错误的认知。对自己所读大学环境产生高疏离态度的农村大学生，往往是自身的认识偏差所致。例如，对学校管理制度的任意推断，片面认为学校的政策制度都是出于对学生的管束而设立的；或者眼光短浅，忽视学校整体环境，只关注某些细节问题，并将其放大成整体性全局性问题；或者过分引申，将某些学校环境中的个别事件推广至所有事件；或者在思考问题上不会变通，只会二分法思维，将环境看作非白即黑的单色世界，要么全对，要么全错。这部分农村大学生出现的这些认知偏差既与其所处青年年龄阶段，思想不够成熟，看待外界环境比较偏激有关，也与其长期生活在农村环境，思想比较闭塞，眼界不够开阔有关。

另一方面，高疏离组农村大学生对大学环境的疏离态度，也与当今高校自身存在的问题有关。高校扩招带来的管理不力与教育质量的下滑等问题是客观存在的现实，这些问题难免会引发大学生对大学的普遍失望、抱怨和不信任的情绪，农村大学生也不例外。

本次个案研究对高疏离组学生的访谈资料分析还发现，高疏离组学生普遍存在对学校的信息感知不全面，与学校的沟通不畅等问题。以往的研究已发现，学校疏离态度的形成也与学生对大学的错误感知有关，正常的交流机制不畅而使得学生误听、误信也可能导致疏离态度的产生[7]。这也说明了在与农村大学生的沟通交流方面，大学需进一步加强，这样才能帮助农村大学生建立起正确的信息来源和感知，从而避免农村大学生因不知情或误听、误信而对学校产生疏离态度。

7.4.5　个案的社会因素分析

高疏离组个案经常提到的"社会上的人都这样""社会上都这么说"之类的话，反映出社会环境对农村大学生学校疏离态度的形成有一定影响。不可否认，在社会转型时期，社会上具有疏离态度的人为数不少，他们往往表现出愤世嫉俗、玩世不恭，并通过大众文化和大众媒介将其看法散布到社会各个领域，农村大学生也难免受其影响。另外，我国高等教育在步入大众化阶段后，其教育质量问题一直备受关注，高校的大规模扩招引发的现实问题、近年来大学生就业难等问题，让大学前所未有地站到了社会舆论的风口浪尖，社会舆论对高等教育质量的指责也不绝于耳，社会上传递的这些负面信息也有可能强化农村大学生对大学的质疑、失望和不信任。

从以上对形成原因的探索来看，个案研究主要发现了一些影响农村大学生学校疏离态度形成的学生个体自身的因素，这些发现除了印证了前面研究的结果之外，还对学校疏离态度的成因有了进一步的发现与思考。同时，个案研究还发现，学校疏离态度的形成与农村大学生的家庭环境、所在大学的环境和社会环境均存在关系，这些发现为未来进行更深入的研究提供了启示。

7.4.6 个案研究的结论

综上所述，本次个案研究的发现归纳如下：①农村大学生学校疏离态度的形成受多种因素影响，既包括个体自身因素也包括外在环境因素。②与农村大学生学校疏离态度形成有关的个体自身因素有倾向完美、外控和悲观的人格特点、消极的归因方式、对大学的期望与感知落差较大、功利的学习价值取向、专业兴趣的缺乏、较少的社会支持和不当的上行比较。③影响农村大学生学校疏离态度的外在环境因素有家庭的气氛和家长对大学教育的看法；扩招后大学自身存在的问题；大众的疏离心态和社会舆论对大学的负面宣传和评价。

本研究主要是对农村大学生学校疏离态度形成原因进行深入了解，从定性的方面解释疏离态度形成的多方面原因。通过对高、低疏离组的组内分析和组间比较，获得了较为丰富的信息资料，补充和深化了前面成因研究的发现。然而，由于个案研究本身存在的外部效度问题，仍需要未来研究采用量的研究方法对本研究研究结果的应用普适性进行验证。

第 8 章
农村大学生学校疏离态度的影响机制

　　疏离态度由于包含较强烈的不信任信念，并伴随有失望和受挫等负性情绪，因而对农村大学生的学业、生活满意度和身心健康等方面均会产生消极的影响。但这种影响的内在机制是怎样的？有哪些重要的因素参与其中，从而形成农村大学生学校疏离态度的影响机制？对农村大学生来说，他们在学习生活中感受到的社会支持和采取的应对方式作为其应对环境的重要外在因素和内在因素，可能会在疏离态度与农村大学生学业、生活满意度和健康等关系间起着不同的作用，从而形成农村大学生学校疏离态度影响作用的关系机制。本研究试图从实证角度探索这一作用机制，以深入揭示疏离态度对农村大学生学业、生活和健康的影响，为消除农村大学生学校疏离态度的消极影响提供科学依据。

8.1 影响机制的相关概念

8.1.1 学习倦怠

在农村大学生的学业方面，学习倦怠是一个广为关注的问题。有研究表明，农村大学生对大学的适应比城市大学生更加困难，适应困难的主要表现就是学习倦怠[176]。农村大学生对大学的学习方式较难适应，感受到的学业支持不足，因而学习动力不强，学习效能感较差。学习倦怠产生的原因是多种多样的，本研究试图从疏离态度这一全新的视角来探索学习倦怠产生的原因。学习倦怠的概念是由工作倦怠延伸而来，工作倦怠有时候也被称为职业倦怠、职业枯竭。这个概念的提出，源自美国心理学家 Freudenberger 1974 年发表于《职业心理学》杂志上的一项研究[177]。他在关于极端压力下服务行业人员的研究中使用了"Burnout"一词，用该词描述他所研究的服务行业工作人员出现的一些消极症状。例如，对待服务的客户表现出的不人道的态度，持续的情绪疲惫、身体疲倦、工作投入程度下降和工作成就感下降等症状。他认为职业倦怠是劳动者因工作强度大而造成的身心疲惫状态。后来他又对工作倦怠做出一些新的定义，如认为倦怠是个体工作成绩得不到肯定时产生的慢性心理问题，包括抑郁、无力工作及受挫感、情绪衰竭等症状[178]。工作倦怠的后果，就是极易使员工产生心理以及生理的不良反应、心理不适应表现为缺乏自信心、自我效能迅速下降等问题。

既然工作人员会因为工作压力大等产生工作倦怠，研究者猜想学生在学习过程中也会产生学习倦怠，因此进行了许多调查，给学习倦怠下定义。学习倦怠的含义与职业倦怠大同小异，Schaufeli 等指出，学习倦怠是学生在学习过程中、在各种压力下产生的情绪衰竭、无助感、受挫感、成就感低、抑郁焦虑等症状，严重影响学生学习成绩及可持续学习能力[54]。由此可见，学习倦怠指的是一种在学习活动上的精力耗竭状态，表现为一系列消极情绪症状。其实，这种倦怠现象每个学习者都难以避免，只不过在不同学习者身上发生的程度不同而已。农村大学生也存在不同程度的学习倦怠，并导致他们难以专心学习，甚至厌倦学习，视学习为畏途。

8.1.2　生活满意度

农村大学生对大学生活是否满意，极大地影响着农村大学生的学习和生活。生活满意度这个概念，与近年来兴起的积极心理学有关。积极心理学强调对心理生活中积极因素的研究，像性格优势、乐观、生活满意度、主观幸福感等主题。但是，目前心理学界对生活满意度内涵的界定还没有达成共识。生活满意度最早由美国社会学家 Johnson 在 1978 年提出，他认为生活满意度是个体对自己生活质量的主观体验和认知评价[179]。个体依据理想的生活状态对自己的生活质量形成主观体验，随后个体在认知层面对其主观体验进行评价。若个体对自己生活质量的评价和主观体验与其理想的生活状态差距较大，则生活满意度低；若个体对自己生活质量的主观体验和认知评价和其理想的生活相当，甚至高于理想的生活状态，则个体的生活满意度较高。

虽然后来的研究者对生活满意度的定义未达成共识，然而Johnson对生活满意度的本质定义一直被采用，即生活满意度是个体根据某一标准对其生活状态的主观体验和评价。众多研究者认为生活满意度是主观幸福感的认知维度，主观幸福感的另一维度是情感维度，包括两个相对独立的积极情感和消极情感。研究者编制了以青少年为测量对象的生活满意度问卷，这些量表都是以单维和多维模型理论为基础而编制的。单维认为生活满意度只有一个维度，只需把所有题项的分数简单相加就可以反映生活满意度水平。单一维度测量简单易行，所以为多数研究者所采纳，本研究也同样采用了该测量方法。

8.1.3 抑郁

抑郁或称抑郁症是一种常见的精神疾病或情绪障碍，也是世界范围内的公共卫生难题。抑郁作为一种消极的不作为的情绪状态，不同的研究者对它的具体含义与理解不尽相同。从特征来看，抑郁是一种复合型情绪体验，它最重要的特征是缺少欢乐，因为无法感受到生命的美好，它给个体的行为和身体也带来不适症状。抑郁不同于普通的伤感，它的感受比其他负性情绪的感受更为强烈和隐蔽，这种情绪不易消散，给抑郁者带来很大的苦楚。抑郁分为轻度的抑郁情绪和严重的抑郁障碍，分布在情绪问题连续体的两端。在连续体的一端表现为在短期内产生的悲伤或亚临床症状的抑郁情绪，在连续体的另一端则表现为符合《精神疾病的诊断和统计手册》诊断标准的临床症状或重症抑郁障碍。

正常青少年群体主要表现为抑郁情绪和轻微的抑郁症状。

国内研究者将青少年抑郁情绪，定义为一种以忧郁为主的显著而持久的情绪低落、身心不协调的状态[180]。抑郁症状通常表现为悲伤、忧郁等相关情绪，具有失去对多数活动的兴趣、精力下降、睡眠障碍或食欲不振、思考困难、考虑或试图自杀等行为表现。青少年阶段是抑郁发病的关键阶段。国内外的纵向研究和横向研究一致表明，从青少年早期开始，抑郁的发病率和严重程度迅速增加。青少年期的抑郁不仅会损害青少年的心理社会适应，其消极影响还会持续至成年阶段，致使心理社会功能遭到损坏，还会造成巨大的经济和社会负担。关于抑郁的产生，既有从生物角度的解释，也有从社会心理角度的分析。抑郁的归因理论认为，个体的归因风格与遇到的消极环境协同作用，是诱发抑郁的重要原因[181]。如果个体认为负性生活事件由外在的不可改变的原因所导致，他会认为此类事件还会再次发生且危害自身，错误的归因导致绝望，进而产生抑郁。

8.1.4　健康

如何认识健康这一概念尤为重要，因为它决定了人们如何把握住健康的本质。健康的概念经历了一个演变过程，最为传统意义上的健康认为，没有身体疾病即是健康。但随着社会的发展，人们对健康的理解和追求也有所变化，健康的界定范围早已超越单纯的物理疾病。根据世界卫生组织关于健康的定义，健康是指一个人身体没有出现疾病或虚弱现象，同时一个人生理上、心理上和社会上是完好状态。这一定义已成为现代健康的公认标准，也与新兴的健康心理学和积极心理学的观点相一致[182]。在积极心理学看来，健康不仅是指传统健康学重点关注的寿命、死亡率、身体疾病、心理疾病等问题,更是涉及幸福感的问题,如对生活满意度的评价、积极情绪等。由此可见,健康并不仅仅是指没有疾病,而是内涵非常丰富的概念。既包括身体层面的健康,同时包括心理层面的健康。

心理健康一直是国内外研究共同关注的热点问题,在习近平总书记提出健康中国的发展新方向后,心理健康作为健康的重要内容,尤其得到众多研究者的关注。但因研究角度和文化背景的不同,关于心理健康的概念定义在学界一直未有统一规范。综合目前为止已有的研究成果,心理健康的概念可以从广义和狭义两个角度来界定。从广义来看,心理健康是长期以来一段时间自我感到满意,并可以不断改善的心理状态。从狭义来看,心理健康是指人没有某种精神疾病或病态心理。我国心理学家林崇德认为,心理健康可以被视为一个人的主观体验,它不仅包括个体积极和消极的情感体验,还涉及个体生活的各个方面。其中稳定的情绪、积极向上的人生态度是个体心理健康的重要标志[183]。

8.1.5 社会支持

社会支持按性质来说分为两类:一类是客观存在的支持,这种支持是实际可见的,指物质上的支持和各种社会关系等。另一类支持是主观感受到的支持,即知觉上的支持,指个体感受到的被尊重、被理解、被支持的情感和满意的程度[184]。其中领悟社会支持就是主观支持的一种,它常常和主观感受联系在一起。领悟社会支持是主观上的社会支持,意思是个体感受到的支持。虽说每个人感受到的支持可能与实际略有不同,但这种感受到的支持却比实际支持对个体感受和行为的影响更大。因为，虽说个体知觉到的支持可能并非与实际情况一致，但确实是个体的主观上的真实经历，而心理的现实被研究者视为影响个体行为与成长的最重要因素。

社会支持缓冲器模型理论认为，社会支持作为个体通过社会联系所获得的心理支持，可以减轻和缓解心理应激反应、精神紧张和其他不良心理状态，从而发挥着缓冲器的作用[185]。值得注意的是，社会支持是一种个人经验，所以可能同样的支持作用在不同个体身上时的感受和结果也会有所不同，并且同一接受者在不同的情境和时间下面对同样的支持行为可能会产生不同的反应。领悟水平不同的个体在面对同样的情境时会出现不同的反应，感受度较敏感的个体，会感受到更多或较少的社会支持，更容易出现相应的情绪，并做出相应的行为。

8.2　影响机制的研究假设

8.2.1　学校疏离态度对学业、生活满意度和健康有负向影响

早期的研究发现，农村大学生学校疏离态度对其有关学习的变量有显著的负向影响，如学习成绩下降，甚至退学等行为[89]。而最近的研究结果也显示，农村大学生对大学的疏离态度与学生的学业卷入度和学习应对灵活性等均有着显著的负相关关系[55]。有研究者指出，对学校持有疏离态度的学生之所以会出现厌学和退学的行为，实际上是学业疏离态度的一种

行为宣泄[186]。在大学中虽然退学的学生只占少数，但是退学行为却会对多数学生造成不良影响。

除了对学生的学业相关的变量产生不良影响外，学校疏离态度也会对农村大学生的其他方面产生负面作用，如对学生的生活满意度和心理健康的影响。学校疏离态度包含的强烈的不信任感，会使个体对行为的结果产生消极的预期，而消极的预期又会影响个体对其行为结果的满意感，这种负面信念导致负面结果的"行为模式"常常会使个体陷入不如意的生活状态[83]。当农村大学生感受到学校的实际情况与其预期的状态不匹配时，自然会对自己在学校的生活质量产生较低的评价。

农村大学生学校疏离态度不但会对个体的生活满意度产生消极影响，也会阻碍个体良好身心健康状态的发展。众所周知，负面情绪对身心健康有着非常突出的消极影响，而疏离态度伴随有强烈的失望、受挫和无奈的负面情绪特征，这些情绪对个体的心理和身体都会产生消极的作用。Lepore 的研究就发现，对社会抱有强烈疏离态度的人比普通人更容易出现心脑血管疾病[57]。Richardsen 等对警察的研究也发现，那些对组织持有强烈疏离态度的警员比其他警员更容易出现抑郁和焦虑的情绪[80]。由此可见，疏离态度确实不利于个体身心健康的发展。

此前有关大学生学校疏离态度作用后果的研究多从学业和生活质量两个角度来探讨，涉及学业的后果变量如学习成绩、退学行为和学业卷入度，涉及生活质量的后果变量多选用生活满意度。但是在探讨学校疏离态度与学生学业间的关系时，之前的研究并非直接使用学校疏离态度的量表或问卷，而是采用相关量表中反映疏离态度的题项来进行测量（如使用明尼苏达多相人格量表中反映疏离态度的题项），因而所测结果不一定能准确反映学校疏离态度的内涵。尽管有研究直接使用学校疏离态度量表对学校疏离态度与生活满意度的关系进行了探讨[7]，但对生活满意度的测量选用的是一般满意度量表，而非针对大学生在校生活满意度的测量工具，故不能准确地反映大学生在大学的生活质量。

另外，目前为止尚无研究直接检验过学校疏离态度与个体身心健康的关系，而疏离态度对身心健康的消极影响已在相关研究中得到了很好的验证[80]。鉴于此，本研究试图从学习（学习倦怠）、生活质量（大学学校生活满意度）和身心健康三个层面对学校疏离态度的后效作用进行考察，并且假设 $H1$：学校疏离态度与农村大学生学业倦怠有显著的正相关关系；假设 $H2$：学校疏离态度与农村大学生活满意度有显著的负相关关系；假设 $H3$：学校疏离态度与农村大学生抑郁有显著的正相关关系，与健康状态有显著的负相关关系。

8.2.2　学校疏离态度的影响机制中具有中介和调节作用

如前所述，农村大学生学校疏离态度对个体在学业、生活满意度和身心健康方面可能都存在消极的影响，但这种影响也同样并非固定的一对一关系，而是同时受到其他因素的作用。关于疏离态度与生活满意度的关系，就有研究者认为在受到其他变量影响的情况下两者的关系可能会有不同的表现，如受社会支持的影响[187]。社会支持被看作个体借用社会联系的方式所得到的心理资源，用以缓解个体出现的精神紧张、应激和其他负性心理状态[188]。谢情等的研究发现，社会支持在疏离态度与农村大学生的生活满意度之间有着显著的调节作用，表现为高社会支持的学生在同样水平的疏离态度状态下对生活满意度的评价要高于低社会支持的学生[7]。

社会支持除了对疏离态度与生活满意度的关系有显著的调节作用外，对疏离态度与其他后果变量的关系也能起到一定的调节作用，如疏离态度与健康的关系。Lepore 和 Stephen 通过压力状态演讲的实验研究发现，对于同样疏离的个体，获得社会支持的人比没有获得社会支持的人在演讲中更少出现血压升高的现象，因而可以说明在压力状态下获得社会支持确实能够缓解个体疏离态度对身心健康的影响[80]。虽然没有研究直接检验过社会支持在疏离态度与学业倦怠关系间的作用，但是已有研究证明社会支持对学业倦怠有显著的相关关系[189]。农村大学生的疏离态度中对学业的疏离态度是主要内容之一，且疏离态度与学生学业的相关性也得到了证实[190]。因而在农村大学生学校疏离态度与学生的学业倦怠之间，社会支持可能同样能起到调节的作用。

既然农村大学生学校疏离态度对后果变量的影响在受到外源变量的作用下会有不同表现，那么同样地，农村大学生学校疏离态度与后果变量的关系也可能由于其他内在变量的作用而成为间接效应的过程，如受应对方式的作用。应对方式是个人在面临压力性事件和情境时采用的认知与行动方式，通常作为个体应激过程中的中介因素，且对个体的身心健康起到保护作用[191]。有关警员疏离态度的研究也发现，应对方式在警员的疏离态度与警察职业适应之间有着显著的中介效果[192]。因此，在农村大学生学校疏离态度与其后果变量的关系间，应对方式也可能充当着类似的中介角色。基于以上分析，本研究试图对农村大学生学校疏离态度与后果变量（农村大学生活满意度、身心健康状态和学业倦怠）的关系进行考察，并检验社会支持和应对方式在农村大学生学校疏离态度与后果变量关系间的不同作用。本研究假设 $H4$：社会支持对农村大学生学校疏离态度与生活满意度、健康状态和学业倦怠的关系分别有着显著的调节作用；研究假设 $H5$：应对方式对农村大学生学校疏离态度与生活满意度、健康状态和学业倦怠的关系能够起到显著的中介作用。

8.3　影响机制的研究过程

8.3.1　影响机制的研究对象

基于方便取样的原则，农村大学生学校疏离态度影响机制的研究对象仍然是现状调查的对象，是与现状调查同时进行的。

8.3.2　影响机制的研究工具

（1）农村大学生学校疏离态度问卷

仍然采用自编的"农村大学生学校疏离态度问卷"进行施测，问卷的信度和效度检验过程如前所述。本研究中学校疏离态度问卷各维度的内部一致性系数介于 0.717～0.784。

(2) 大学生活满意度量表

大学生活满意度的测量采用王宇中和时松和编制的大学生生活满意度评定量表（Life Satisfaction Scales Applicable to College Students，CSLSS）[193]。该量表总共包含 6 个题目，用以评定大学生在学业、人际和健康状况等方面的满意程度。CSLSS 采用从低到高的 7 级计分方式，得分越高表示满意度越高。其信效度指标也已得到很好的验证[194]。本研究中，CSLSS 的内部一致性系数为 0.792。

(3) 中文健康问卷

对个体身心健康的测量采用郑泰安等在广为使用的一般健康问卷（general health questionnaire，GHQ）基础上修订而来的中文健康问卷（Chinese health questionnaire，CHQ)[195]。该问卷总共包含 12 个题项（简称 CHQ - 12），主要针对个体在最近一段时间的心理和生理状态进行测查，采用从"一点也不是＝0"到"比平时更觉得＝3"的 4 点计分方式，得分越高表示个体的身心状态越差。该问卷在中国文化背景下的适用性和有效性也得到了很好的证明[196]，本研究中CHQ - 12 的内部一致性系数为 0.787。

(4) 抑郁量表

对抑郁的测量采用 Radloff 编制的流调中心用抑郁量表（center for epidemiologic studies depression scale，CES-D)[197]。该量表主要用于测查个体的抑郁情感或心境，包含抑郁心情、罪恶感和无价值感、无助与无望感、精神运动性迟滞、食欲丧失、睡眠障碍等方面的状态。CES-D 总共 20 个题项，采用"0＝没有"到"3＝经常"的 4 点计分方式，得分越高表示抑郁程度越高。该量表已被修订为中文版，且信效度也得到了前人的很好验证[198]。本研究中，该量表的内部一致性系数为 0.834。

（5）大学生学业倦怠量表

对大学生学习倦怠的测量采用连榕等编制的大学生学业倦怠量表[199]。该量表总共包含 20 个题项，从情绪、行为和成就感三个方面测查农村大学生在学习上反映出的倦怠状态。该量表采用从"完全不符合＝1"到"完全符合＝5"的 5 点计分方式，得分越高表示个体的学业倦怠水平越高。该量表的测量信效度指标也得到了很好的验证[200]，本研究中大学生学业倦怠量表的内部一致性系数为 0.836。

（6）领悟社会支持量表

社会支持的测量采用被广泛使用的领悟社会支持量表（multidimensional scale of perceived social support, MSPSS)[201]。该量表从家庭、朋友和重要他人三个方面考察个体获得的社会支持（为适应本研究对象的特点，我们将量表中的"领导、亲戚、同事"改为"老师、亲戚、同学"，"家庭"改为"家人"），总共 12 个题项。量表采用从"极不同意＝1"到"极为同意＝7"的 7 点计分方式，得分越高表示得到的社会支持越多。本研究中该量表的内部一致性系数为 0.842。

（7）简易应对方式量表

采用解亚宁根据中国人特点编制的简易应对方式问卷（simplified coping style questionnaire, SCSQ)[202]。该问卷总共分为积极应对和消极应对两个分问卷，各包含 10 个题项。采用"不采取＝0"到"经常采取＝3"的 4 点计分方式，得分越高表示采取某种应对方式的频率越高。该问卷有着很好的信度和效度，在大学生相关研究中也得到验证[203]。本研究中，SCSQ 的积极应对分问卷的内部一致性系数为 0.816，消极应对分问卷的内部一致性系数为 0.822。

8.3.3 影响机制的施测方法

施测方法同前，即由事先联系好的样本所在高校的辅导员、任课老师或学生作为问卷的主试，问卷发放前对其进行必要的问卷调查的程序和方法的简要培训，并告知主试尽量利用调查对象集体自习的时间或者上课的课前时间进行问卷的填答，以保障学生有耐心地完成问卷的作答，当场作答当场回收。共发放问卷 2 000 份，剔除掉不合格问卷（指非农村大学生作答问卷和错误作答问卷），最终获得有效问卷 1 416 份。

8.4 学校疏离态度影响机制的结果分析

8.4.1 学校疏离态度与各后果变量的相关分析

本研究从学业、生活和健康视角，对农村大学生学校疏离态度的影响后果进行分析。选取的后果变量包括学业倦怠、生活满意度、健康、抑郁，并引入社会支持和应对方式两个变量来考察它们在其中是否具有调节作用和中介作用。首先对农村大学生学校疏离态度与生活满意度、学业倦怠、健康、抑郁等后果变量及社会支持和应对方式的相关关系进行检验，结果见表 8-1。

表 8 - 1　学校疏离态度与后果变量的相关系数

	学校疏离态度	生活满意度	健康状态	抑郁	积极应对	消极应对	社会支持	学业倦怠
学校疏离态度	1							
生活满意度	0.390**	1						
健康状态	0.352**	0.276**	1					
抑郁	0.374**	0.430**	0.480**	1				
积极应对	0.267**	0.229**	0.266**	0.240**	1			
消极应对	0.292**	0.239**	0.229**	0.274**	0.130*	1		
社会支持	0.192*	0.254**	0.233**	0.258**	0.261**	0.189*	1	
学业倦怠	0.364**	0.336**	0.243**	0.260**	0.224**	0.293**	0.235**	1

注：*** $p < 0.001$，** $p < 0.01$，* $p < 0.05$。

从表 8 - 1 的相关结果可以看到，农村大学生学校疏离态度与生活满意度和健康状态有显著的负相关关系，而与抑郁和学业倦怠则有显著的正相关关系。社会支持与农村大学生活满意度和健康状态分别有着显著的正相关关系，与抑郁和倦怠则有着显著的负相关关系，与农村大学生学校疏离态度有着显著的负相关关系。但社会支持与以上变量的相关程度较低，这或许暗示在农村大学生学校疏离态度与其后果变量之间，社会支持可能会起到调节的作用。另外，农村大学生学校疏离态度与积极应对有显著的负相关关系，而与消极应对有显著的正相关关系，且积极应对与农村大学生活满意度和健康状态有显著的正相关关系，与抑郁和学业倦怠有显著的负相关关系，而消极应对与农村大学生活满意度、健康状态、抑郁和学业倦怠的关系则刚好相反，且积极应对和消极应对与农村大学生学校疏离态度的相关程度较之社会支持要高，这或许暗示了在农村大学生学校疏离态度与其后果变量之间，积极应对或消极应对可能会起到中介作用。据此，以下分别对社会支持和应对方式在农村大学生学校疏离态度与其后果变量间的作用进行检验。

8.4.2 社会支持在影响机制中的调节作用分析

为检验社会支持在农村大学生学校疏离态度与其后果变量关系间的调节作用，先对自变量农村大学生学校疏离态度和调节变量社会支持进行中心化处理，然后使用分层回归检验社会支持的调节效应。根据调节效应的检验程序，首先做后果变量对农村大学生学校疏离态度和社会支持的回归，得到测定系数 R_1^2；然后做后果变量对农村大学生学校疏离态度和社会支持以及对农村大学生学校疏离态度与社会支持交互项的回归，得到测定系数 R_2^2，若 R_2^2 显著高于 R_1^2，则说明社会支持对农村大学生学校疏离态度与后果变量的调节效应显著。结果见表 8-2。

表 8-2 社会支持对学校疏离态度与后果变量关系的调节作用

	生活满意度		健康状态		抑郁		学业倦怠	
	β	R^2	β	R^2	β	R^2	β	R^2
学校疏离态度	0.298***	0.124	0.348***	0.182	0.304***	0.144	0.328***	0.153
社会支持	0.316***		0.406***		0.332***		0.336***	
学校疏离态度× 社会支持	0.337***	0.165	0.411***	0.194	0.348***	0.167	0.353***	0.187
ΔR^2		0.041**		0.012*		0.023**		0.034**

注：*** $p<0.001$，** $p<0.01$，* $p<0.05$；以上测定系数的改变值 ΔR^2 的显著性为 F 值改变的显著性。

　　从表 8-2 的分层回归分析结果可以看到，农村大学生活
满意度对学校疏离态度的回归系数达到显著统计学意义的水平
（$\beta = 0.298$，$p < 0.001$），说明学校疏离态度与生活满意度有
显著的负向相关关系，使得假设 $H2$ 得以支持；健康状态对学
校疏离态度的回归系数（$\beta = 0.348$，$p < 0.01$）和抑郁对学校疏
离态度的回归系数（$\beta = 0.304$，$p < 0.001$）也达到显著统计学
意义的水平，说明学校疏离态度与健康状态有显著的负相关关
系，与抑郁有显著的正相关关系，这也使假设 $H3$ 得以支持；
学业倦怠对学校疏离态度的回归系数也达到显著统计学意义的
水平（$\beta = 0.328$，$p < 0.001$），说明学校疏离态度与学业倦怠有
显著的正相关关系，使得假设 $H1$ 得以支持。另外，学校疏离
态度各后果变量对学校疏离态度与社会支持交互项的回归测定
系数显示，其测定结果均显著高于对学校疏离态度和社会支持
回归所得的测定系数。这一结果表明，社会支持对学校疏离态
度与各后果变量的关系有显著的调节作用。但具体来看，社会
支持的调节效应大小有所不同，表现为社会支持对农村大学生
学校疏离态度与农村大学生活满意度的调节效果最好，其次是
对农村大学生学校疏离态度与学业倦怠和抑郁的调节效果，而
对农村大学生学校疏离态度与健康状态的调节效果则相对较低。

　　为了对社会支持的调节效应有更加清晰的理解，将农村大
学生学校疏离态度的得分和社会支持的得分进行分组。按各自
平均数以上一个标准差和平均数以下一个标准差，将其分为高
低两个组。通过回归方程计算，以分析在高低两种社会支持水
平下学校疏离态度对其后果变量的作用趋势，结果如图 8-1~
图 8-4 所示。

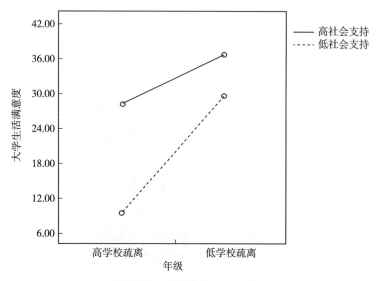

图 8-1　社会支持对学校疏离态度与生活满意度关系的调节

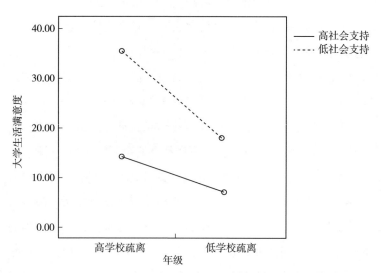

图 8-2　社会支持对学校疏离态度与健康状态关系的调节

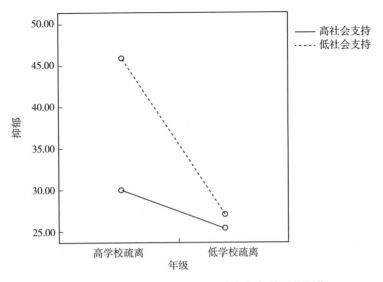

图 8-3　社会支持对学校疏离态度与抑郁关系的调节

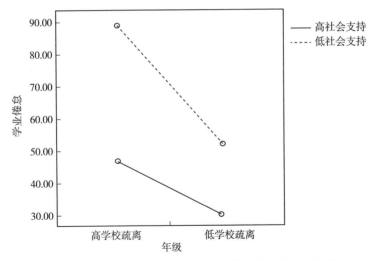

图 8-4　社会支持对学校疏离态度与学业倦怠关系的调节

从图 8-1 可以清楚地看到，社会支持对农村大学生学校疏离态度与生活满意度的关系有明显的调节作用，随着农村大学生学校疏离态度水平的升高，社会支持对于农村大学生生活满意度降低的缓解效应明显增强。具体表现为：当农村大学生学校疏离态度水平较低时，无论是高社会支持还是低社会支持水平，农村大学生在生活满意度上的差异都较小。但当农村大学生学校疏离态度水平较高时，高社会支持水平的农村大学生生活满意度得分明显高于低社会支持水平的农村大学生。

图 8-2 也反映出社会支持对学校疏离态度与农村大学生健康状态的关系有一定的调节作用，随着农村大学生学校疏离态度水平的升高，社会支持对农村大学生健康的保护作用逐渐突显。具体表现为：当农村大学生学校疏离态度水平较低时，不同社会支持水平的农村大学生健康状态差异不大，但当农村大学生学校疏离态度水平较高时，高社会支持水平农村大学生的健康状态要高于低社会支持水平的农村大学生。不过，在高疏离态度水平时，高低社会支持组农村大学生的健康状态差异仍不是很大，说明社会支持对农村大学生学校疏离态度与健康有调节作用，但调节的效果并不好。

由图 8-3 可以看到，社会支持对农村大学生学校疏离态度与抑郁的关系有非常明显的调节作用，随着农村大学生学校疏离态度水平的升高，社会支持对农村大学生抑郁的缓解明显增强。具体表现为：当疏离态度水平较低时，高低社会支持水平组农村大学生的抑郁水平几乎没有差异，但当疏离态度水平较高时，低社会支持水平的农村大学生表现出非常高的抑郁状态，而高社会支持水平农村大学生的抑郁状态则并未升高多少，可见社会支持的调节效应是非常显著的。

图 8-4 显示，无论是在高水平疏离态度状态下，还是在低水平疏离状态下，社会支持对疏离态度与学业倦怠的关系均有明显的调节作用。在低水平疏离态度时，高社会支持组农村大学生的学业倦怠水平要明显低于低社会支持组的农村大学生；而在高水平疏离态度时这种缓解效应更加突出，高社会支持组农村大学生的学业倦怠水平要远低于低社会支持组的农村大学生，说明社会支持确实能够起到非常有效的缓冲作用。以上对社会支持在疏离态度与其后果变量间关系的检验结果也使之前提出的假设 $H4$ 得到较好的支持。

8.4.3　应对方式在影响机制中的中介作用分析

根据之前提出的假设，采用结构方程模型分别检验农村大学生学校疏离态度与各后果变量和应对方式的关系。检验之前，先将自变量农村大学生学校疏离态度和中介变量应对方式进行中心化处理。首先对应对方式在学校疏离态度与农村大学生活满意度关系间的中介效应进行检验，结果显示模型与数据的拟合程度较好，各项拟合指数分别是 $\chi^2 = 89.835$，$\chi^2/df = 2.139$，RMSEA $= 0.036$，GFI $= 0.943$，AGFI $= 0.951$，CFI $= 0.962$，NFI $= 0.957$，TLI $= 0.945$。模型路径系数见图 8-5。

从图 8-5 可以看到，模型中各条路径的系数值均达到显著水平。其中，学校疏离态度对农村大学生活满意度直接效应的路径系数为 -0.30，学校疏离态度对积极应对和消极应对直接效应的路径系数为 -0.26 和 0.34，积极应对和消极应对对

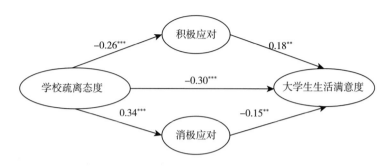

图 8-5 应对方式对学校疏离态度与生活满意度关系的中介路径图

农村大学生生活满意度直接效应的路径系数为 0.18 和 -0.15，因此学校疏离态度通过应对方式对农村大学生生活满意度的间接效应为 (-0.26)×0.18+0.34×(-0.15)=-0.098，学校疏离态度对农村大学生生活满意度的总效应为 (-0.098)+(-0.30)=-0.398。学校疏离态度对农村大学生生活满意度的间接效应占总效应的 24.62%，说明学校疏离态度只是部分通过应对方式的中介作用影响农村大学生生活满意度，这也使得假设 H5 得以部分支持。学校疏离态度对农村大学生生活满意度的效应分解见表 8-3。

表 8-3 学校疏离态度对生活满意度的直接和间接效应分解

影响路径	标准化路径系数	所占比例（%）
学校疏离→生活满意度	0.30	75.38
学校疏离→积极应对→生活满意度	-0.26×0.18=-0.047	11.81
学校疏离→消极应对→生活满意度	0.34×(-0.15)=-0.051	12.81
学校疏离对生活满意度的总间接效应	-0.047+(-0.051)=-0.098	24.62
学校疏离对生活满意度的总效应	-0.098+(-0.30)=-0.398	—

另外，对应对方式在学校疏离态度与健康状态间的中介效应进行检验，同样采用结构方程建模的方法，结果表明模型与数据的拟合程度较好，各项拟合指数分别是 $\chi^2 = 93.274$，$\chi^2/df = 2.220$，RMSEA $= 0.041$，GFI $= 0.934$，AGFI $= 0.946$，CFI $= 0.923$，NFI $= 0.967$，TLI $= 0.949$。模型路径系数见图 8-6。

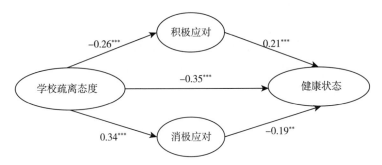

图 8-6 应对方式对学校疏离态度与健康状态关系的中介路径图

图 8-6 显示，模型中的各条路径系数均达到显著水平。其中，学校疏离态度对健康状态直接效应的路径系数为 -0.35，学校疏离态度对积极应对和消极应对直接效应的路径系数为 -0.26 和 0.34，积极应对和消极应对对健康状态直接效应的路径系数为 0.21 和 -0.19，因此学校疏离态度通过应对方式对健康状态的间接效应为 $(-0.26) \times 0.21 + 0.34 \times (-0.19) = -0.119$，学校疏离态度对健康状态的总效应为 $(-0.119) + (-0.35) = -0.469$。学校疏离态度对健康状态的间接效应占总效应的 25.37%，说明学校疏离态度只是部分通过应对方式的中介而影响健康状态，假设 $H5$ 由此得到部分支持。学校疏离态度对健康状态的效应分解见表 8-4。

表 8 - 4　学校疏离态度对健康状态的直接和间接效应分解

影响路径	标准化路径系数	所占比例（%）
学校疏离→健康状态	0.35	74.62
学校疏离→积极应对→健康状态	（-0.26）×0.18=-0.055	11.72
学校疏离→消极应对→健康状态	0.34×（-0.15）=-0.064	13.65
学校疏离对健康状态的总间接效应	0.055+（-0.064）=-0.119	25.37
学校疏离对健康状态的总效应	（-0.119）+（-0.35）=-0.469	—

接着对应对方式在农村大学生学校疏离态度与抑郁间的中介效应进行检验，方法同上。结构方程建模路径分析的结果显示，模型与数据有着较好的拟合，其各项拟合指数为：$\chi^2 = 103.282$，$\chi^2/df = 2.403$，RMSEA $= 0.052$，GFI $= 0.923$，AGFI $= 0.935$，CFI $= 0.912$，NFI $= 0.946$，TLI $= 0.924$。模型路径系数见图 8 - 7。

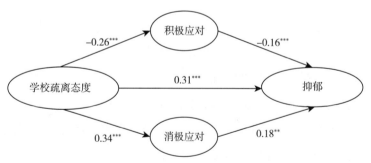

图 8 - 7　应对方式对疏离态度与抑郁关系的中介路径图

从图 8 - 7 显示的结果来看，模型中的各条路径系数均达到显著水平。其中，疏离态度对抑郁直接效应的路径系数为0.31，学校疏离态度对积极应对和消极应对直接效应的路径系数为-0.26 和 0.34，积极应对和消极应对对抑郁直接效应的

路径系数为 -0.16 和 0.18，因此学校疏离态度通过应对方式对抑郁的间接效应为 $(-0.26) \times (-0.16) + 0.34 \times 0.18 = 0.103$，学校疏离态度对抑郁的总效应为 $0.103 + 0.31 = 0.413$。学校疏离态度对抑郁的间接效应占总效应的 24.94%，说明学校疏离态度只是部分通过应对方式的中介而影响抑郁，再次使得假设 $H11$ 得到部分支持。学校疏离态度对抑郁的效应分解见表 8-5。

表 8-5　学校疏离态度对抑郁的直接和间接效应分解

影响路径	标准化路径系数	所占比例（%）
学校疏离→抑郁	0.31	75.06
学校疏离→积极应对→抑郁	$-0.26 \times (-0.16) = 0.042$	10.17
学校疏离→消极应对→抑郁	$-0.34 \times 0.18 = -0.061$	14.77
学校疏离对抑郁的总间接效应	$0.042 + 0.061 = 0.103$	24.94
学校疏离对抑郁的总效应	$0.103 + 0.31 = 0.413$	—

最后对应对方式在学校疏离态度与学业倦怠关系间的中介效应进行检验，同样采用结构方程建模的方法。路径分析的结果显示，应对方式的中介模型与数据有着较好的拟合，所得各项拟合指数分别为：$\chi^2 = 88.549$，$\chi^2/df = 2.108$，RMSEA $= 0.046$，GFI $= 0.935$，AGFI $= 0.957$，CFI $= 0.942$，NFI $= 0.949$，TLI $= 0.917$，具体路径系数见图 8-8。

从图 8-8 显示的结果来看，模型中的各条路径系数均达到显著水平。其中，学校疏离态度对学业倦怠直接效应的路径系数为 0.33，学校疏离态度对积极应对和消极应对直接效应的路径系数为 -0.26 和 0.34，积极应对和消极应对对学业倦

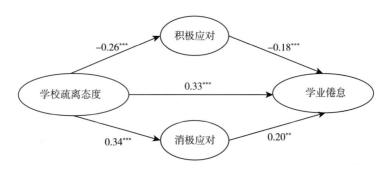

图 8-8　应对方式对学校疏离态度与学业倦怠关系的中介路径图

怠直接效应的路径系数为－0.18 和 0.20，因此学校疏离态度通过应对方式对学业倦怠的间接效应为（－0.26）×（－0.18）＋0.34×0.20＝0.115，学校疏离态度对学业倦怠的总效应为0.115＋0.33＝0.445。学校疏离态度对学业倦怠的间接效应占总效应的 25.84%，说明学校疏离态度也只是部分通过应对方式的中介而影响学业倦怠，进一步使得假设 $H11$ 得到部分支持。结合上述应对方式对学校疏离态度与农村大学生生活满意度、健康状态和抑郁间关系的中介效应分析结果，使得假设 $H11$ 得到完全支持，即应对方式能够对学校疏离态度与其后果变量的关系起到中介作用。学校疏离态度对学业倦怠的效应分解见表 8-6。

表 8-6　学校疏离态度对学业倦怠的直接和间接效应分解

影响路径	标准化路径系数	所占比例（%）
学校疏离→学业倦怠	0.33	74.16
学校疏离→积极应对→学业倦怠	（－0.26）×（－0.18）＝0.047	10.56
学校疏离→消极应对→学业倦怠	0.34×0.20＝0.068	15.28

（续）

影响路径	标准化路径系数	所占比例（%）
学校疏离对学业倦怠总间接效应	0.047＋0.068＝0.115	25.84
学校疏离对学业倦怠的总效应	0.115＋0.33＝0.445	—

8.5　学校疏离态度影响机制的讨论

8.5.1　学校疏离态度对生活满意度、学业和健康的负向影响

已有关于疏离态度的实证研究结果显示，疏离态度对涉及个体的许多重要后效变量均有着显著的负面影响[68][7]。而本研究得到的结果也与之前的相关研究一致，即学校疏离态度与农村大学生的生活满意度、身心健康和学业均有着显著的负向关联。也就是说，学校疏离态度具有的消极特征是导致个体出现不良后果的关键，因为持疏离态度者对行为及结果抱有负面信念，并伴随有强烈的消极情绪体验，且容易导致消极的行为后果。研究发现，在面对同样的情境或处理同样的问题时，持消极信念者更容易产生心理冲突和矛盾，进而对情境或问题的应对产生负面影响[204]。持疏离态度者相比一般人而言更不易得到满足感，因为他们预先判定行为的结果会不如所愿，甚至因此而不愿付出行动，这种"厌世逃避"的问题处理方式会引发诸多不良结果，如心情沮丧、抑郁，成就感低落以及自我效能感降低等，由此便不难理解学校疏离态度对学生各方面带来的负面后果。

本研究发现，学校疏离态度对个体的后果变量均有显著的

影响，但仍呈现出一定的差异。首先，对个体身心健康的影响程度最高，其次是对学业倦怠和生活满意度的影响。虽然之前并没有研究比较过疏离态度对后效变量的作用大小，但从已有文献来看，研究者对疏离态度与个体身心健康的关系给予了较多的关注。例如，Lepore 的研究结果显示，疏离态度能够有效地预测个体在应激状态下的不良健康状态，即持疏离态度的个体在压力情境下更容易出现健康方面的问题[57]。Aston 等[14]对女性职员的研究结果也发现，疏离态度不仅对个体的心理状态造成影响，也会影响其身体健康。Barefoot 等的研究结果更是表明，疏离态度不仅会影响个体一时的健康状态，甚至对个体的寿命也有一定的影响[205]。可见，疏离态度对身心健康的影响效果确实比较突出。以往研究表明，由于生活环境的转变加之当下社会多元价值观的冲击，农村大学生早期建立的人生观、价值观和世界观与城市体验产生碰撞，使其内心困惑、迷茫和不确定感增加，容易引发一系列心理健康问题[206]。本研究也表明对大学持有疏离态度的农村大学生心理健康受到了负面影响，主要表现在对大学的疏离态度会导致抑郁。

至于学校疏离态度导致的学业倦怠，某种程度上被认为是学生对学校的心理抵触。学业倦怠反映的是学生对所学课业和学校活动热忱的退失，与学生对所学课程及学校教学实际的感知和态度有很大的关联。中学学习和大学学习方式有很大差异，农村大学生受限于乡村教育资源的相对贫乏，对大学的学习环境和方式没有途径及早了解和准备，对大学的课程、大学教授以及大学教学都可能期望过高[207]。入学后，发现现实中的大学和理想中的大学相差甚远，对大学的高期望落空后，则容易产生对大学的疏离态度。而疏离态度最主要的表现就是对学业的疏离，即不满意和不相信大学的学习，反映在情绪和行为上就是学业倦怠。但是从成功适应大学学习的农村大学生来看，农村大学生未必天然处于劣势处境，经过更激烈应试竞争选拔出来的他们可能在自学能力和学习投入上更胜一筹，能让他们在大学学习中具有较强的学习效能感，从而较少产生对大学学习的疏离态度。当然，学校疏离态度是学生对大学的学业、人际、环境等多方面的感受而产生的，学校疏离态度偏高说明农村大学生对学校多方面的情况还存在不满意和不信任。这会直接干扰农村大学生对大学学习的意义和价值的评估和判断，从而对其学习积极性造成不良影响，并最终导致学业倦怠的发生。

首先，学校疏离态度对大学生生活满意度的影响，正是具有疏离态度的农村大学生对学校多方面情况感到失望和不满情况下所表现出来的综合效应。依据再社会化观点，人的一生是不断社会化的过程。农村大学生在进入大学后，由于生存环境的骤然变化，在心理调适、价值观念、行为方式等方面容易出现多方面的不适甚至偏差，因而也就容易对大学的诸多方面产生疏离态度。而本研究结果发现，学校疏离态度对农村大学生的生活满意度有负面影响。农村大学生学习和生活的一切活动都是以大学校园为中心开展的。其中他们需要摸索大学的人际关系、转变学习方式，此外还要调整自我认知，适应任务较为繁重，承受的压力也较大。对学校的疏离态度，使其难以积极主动地调整自己，以适应大学生活，自然生活满意度会受到影响。

其次，学校疏离态度最突出的特征就是不信任，这意味着学生在对学校各方面情况与自己的期望做对比评判之前，就已经对学校形成了负面的"预判"，也就是说，即便学校的情况并非预想的那样差，学生也会将其中差的因素放大，从而"证实"自己的预判是准确的，这必然会使学生对学校的生活感到不满意。由于本研究中的调查对象均为地方本科院校的农村大学生，以往的研究表明，地方高校的在校大学生对大学的满意度最低[208]。农村大学生是地方高校生源的主要构成群体，这一结果反映出他们对地方高校提供的大学教育原本就缺乏认可度和信任度，对就读大学的疏离态度可能早早就生发了，因而也可能会影响其对大学的生活满意度。

8.5.2　社会支持与应对方式在影响机制中的作用

目前尚不清楚的是，学校疏离态度对个体后效变量的影响是否只是一对一的直接效应。对此，本研究经过检验发现，在学校疏离态度与个体后效变量的关系之间还存在应对方式和社会支持的不同效应。具体为，应对方式对学校疏离态度与个体后效变量的关系有显著的中介作用，而社会支持则有着显著的调节作用。应对方式被认为是个体在面对内外部压力情境时采取的认知和行为方式。本研究的结果显示，应对方式对学校疏离态度与农村大学生活满意度、身心健康和学业倦怠的关系能够起到显著的部分中介作用，说明学校疏离态度除了能直接作用于个体的后效变量外，还能通过应对方式间接影响个体的后效变量。但相对而言，学校疏离态度经由消极应对方式对个体后效变量的影响效果要高于经由积极应对方式的效果，这可能与学校疏离态度对积极应对和消极应对的不同作用有关。

学校疏离态度本身带有负面的认知、情感和行为倾向的特征，因而在处理和解决问题时容易表现出否定和退避的行为。正如有学者提到的，疏离之人虽然能意识到问题的存在和解决的急迫性，却选择放任问题的发展和蔓延[209]。这种玩世不恭的消极观念自然容易产生消极的问题处理方式，因此学校疏离态度与消极应对的较强关联也就不难理解了。与以往相关研究略有不同的是，本研究发现学校疏离态度经由应对方式对身心健康的间接效果并未高于对其他后效变量的间接效果，且应对方式作为中介对不同后效变量影响的差异也不大。有研究者曾认为，应对方式作为应激处理对策与个体的健康状态有着独特的关联，也就是说，应对方式的功效多表现为与个体的健康有关[210]。本研究却发现应对方式的中介作用并非只针对健康，而是对其他个体后效有着相似的功效。

实际上，应对方式不应只被当作应激的处理策略，而是一种具有普适性的问题解决认知和行为方式[211]。虽然应对理论产生之初是针对个体健康而言的，但随着相关研究的不断深入，越来越多的研究者发现应对方式对健康之外的后效变量也有突出的作用，如应对方式与农村大学生的学业成绩、满意度和效能感也有非常显著的相关[212]。尽管应对方式在学校疏离态度与个体后效变量关系间的中介作用得以证实，但效应分解发现学校疏离态度经由应对方式对各后效变量影响的间接效应只占总效应的 1/3 不到，说明学校疏离态度与个体后效变量的关系更多地表现为一种直接影响。这提示我们，在做相关的干预设计时，要将更多的工作放在学校疏离态度的预防和缓解这一环节。

社会支持对学校疏离态度与后效变量关系的调节作用表现为一种缓冲效应，即社会支持能够缓冲学校疏离态度对个体后效变量的不良影响。社会支持是指个体在社会联系的过程中感受到的来自外界的尊重、理解和支持的体验，能够有效缓解因压力、紧张等因素造成的不良心理影响[213]。相关研究已证实，面对相同的压力情景，获得低社会支持的个体比获得高社会支持的个体更容易出现心理问题[214]。本研究的结果也支持了这一观点，即在同样的学校疏离态度水平下，获得高社会支持的个体比获得低社会支持的个体表现出更高的满意度和更好的身心健康水平，以及更低的学业倦怠水平。

但相对而言，社会支持对学校疏离态度与健康状态关系的调节作用要低于对学校疏离态度与其他后效变量关系的调节作用，这可能与健康状态的性质和影响因素有关。本研究所使用的健康状态量表多针对个体一段时间内生理健康的测量，如失眠、头痛和乏力等，而这些生理健康状态不仅与学校疏离态度有关，还受到更多因素的影响（如个人体质和天气变化等），学校疏离态度对生理健康状态的影响只占其中较少部分，所以社会支持的调节作用也必然会受到限制。之所以社会支持对农村大学生生活满意度、学业倦怠和抑郁受学校疏离态度影响的调节效应高，可能是因为这三个后效变量同属于心理冲突的范畴，而社会支持利用沟通、理解和支持等方式对缓解心理冲突的显著效果已为学界所认可。这提示我们，在应对学校疏离态度产生的不良后果时，应注重给予个体更多的心理支持，或者帮助个体获得更多的心理支持。同时也要认识到社会支持功效的有限性，只有根据学校疏离态度对应后效的特征选择适当的应对策略，才能更好地缓解学校疏离态度对个体的不良影响，从而保护个体良好身心状态的发展。

综上所述，学校疏离态度对个体多方面的后效变量均有显著的预测作用。其中，学校疏离态度对个体的大学生生活满意度和健康状态均有显著的负向影响，对个体的学业倦怠和抑郁则有显著的正向影响。此外，社会支持对学校疏离态度与个体后效变量的关系有显著的调节作用，具体表现为社会支持对个体的后效变量受学校疏离态度的影响能够起到保护和缓冲的作用，表明社会支持对于防止学校疏离态度的负面影响有着较好的功效。此外，应对方式对学校疏离态度与个体后效变量的关系有着显著的中介作用，具体为学校疏离态度经由消极应对方式对个体后效变量的负面作用要高于经由积极应对方式对个体后效变量的负面作用，说明采用积极的应对方式有助于减轻学校疏离态度对农村大学生个体造成的不良影响。

第 9 章
农村大学生学校疏离态度的干预

学校疏离态度研究的根本目的是缓解或消除农村大学生的学校疏离态度，促进学生身心健康，构建和谐的校生关系，让校生关系从疏离走向融合。前面的研究业已发现，农村大学生的自身原因才是学校疏离态度形成的最重要的原因。因此，从农村大学生自身角度出发，对农村大学生的学校疏离态度进行心理干预显得尤为重要。

9.1 学校疏离态度干预的依据

9.1.1 以态度改变理论为干预指导思想

在社会心理学中，所谓态度改变，是指通过施加一定的影响，使得一个人已经形成的态度，在接受某一信息或意见的影响后，产生相应的变化[215]。态度的改变有两个方面：方向改变和程度改变，表现为以下两种情况，一种是量上的变化，如从比较认同到非常认同；一种是质的变化，即旧质变为新质，如消极的变为积极的。本研究的态度改变是指后一种情况，即原有的消极的态度改变为新的积极态度。

根据态度改变理论，认知成分是态度结构中最基础的要素，态度的认知要素指个体作为态度主体对于态度客体的知觉、理解、信念和判断。因为个体对某一客体的态度，是建立在他对那个客体具有的一定特征的认知基础上的，即态度通常是基于认知的——认知的改变会导致态度的改变。因此，要改变态度首先要改变态度的认知成分。Brockway 等在研究中也提出，学校疏离态度干预的重点应集中在改变大学生的认知上，如通过让大学生降低过高的大学期望和正确认知大学环境，可以达到干预的目的[16]。基于此，本次干预研究着眼于改变高疏离水平的农村大学生态度中的认知成分，以此达到干预目的。

9.1.2　以归因训练技术为干预方法

按照认知干预的基本观点，个体的心理障碍和行为问题多与不合理的信念和归因有关[216]。认知干预的目的在于帮助个体识别和挑战其不合理、歪曲的认知与归因，建构更具适应性的认知体系，从而引起个体态度的改变。归因，从字面的含义来说是指"原因的归属"，就是将行为或事件的结果归属于某种原因，通俗地说，归因就是寻求结果的原因[217]。在日常生活中，人们无时无刻不在对自身的行为、对他人的行为、对发生在自己周围的各种事情寻找原因并作出合理的分析。如我这次考试为什么没考好？这个学生为什么总是不开心？等等。随着人类对这类问题的不断思考与研究，归因理论应运而生，试图解决人类因个人思想、感情、动机和行为引发的各种问题。归因理论是探讨个体分析和推断自己或他人行为原因的方式方法，探索不同的解释是如何影响他们随后的情绪、动机和行为的心理学理论[218]。在归因理论的基础上，研究者提出了一些有实践应用价值的心理干预技术。

在认知干预中，归因训练（attribution training，AR）是近年来经常采用的干预技术之一。归因训练是指通过一定的训练程序，使个体掌握某种归因技能，形成比较积极的归因方式。归因训练是对归因理论的应用，依据归因理论，在归因过程中，个体做出的错误的、不精确的归因方式会导致不当的态度和行为，如果采用一系列干预方法纠正或改善不良的归因方式，随之就能改变其态度和行为。

归因训练的重点在于两个方面：一是促进个体对自己归因方式的认识。二是归因方式的重建。具体来说，归因训练是从识别和去除消极的归因方式入手，帮助个体建立积极的归因方式，达到认知层面的改善，进而带动行为的改进。鉴于个体在归因时会利用各种信息进行解释，因此在归因训练过程中，强化对象信息的积极属性或减少消极属性将有助于人们形成积极的归因方式，并使人们的态度趋向积极[219]。而且根据态度改变理论中的说服策略方法，可以通过所呈现的说服性信息来改变受众的认知和信念，进而改变其态度。但是态度的说服策略指出，劝说者能否成功地使目标对象的态度发生预期变化，关键因素是他所组织的交流信息具有影响目标对象的力量，也即信息要具有足够影响力[220]。这与劝说者本人的特征和劝说信息的组织方式均有很大的关系，如说服者的权威性，说服信息内容的专业性、充分性、可信性和呈现方式的多样性等。

目前，归因训练已被广泛应用于认知行为治疗和学校干预之中。例如，对抑郁症、焦虑症、夫妻关系治疗、儿童攻击性、学生学业提高的干预均显示了良好的干预效果[221][222]。前述成因研究表明，学校疏离态度的产生与农村大学生对大学各方面的认知偏差和不当的归因方式有着直接的关系。因此，我们认为，通过一定的归因训练来纠正农村大学生对大学的认知偏差和改变农村大学生不当的归因方式，能够在一定程度上缓解或消除学校疏离态度，提高农村大学生的心理健康水平和生活满意度。归因训练分为个体归因训练和团体归因训练，团体归因训练因其实用、简捷、效率高等优点，近来被国内很多研究者采纳[223][224]。基于此，本研究依据说服策略和参与改变的原则，运用团体归因训练的技术，导入说服信息和注重被试的主动参与，进行学校疏离态度改变的团体干预实验，以帮助农村大学生形成积极归因，促其学校疏离态度的转变。

9.2　学校疏离态度的干预设计

9.2.1　干预目的

本研究的目的在于以认知干预理论为基础，运用团体归因训练作为干预方法，辅以说服信息和参与改变的态度改变策略，尝试实施改变农村大学生学校疏离态度的团体辅导活动，检验该团体辅导策略对农村大学生的学校疏离态度的干预效果，并进而考察随着被试学校疏离态度的改变而改善其认知偏向、抑郁与提高其生活满意度，从而探索出适合我国大学特点的应对农村大学生学校疏离态度的团体辅导方案。

9.2.2　干预假设

本研究假设，团体归因训练对调整农村大学生的认知偏差，降低学校疏离态度，提高农村大学生心理健康水平、生活满意度有积极效果。具体假设如下：接受干预的农村大学生在团体辅导与训练前后，在学校疏离态度问卷、农村大学生生活满意度问卷、人际认知偏向问卷和抑郁自评量表上的得分存在显著差异，且学校疏离态度问卷、消极人际认知分问卷和抑郁自评量表的得分明显降低，在农村大学生生活满意度问卷和积极人际认知分问卷上的得分明显提高；干预组农村大学生各量表得分的前后测差值与对照组农村大学生量表得分的前后测差值之间存在显著差异。

9.2.3　干预变量的确定

（1）自变量

自变量为干预方法，即干预组成员接受共 8 次每次 2 小时的缓解学校疏离态度的团体归因训练，干预由研究者本人主持，对照组在此期间不接受任何干预。

（2）因变量

因变量是农村大学生的学校疏离态度、生活满意度、人际认知偏向和抑郁情绪，以干预组成员在接受团体辅导后上述测量问卷的得分为依据。

(3) 控制变量

主要控制可能影响干预组和对照组干预效果的变量。本研究采用等组前后测设计，可控制被试生长背景与成熟因素等干扰来源。心理测验由固定的专业人员，采用统一指导语，在无外界干扰的环境下组织实施；团体辅导由研究者按照相同的团体辅导活动计划组织实施。这些措施尽可能减少了无关变量的干扰。

9.2.4　干预设计

本次干预研究采用等组前后测的实验设计。筛选出符合研究条件的被试，将被试分为干预组（A）和对照组（B），两个组的被试在干预前后分别接受同样的心理测验。在心理干预阶段，干预组（A）的被试参加为期 8 周共 8 次，每次两小时的针对学校疏离态度的团体归因训练活动，对照组（B）的被试在干预时段不做特殊处理，团体干预利用课余时间进行，被试的其他活动服从学校的统一安排。设计方案如表 9 - 1 所示。

表 9 - 1　团体归因训练对学校疏离态度的干预实验设计

组别	前　　测	心理干预	后测
干预组	学校疏离态度、农村大学生生活满意度、人际认知偏向和抑郁测量	实施	同前测
对照组	学校疏离态度、农村大学生生活满意度、人际认知偏向和抑郁测量	不实施	同前测

9.3 学校疏离态度团体干预的过程

9.3.1 干预对象的选取

本着方便取样的原则,以四川某省属高校的农村大学生为研究对象。研究对象的选取方法如下:联系到 3 个文科学院和 3 个理工科学院大一至大四年级的 21 名学生辅导员,对其做简短的培训,让他们理解农村大学生学校疏离态度的含义和本研究的目的,然后请他们每人在其所带年级的学生中提名 2~4 名平时对大学表现出较高疏离态度的农村学生,并提供该学生的联系电话。共收集到样本学生 69 名,然后由研究者和经过培训的助手打电话通知被选中的学生,考虑到学生可能产生的排斥心理,在电话联系时仅说明是我们开展的一个关于农村大学生在校学习和生活感受的调研课题,随机抽取到该生参加本次活动,最终有 58 名学生同意参与本次调查。

之后,对 58 名学生采用农村大学生学校疏离态度问卷、大学生生活满意度问卷、人际认知偏向问卷和抑郁自评量表进行集体施测,以学校疏离态度问卷平均得分大于 63 为入选条件,共获得 48 名被试。再按奇偶数分成两组,各 24 名成员,通过抽签确定干预组与对照组,为避免主试效应的影响,采用单盲法,仅告知干预组学生将邀请其参加一系列以"我的大学面面观"为主题的团体活动。因此,组员对本次干预的内在设计思路并不知晓,并且告知组员本次活动为自愿参加,结果干预组有 18 人自愿参加。后来在干预实施过程中,干预组先后有 4 名学生因事假没有全程参与，故将这 4 名被试去掉。为保证可比性，在对照组中相应地去掉与他们的测试结果相近的被试 10 人。因此，最终参与统计分析的学校疏离态度心理干预实验组（A 组）的农村大学生共 14 人，对照组（B 组）的农村大学生共 14 人。参加实验的被试的基本情况见表 9 - 2。

表 9 - 2 干预组与对照组被试的构成

组别	性别		年级				专业	
	男	女	大一	大二	大三	大四	文科	理工科
干预组	9	5	4	5	4	1	6	8
对照组	9	5	3	4	5	2	7	7

9.3.2 干预中使用的问卷

（1）农村大学生学校疏离态度问卷

学校疏离态度的测量采用第 4 章编制的"农村大学生学校疏离态度问卷"，该问卷总共包含五个维度，分别是学校疏离态度、管理疏离、人际疏离、环境疏离和服务疏离。问卷总共 21 个题项，采用"1＝非常不同意"到"5＝非常同意"的李克特 5 点计分方式，得分越高表示学校疏离态度水平越高。经检验该问卷有着较好的信度和效度，能够作为测量农村大学生学校疏离态度的有效工具。本研究中，学校疏离态度问卷的内部一致性系数为 0.827。

（2）大学生生活满意度评定量表

大学生活满意度的测量采用王宇中和时松和编制的农村大学生生活满意度评定量表（CSLSS）[193]。该量表总共包含 6 个题目，用以评定大学生在学业、人际关系和健康状况等方面的满意程度。CSLSS 采用从低到高的 7 级计分方式，得分越高表示满意度越高。其信效度指标已得到他人的验证[225]。本研究中，CSLSS 的内部一致性系数为 0.803。

(3) 抑郁自评量表

对抑郁的测量采用 Radloff 编制的流调中心用抑郁量表 (CES-D)[226]。该量表主要用于测查个体的抑郁情感或心境，包含抑郁心情、罪恶感和无价值感、无助与无望感、精神运动性迟滞、食欲丧失、睡眠障碍等方面的状态。CES-D 总共 20 个题项，采用"0＝没有"到"3＝经常"的 4 点计分方式，得分越高表示抑郁程度越高。该量表已被修订为中文版，且信效度也得到了前人的检验。[227]本研究中，该量表的内部一致性系数为 0.830。

(4) 人际认知偏向问卷

采用范宏振编制的人际认知偏向问卷 (interpersonal cognitive bias questionnaire，ICBQ)[228]，以考察被试的人际认知特征。该问卷总共包含 40 个题项，其中 20 题用于测量个体的积极人际认知，另 20 题用于测量个体的消极人际认知。问卷所有题项采用"是＝1"和"否＝0"的 2 点计分方式。本研究中，该问卷的积极人际认知维度内部一致性系数为 0.822，消极人际认知维度的内部一致性系数为 0.830。

(5) 干预效果的被试访谈提纲

提纲包括两方面的内容，即干预带给被试的积极影响（如"请你谈谈从本次活动中获得了哪些有益的启示?"）和干预后对所读大学看法的改变（如"参与本次活动之后，你对自己的学校有什么新的看法吗?")）。

9.3.3　干预方案的制定

本研究尝试通过团体辅导来改变农村大学生的学校疏离态度，根据前面提出的研究假设和思路，具体将运用团体归因训练为主要干预手段，辅之以信息学习和参与改变的态度转变策略，由团体指导者制定团体辅导方案。本团体辅导的指导者为研究者本人，具备农村大学生心理咨询工作和团体心理辅导的理论和实践经验。本次团体辅导设计了 4 个主题的活动，主题 1：正视期望落差，去除消极归因。主题 2：纠正归因偏差，训练积极归因。主题 3：导入说服信息，引导认知重建。主题 4：强化正向感受，笑对大学生活。形式主要设计为讲解、游戏活动、参观观摩和主题讨论等。各个主题的时间分配如下：第 1 个主题设计为 2 次团体辅导（包括在主题开展之前的团队构建），第 2 个主题分别设计为 2 次团体辅导，第 3 个主题设计为 3 次团体辅导，第 4 个主题有 1 次团体辅导。在全部活动结束两个星期后进行问卷的后测。共开展 8 次团体辅导活动，每次团体活动时间约为 2 小时，每周 1 次。

9.3.4　干预步骤和过程

第 1 阶段：前测。运用量表对干预组和对照组成员进行前测。

第 2 阶段：干预组团队构建。在干预正式开始之前，设置一次团体构建时间，目的是帮助组员相互认识，形成良好的团体心理氛围。在这一阶段，团体指导者（研究者）欢迎组员的参加，并对活动的几个主题进行简单的介绍。然后，带领全体组员进行简短交流问候，做一些需要全身参与的小游戏和暖身练习，通过游戏和练习，促使成员之间产生积极的互动，为以后阶段的团体活动开展打下心理基础。

第3阶段：实施改变农村大学生学校疏离态度的干预实验。由团体指导者带领干预组成员进行每周1次，每次约2小时的团体归因训练，共进行8周。4个主题的干预步骤和过程如下。

主题1"正视期望落差，去除消极归因"的干预过程。主要目的是带领组员围绕大学的学业、管理、服务、人际和环境等方面分析自己的现实感受与期望存在着哪些差距，并引导学生对这些"心理落差"形成的原因进行归因，引导学生找出那些消极的、不当的归因。这一主题共有2次团体辅导活动，主要内容：①组员信任度与开放度训练。因为刚组建的团体面临着团体成员的心理阻抗，因此在第一阶段有必要进行暖身游戏，以帮助组员放松心情、放下戒备心理。游戏形式为：信任圈、抓小猪、叠罗汉等，时间为40分钟左右。②探索组员对大学的期望与对大学的现实感受的差别。要求围绕大学的教学、教师、管理、环境、人际关系、服务等方面，以"我期望中的大学"为纵轴，"我感受中的大学"为横轴，绘制"期望落差图"，帮助学生认清对大学的各个方面的疏离程度。③引导学生以"我有这样的心理落差是因为……"为开头分析落差产生的原因，找出那些消极归因，并请学生划掉这些消极归因的句子，接着给组员讲解一些逆向思考的方法。④布置作业，要求组员思考"假如不是这样的原因，那会是什么原因？"等问题。

主题 2 "纠正归因偏差，训练积极归因"的干预过程。训练学生学会积极的归因方式，提高学生对大学各方面的积极归因。这一主题共有 2 次团体辅导活动，其实施步骤为：①给组员呈现 8 组心理学中的"双关图"，组员在体验了换一种角度看图片的"神奇"后，启发组员思考对我们身处的环境是否也应该换一种角度看待，在此基础上，接着呈现一组大学生毕业前夕的恶搞图片，请组员用正反两种视角对这些恶搞行为给出解释。②指导者介绍心理学对归因和归因偏差的理解和类型，接着就上次布置的作业请组员分享，让组员讨论不合理的、消极的归因是如何影响自己对大学的准确认知的，并以学业失败为例，介绍正确的归因模式。③归因置换训练，即训练组员将消极归因置换为积极的归因。先为组员放映一段名为《口袋的天空》的心理情景剧，内容是一位对大学的人际关系持极端疏离态度的农村女大学生小 A 在老师和同学的帮助下由消极转变为积极的心理历程。之后指导者介绍归因的过程模式，然后请组员在纸上画出小 A 的归因模式，先画出消极归因模式，接着修正为积极归因模式。接下来组员分享讨论。④指导者介绍艾利斯（Eilis）的 ABC 理论和合理情绪行为疗法，帮助组员找出头脑中的不合理的信念，理性地审视这些不合理信念，并逐步转变为更为合理的信念。活动最后布置作业，要求组员回去后以"我给学校提意见"为题，针对学校的教师、管理者和服务人员写一封意见信，提示组员能想到多少就写多少，为消除组员的顾虑，告知组员意见信为匿名，只供下次活动交流分享所用。

主题 3 "导入说服信息，引导认知重建"的干预过程。主要目的是帮助组员重新树立对大学的积极认知，通过说服信息的植入，强化组员对大学教学、管理、环境、服务、人际等各个方面的正确感知，教会组员对信息进行理性思考、判断，从而降低因错误感知而出现的学校疏离态度。这一主题的团体辅导活动分 3 次进行，包括多种形式的内容：①在说服信息导入之前，回收组员给学校写的意见信。②针对组员的大学教学疏离，组织的说服信息有两个方面：一是带领组员走访某学院教学办公室，由教学办老师为组员讲解专业培养方案的制定过程，提供教师的授课计划、教案、教学日志以及期末试卷上交材料，目的是让其直观地了解与教学有关的工作。二是将事先收集的教师给学生的学习意见呈现给组员，让组员将教师意见和自己的意见比较后谈感受，激起组员进一步理性反思对大学教学的认知是否有误。③针对大学的管理与服务疏离，组织了以下说服信息：一是请一位学生工作处的老师为学生讲解农村大学生可以通过哪些途径与学校沟通，学校是如何处理农村大学生的意见和建议的，以及学校在农村大学生管理和就业方面的安排和所做的工作，等等。主要目的是让学生了解与学校沟通的机制与渠道。二是将事先收集的 12 位宿舍楼层服务人员、食堂服务人员、教室清洁人员、财务工作人员给大学生提的意见整理后以阅读材料的形式分发给学生，让学生对照自己提的意见进行反思，引导学生讨论辨析，认清可能存在的对学校服务工作的偏见和错误感知。④针对大学环境疏离，呈现的说服信息有以下内容：一是安排组员阅读学校校史材料，了解学校的发展历程。二是安排组员观看视频新闻报道《高雅艺术进高校校园》，并请组员就学校的人文环境的改善献计献策。⑤针对大学人际关系疏离，设计的说服信息是观看某专业农村大学生毕业十周年校友回校聚会活动的视频资料，然后请组员模拟、扮演本组同学、师生十年后相聚的场面。

主题 4 "强化正向感受，笑迎大学生活" 的干预过程。本次主题的目的是强化、总结和感悟。这一主题的团体辅导活动进行了 1 次。一是开展以 "信任" 为主题的团体拓展活动，包括信任之旅、信任背摔等团体活动，活动后成员分享彼此的感受，感受信任和被信任的快乐。二是鼓励成员尝试将活动中获得的积极改变运用到日常学习和生活中，调整自己用更好的心态面对大学生活，并请组员填写活动效果的访谈提纲。

第 4 阶段：后测。对干预组和对照组再次施测前测的评估问卷。为了减少团体指导者对后测结果的干扰，在团体全部活动结束两周后请两名心理学硕士研究生组织实施后测。

第 5 阶段：对数据进行整理和统计分析。

9.4 学校疏离态度团体干预结果

9.4.1 干预前后干预组与对照组的学校疏离态度差异

为了测查干预前后农村大学生的学校疏离态度是否发生了改变，对干预前后干预组与对照组的学校疏离态度得分差异进行比较，主要采用非参数检验的独立样本检验方法（Mann-Whitney 检验），结果见表 9 - 3。

表9-3　干预前后干预组与对照组学校疏离态度得分差异的检验结果

变量	组别		M	SD	z	p
管理疏离	干预前	干预组	18.23	2.19	0.393	0.527
		对照组	17.68	2.25		
	干预后	干预组	12.95	2.34	6.424	0.000
		对照组	18.04	2.52		
学业疏离	干预前	干预组	22.81	2.48	0.513	0.375
		对照组	23.26	2.63		
	干预后	干预组	11.09	2.82	9.206	0.000
		对照组	22.85	2.55		
环境疏离	干预前	干预组	12.47	2.26	0.332	0.539
		对照组	12.62	2.30		
	干预后	干预组	11.60	1.92	2.674	0.022
		对照组	12.23	2.03		
人际疏离	干预前	干预组	23.27	2.30	0.462	0.407
		对照组	22.76	2.42		
	干预后	干预组	11.14	2.17	11.183	0.000
		对照组	23.19	2.64		
服务疏离	干预前	干预组	12.16	1.78	0.734	0.297
		对照组	12.84	1.52		
	干预后	干预组	9.27	1.41	9.265	0.000
		对照组	13.23	1.93		

　　由表9-3的检验结果可以看到，干预组与对照组在干预前的学校疏离态度各维度得分均没有达到统计学显著意义的差异（$z=0.393$，$p>0.05$；$z=0.513$，$p>0.05$；$z=0.332$，$p>0.05$；$z=0.462$，$p>0.05$；$z=0.734$，$p>0.05$），说明干预组与对照组在学校疏离态度各维度的得分没有差异，从而

保证了干预前要求的被试同质性；而干预过后，干预组与对照组在学校疏离态度各维度的得分差异均有着显著的统计学意义。其中，干预组与对照组在环境疏离维度的得分差异刚好达到统计学的显著水平（$z=2.674$，$p<0.05$），而在其他四个维度的得分差异则有着非常显著的统计学意义（$z=6.424$，$p<0.001$；$z=9.206$，$p<0.001$；$z=9.265$，$p<0.001$；$z=11.183$，$p<0.001$）。而且总体来看，在干预后干预组在学校疏离态度五个维度的得分均明显低于对照组，说明干预后干预组的学校疏离态度得到了缓解。

9.4.2　干预前后干预组与对照组的抑郁差异

为考察干预组与对照组在干预前后的抑郁水平是否有所不同，分别对干预前和干预后的干预组与对照组抑郁得分进行了非参数检验的独立样本检验方法（Mann-Whitney 检验），结果见表 9-4。

表 9-4　干预前后干预组与对照组的抑郁得分差异的检验结果

变量	组别		M	SD	z	p
抑郁	干预前	干预组	18.23	2.57	0.593	0.308
		对照组	17.86	3.12		
	干预后	干预组	13.17	3.34	3.615	0.000
		对照组	18.55	2.19		

表 9-4 的结果表明：在干预前，干预组与对照组的抑郁得分没有达到统计学的显著水平，说明干预组和对照组在干预前的抑郁状态没有差异（$z=0.593$，$p>0.05$），符合干预前

被试同质的要求。干预后，干预组的抑郁得分明显低于对照组，且差异达到了非常显著的统计学水平（$z = 3.615$，$p <$ 0.001），说明干预后干预组的抑郁程度得到了缓解。

9.4.3 干预前后干预组与对照组的生活满意度差异

为了考察干预组与对照组在干预前后的生活满意度水平是否存在差异，对干预组在干预前后、对照组在干预前后的得分差异采用了非参数检验的独立样本检验方法（Mann-Whitney检验）。检验结果见表9-5。

表9-5 干预前后干预组与对照组生活满意度得分差异的检验结果

变量	组别		M	SD	z	p
生活满意度	干预前	干预组	6.13	3.38	0.517	0.322
		对照组	5.94	4.25		
	干预后	干预组	8.87	3.24	3.490	0.000
		对照组	6.25	4.07		

从表9-5可以看到：干预前，干预组与对照组的生活满意度得分差异没有达到统计学意义的水平（$z = 0.517$，$p >$ 0.05），从而保证了干预组与对照组在干预前的同质性。干预后，干预组的生活满意度得分明显高于对照组，且差异达到非常显著的统计学水平（$z = 3.490$，$p < 0.001$）。说明干预在一定程度上能够提高被试的生活满意度水平。

9.4.4 干预前后干预组与对照组的人际认知偏向差异

为考察干预组与对照组在干预前后的人际认知偏向水平是

否存在差异，分别对干预前干预组和对照组的人际认知偏向得分，以及干预后干预组与对照组的人际认知偏向得分差异进行了非参数检验的独立样本检验方法（Mann-Whitney 检验），检验结果见表 9-6。

表 9-6　干预前后干预组与对照组人际认知偏向得分差异的检验结果

变量		组别	M	SD	z
积极人际认知偏向	干预前	干预组	8.13	3.34	0.763
		对照组	7.85	4.26	
	干预后	干预组	12.24	6.73	3.702
		对照组	7.36	4.58	
消极人际认知偏向	干预前	干预组	13.95	7.42	0.883
		对照组	14.29	6.90	
	干预后	干预组	9.21	4.54	4.350
		对照组	14.57	6.65	

从表 9-6 的结果可以看到：在干预前，干预组与对照组的积极人际认知偏向得分没有出现显著统计学意义的差异（$z=0.763$，$p>0.05$），干预组与对照组的消极人际认知偏向的得分差异也没有达到显著统计学意义的水平（$z=0.883$，$p>0.05$），说明干预前两组被试的人际认知偏向特征同质。而干预后，干预组与对照组的积极人际认知偏向得分和消极人际认知偏向得分差异均有着非常显著的统计学意义（$z=3.702$，$p<0.001$；$z=4.350$，$p<0.001$），其中干预组的积极人际认知偏向得分高于对照组，而消极人际认知偏向得分则低于对照组。说明干预对被试的人际认知偏向能够起到一定程度的积极影响。

9.4.5 干预组学生的访谈结果整理

将访谈结果整理后归纳为两个方面：对干预活动的态度、对大学态度的改变。结果发现，14 名被试中，11 名表示对干预活动很感兴趣，占 78.6%；14 名被试均表示通过团体活动，对学校的看法趋向积极，12 名表示对学校的消极态度有明显下降，占 85.7%。

9.5 学校疏离态度的干预效果探讨

9.5.1 干预的整体效果较为明显

本研究设计的团体归因训练干预方案以训练农村大学生的积极归因方式为主，并采用了多种主题活动形式。研究结果表明，为期 8 周共 8 次的团体辅导活动对农村大学生的学校疏离态度有明显干预效果，干预组学生的学校疏离态度、抑郁和消极人际认知倾向水平有所降低，而生活满意度和积极人际认知倾向水平则有所提升，对照组则未出现以上变化。

在农村大学生的学校疏离态度方面，干预后干预组学生在学校疏离态度、管理疏离、服务疏离、人际疏离和环境疏离五个维度上的得分均显著降低，并显著低于对照组学生，说明干预活动能够有效缓解学生的学校疏离态度。具体表现为：学校疏离态度和人际疏离态度水平有了较为明显的下降，而管理疏离、服务疏离和环境疏离态度的水平则下降不明显，其中管理疏离态度和服务疏离态度水平经干预后仍高于中间水平。其原因可能与干预方法有关，由于本研究主要采用的是归因训练的方法，而归因训练对学生的学业态度和行为的改变效果显著，这在以往的研究中得到了证实[229]。鉴于干预组的学生都遭遇了一定程度的学业失败，因此在对学校疏离态度干预中，我们依据 Weiner 等的归因理论和以往研究者的做法[230]，引导学生从内因与外因、稳定与不稳定、可控与不可控三个维度，将自身学业失败的原因多从内部的、不稳定的和可控的方面进行归因，让学生认识到自己可以通过努力改变学业现状，可能就减少了对学业环境的抱怨和不信任感。

另外，干预组人际疏离态度的改变除了得益于我们开展的大学人际归因训练以外，还与团体辅导中良好的人际环境有关，团体的气氛，团体成员之间的互动、学习和演练，为参与者在人际态度方面的改变提供了难得的机会。而干预组学生的管理疏离态度和服务疏离态度干预前水平较高，经过干预有所降低，但仍处于较高水平，这可能与学校管理与服务的自身特点有关。学校的管理与服务包含的内容林林总总，学生对学校管理和服务的疏离态度既有针对政策、制度方面的，也有针对具体实施方面的，这使得很难通过一个短期的活动设计就能涵盖全面，也很难在短时期内收到非常满意的干预效果。因此，未来的干预研究还应专门针对大学管理和服务的疏离态度，用更丰富的干预手段和引入更丰富的干预内容，才能达到更为满意的干预效果。而对于环境疏离态度出现的结果，可能与干预前学生的环境疏离态度水平本身就不太高有关，因而其改变并不那么明显。

干预后干预组的抑郁水平明显低于对照组，而干预组的抑郁水平在前后测中达到明显的差异，对照组的抑郁水平在前后测中未见到明显的差异，说明团体归因训练改善了干预组学生的抑郁水平。抑郁是一种常见的情感障碍，而农村大学生是抑郁的高发群体。抑郁的归因理论认为，个体的认知偏差、消极归因方式是导致抑郁的高危因素。通过前面的研究已经发现，持疏离态度的农村大学生多倾向于消极的归因方式和出现期望与认知的偏差。本研究通过构建融洽活跃的团体氛围和设计较为丰富多样的活动内容，打破干预组成员的消极归因方式，在此基础上引导学生建立积极的归因方式，从而在降低组员的学校疏离态度的同时，也有效地促进了被干预者抑郁的缓解。

人际认知是个体在交往过程中形成的对他人的知觉、印象和判断。社会认知理论认为，由于个体在社会认知的过程中并不是完全地、精确地运用所获得的信息，因而可能导致社会认知、社会判断的偏差[231]。比如以否定或悲观的方式去解释信息，消极的人际认知即是如此。人是大学环境中最主要的因素，因而农村大学生的学校疏离态度多指向人，即老师、同学、管理者和学校服务人员。前面的相关研究发现，对学校人际的消极感知影响了疏离态度的产生，而学校疏离态度问卷中的人际疏离态度因子则直接反映了农村大学生对大学人际的消极认知。因而对学校疏离态度的干预效果，可以体现在被干预者的消极人际认知向积极人际认知的转变上。在干预实验后，干预组的消极人际认知偏向降低，积极人际认知偏向提高，说明干预对被试的人际认知偏向起到了一定程度的积极影响，也反映出认知干预对缓解被试的学校疏离态度的作用。

生活满意度是人们对自己目前生活的满意程度，是反映个体生活质量的重要指标[232]。以往的研究发现，学校疏离态度对农村大学生的生活满意度有显著的负向影响[7]。本研究对被试学校疏离态度的干预结果显示,干预后被试的生活满意度发生了积极的改变。因此,我们认为,通过干预被试的学校疏离态度,有助于被试生活满意度的提高。但是,生活满意度作为个体对其生活质量所做出的总体评价,影响因素是复杂多样的。研究发现,情感体验、自尊和社会关系等诸多因素都会影响个体的生活满意度[233]。因此,不能将被试生活满意度的提高完全归因于干预策略以及疏离态度缓解的影响。但是我们也认为,由于本次干预在设计和实施的过程中,让被试者体验到较多的积极情感和良好的人际关系氛围,也可能有增进被试生活满意度的作用。

总之,本研究表明,通过团体干预农村大学生的学校疏离态度,对提高农村大学生的生活满意度有积极的效用。此外,干预组学生的访谈结果反映出,本次团体干预活动不仅降低了他们的学校疏离态度,而且促进了其生活满意度的提升,使其能够更准确、全面地看待大学和自己的大学生活。

9.5.2 团体归因训练的干预方法行之有效

与个别辅导相比,团体辅导具有更为典型的社会现实环境。团体成员间的分享、体验和感受,可以使参加者从团体中获得情感支持力量,从而更清楚地认识自己和他人,改善自己的态度和行为。团体辅导在学校心理辅导实践中得到了广泛的运用。而团体归因训练作为一种认知干预取向的团体辅导方法,在改善青少年的认知和行为问题方面取得了显著的效果。本研究的结果表明,研究所设计并实施的学校疏离态度团体归因训练能有效缓解农村大学生的学校疏离态度，并发现对学校疏离态度的干预，引起了干预对象的抑郁、消极人际认知倾向的降低，以及积极人际认知倾向和生活满意度的提高。除辅导前后的问卷测试外，本研究还通过团体成员反馈等方式了解了团体归因训练的效果。干预组成员普遍反映，团体辅导的形式为他们搭建了一个良好的交流和分享平台，通过成员间的观点分享、辩驳和重建，他们对大学的各个方面有了全新的认识，加强了对学校的正向感受和信任感。因此，我们认为，团体归因训练的方法能有效地缓解农村大学生的学校疏离态度。

在干预方法的使用上，为了强化干预的效果，我们在进行团体归因训练设计过程中，依据态度改变理论，将说服策略和参与改变的方法贯穿其中，引导干预组成员态度的改变，也强化了干预的效果。通过让组员观看和阅读有关的信息材料，让组员之间以及与学校管理者、老师就相关问题进行讨论，这些策略都有利于干预对象态度的改变。因此也启示我们，在学校疏离态度的团体干预中，认知干预技术和态度改变策略相结合不失为一种有效的团体干预方法。

9.5.3　干预尚有不足之处

（1）缺少追踪研究

由于团体辅导开始的时间较晚，故未能进行追踪调查，因此无法评估学校疏离态度的团体辅导对参与者产生的短期效果能否持续。学校疏离态度的团体辅导的长期效果如何，需要在今后进行不同时段的追踪调查，从而为验证和巩固加强干预效果提供依据。

（2）被试的问题

在入选干预组的 24 名学生中，有 6 名拒绝参加团体干预，另有 4 名流失。不愿意参加干预的学生，给出的理由包括"没时间""没意思""不相信"等。以往的研究亦表明，持疏离态度者往往参与动机较差[27]。本研究保留了动机较强的成员，可能也是辅导能够取得显著效果的一个原因。而对于动机弱的学生，应如何增强其参与动机，是日后研究亟待解决的问题。另外，本研究的干预对象包括大一至大四年级的农村大学生，鉴于学校疏离态度具有明显的年级特征，以后的干预实验可以考虑将被试分年级各自开展，会收到更好的干预效果。另外，本研究的样本较小，未来研究需在更大的被试群体中进一步检验学校疏离态度团体辅导的干预效果。

（3）研究内容的设计问题

因本研究是第一次尝试对学校疏离态度进行干预实验，在干预内容的设计方面还存在一些突出问题。例如，干预内容设计得不够深入，因时间限制有的干预训练仅停留在点到为止的层面，对被试缺少进一步的引导；干预内容的针对性还须加强，特别是对不同年级的学生的干预内容的设计应有所不同；干预内容之间的衔接不紧凑，存在脱节现象，以后的干预内容设计特别需要考虑如何增强学生、学校、教师的互动，提高干预的效果。

（4）缺少他评方式

缺少他评方式来多方了解团体干预的效果也是本次干预实验的不足之一。

第 10 章
农村大学生学校疏离态度的纾解对策

心理学家布朗芬布伦纳（Urie Bronfenbrenner）提出的生态发展理论认为，人在发展中所处的各种环境塑造着人的心理特性。而且由于文化的作用，各种环境之间形成密切联系，从而纵横交错的环境因素与不断成长的个体相互作用，直接或间接地影响个体发展[234]。各种环境构成的系统包括，微观系统（学生自身的身心特征、家庭、同伴、学校等）、中间系统（家校关系、家庭与社区关系等）、外部系统（大众传媒、家长的职业、教师职业素养、社区生活方式等）和宏观系统（社会价值观念、社会信念系统等）。并且，个体的发展还要受到时序系统的影响，即学生发展所处的社会历史状况，如大多数人生命历程中经历的升学、入职、婚恋、退休等常规事件，以及生命历程中的各种突发意外事件，比如生老病死等，这些各种各样的环境因素，都会对个体心理发展产生影响。因此，在寻找消除农村大学生学校疏离态度的有效对策时，可以以生态发展理论为视角，从个体的身心特征以及家庭、高校和社会环境等多层面为抓手，探讨如何缓解和消除其对大学的疏离态度，引导农村大学生向学校疏离态度说"不"。

10.1　基于农村大学生个体层面的纾解对策

10.1.1　构建意义感是纾解学校疏离态度的根本

意义感即人生意义感，它是一种人生有价值、生活有目的、有方向感的主观体验。意义感有三层含义：其一，意义感存在于目标追求之中。每一个人的生命之所以存在都有其独特的原因，在其独特存在的过程中，他必须努力达到某些重要的目标，他的人生才因此具有意义。人生意义感促使个体把时间与精力投入在获得重要的、有价值的目标上，聚焦人生价值的实现。其二，意义感是生理、心理、精神三方面需求满足的统合。生理需求的满足，使人生存；心理需求的满足，使人快乐；精神需求的满足，使人有价值感。其三，意义感伴随获得感。获得感是对自己生命目标实现或完成的体验，它通过成就感、满足感、充实感或价值感表现出来。

人生意义感因时而异。人类进入 21 世纪以来，现代科技的迅猛发展和物质文明的进步，极大地丰富和拓展了人类的生活空间和领域，促进和提高了人类生活的便利性和生命的成就感，为改善人类的生命质量创造了机遇和条件，人们也越来越依赖高度物质化的生活方式。然而，现代化生活方式也似一柄双刃剑。人们为了追求更多样更丰富的物质享受，在物质的诱惑面前趋之若鹜，求利、求欲心理挤压了丰富多彩的精神需要，变成了"贪婪的消费者"。同时，对物质消费的热衷也带来了前所未有的生态和社会后果。例如，生态的日益破坏、资源的过度使用以及贫富差距拉大、疾病和犯罪问题层出不穷。现代化进程中出现的这些消极后果，不仅威胁着人的生存，也直接或间接地削蚀着人的生命意义感。最明显的表现就是人们的生活水平提高了，工作满意感增强了，家庭也很和睦，但抑郁的人却更多了。抑郁的产生，实质上是一种人生无意义感的表现。

随着移动互联网的迅速发展与智能终端应用的普及，数字化生存已然成为现代人们的一种生活日常。信息技术为人们的生活提供了极大的便利，但同时也加重了人们的心理焦虑和社会压力。作为"网络原住民"的当代大学生，网络对大学生的心理和行为的影响不可谓不大。网络信息有利有弊，积极向上的网络信息能帮助大学生树立正确的世界观、人生观和价值观，但网络上大量充斥的负面信息也容易让大学生们迷失自己，产生价值观的偏离，人生观的扭曲等消极后果。先进的网络技术带来了信息获取的快速性和便捷性，也导致了快餐式网络文化的流行。在快餐式网络文化的影响下，大学生的独立思考和深层思考能力被弱化了，对人生意义的探寻变少了。农村大学生受家庭经济条件和消费观念的影响，在上大学前较少使用手机或电脑等媒介，不少农村大学生是在升入大学后才拥有了智能手机和手提电脑，虽然在进入大学之后所使用的网络设备与城市大学生基本无异，但是由于中小学阶段缺乏家长和学校的媒介使用指导，农村大学生的媒介素养较城市大学生还存在一定差距，从而导致一些农村大学生出现一旦接触到网络就深陷其中，置学业于不顾，网络成瘾等问题比城市大学生更甚的现象。因此，在网络时代背景下，农村大学生需要有意识地弥补自身存在的媒介知识短板，提高网络媒介素养，并以清醒的头脑来看待纷杂的网络信息，抵御网络不良信息的冲击，树立正确的世界观、人生观和价值观。三观正，人生意义感强，对大学学习和生活态度自然也就不会那么疏离了。

人生意义感因人而异。虽然意义感缺失是现代社会普遍存在的问题，但是作为处于人生特殊成长阶段的青年人，更容易成为意义感缺失的易感人群。青年正处于人生意义的探索时期，对人生的意义原本就缺乏足够清晰的认识，加之面对急速变迁的社会，更容易陷入迷惘、焦虑的困境，产生心灵的空虚感。大学生作为当代青年中的精英群体，作为未来社会发展的中坚力量，也不可避免地在越来越快的社会变迁中，感受到疲惫和迷茫。当前大学生的"空心病"问题引起了社会的广泛关注，"空心病"表现为情绪低落，兴趣缺乏等类似抑郁症的症状特征，其核心仍然是意义感的缺失。根据一份针对上千名大学生的调查结果，大学生中感到"较空虚"的占到 12％，感到特别空虚的有 5％[235]。由于就业弱势地位等客观原因的存在，在当前的农村大学生中也普遍蔓延着"学习什么都无济于事"，不如"做一天和尚撞一天钟"的情绪和"任何学习都改变不了现状"的绝望以及"不明白为什么必须学习"的怀疑。因此农村大学生对大学的疏离态度，从更深层面来看正是人生意义感迷失的表现之一。

由此可见，构建人生意义感才是农村大学生个体消解学校疏离态度的根本途径。意义疗法的创立者弗兰克尔

(V. E. Frankl) 认为，意义缺失的体验将激发起个体强烈的重构意义的动机，引导人们投入到意义寻求的努力中[236]。哲学家赫舍尔（AJ. Heschel）也说，"人之为人的独特难题就是如何进入意义"[237]。也就是说，人之所以为人的根本不是人具有自然生命，而是人具有追寻人生意义的精神生命。按照弗兰克尔的观点，虽然追寻生命的意义是一个人最基本的动机，但是每个时代都有那么多有心理问题的人，原因就在于这些人产生了"存在的虚空"，这是由生存挫折和彻底的人生无意义感引发的，即不能感受到值得为之生活的意义，被内心的一种空虚所侵蚀，陷入"存在的虚空"的处境。

人生的意义感的来源，最主要来自目标感的确立。如果说农村莘莘学子在上大学之前的生命意义是为了升学，为了上大学来改变个人命运而努力的话，那么升入大学后，这个目标已不复存在，因而需要确立新的目标感。然而，从农村高中进入大学，可以说进入了一个截然不同的世界。相比乡村中学老师的严厉和乡村学校的严格管束，大学的相对宽松和自由对农村大学生的适应能力提出了更大挑战，也使得农村大学生内部渐渐地出现了分化。一些农村大学生通过主动学习和融入，顺利地适应了大学生活，成为大学生中的佼佼者。但也有一些农村大学生在进入大学后出现适应不良的情况，要么像高中一样还是抱着书本不放松，为取得各门课程的高分而努力；要么把重心放在各类社团活动上，希望拓宽自己的交际面；要么宅在宿舍打游戏、睡懒觉，活动也大都懒得参与。不适应的表现虽然不一，但内心的迷茫却大同小异。努力学习的学生，不确定自己的目标能不能实现，担心自己几乎没参加什么活动，会不会与社会脱轨等问题。把重心放在各类社团活动和学生会等组织的同学，也会感觉迷茫，不知道做这么多到底有什么用，想到以后就业方向不确定，专业知识一知半解，对未来也不是特别看好。至于玩游戏、睡懒觉的，有时候会突然发现自己太过无所事事，虚度光阴，然而又不清楚努力的方向，也是在迷茫中。因此，在大学里要有自己的目标并努力实现，这样就不会太过迷茫。

　　人生每一种处境都是对人的一种挑战，都是摆在人们面前必须解决的问题。生活不能允诺给我们快乐，但却给予我们发现意义的机会。重要的不是泛泛地谈论一般的生命意义，而是要明白个人生命在具体时间的具体意义。笼统地谈论这个问题，无异于问象棋冠军："请问大师，哪步棋是世界上最妙的棋?"一盘棋如果离开对棋局的具体形势以及对手的具体的品性，就无从谈论什么是最妙的棋，甚至也无所谓好坏。人的存在也是这个道理。我们所寻求的不是抽象的人生意义。每个人都有自己特定的人生使命或天职，在这一点上，每个人都是不可替代的，每个人的一生都不能重复，每个人完成其使命的特定机会也是如此。因此，农村大学生对人生意义感的构建，可以从学习方面、环境方面、人际交往方面、娱乐生活方面等具体生活领域着手。比如，对大学学习的意义而言，少一些对知识的工具性价值追求，不要将知识仅仅作为获得文凭和升学的必经之路以及日后赚钱的有效筹码，而是为知识的内在价值而学习，真正地理解所学专业的学科思想、学科方法及其实践价值等，长期坚持下来，终将有丰硕结果。

　　今天，幸福感已成为人们生活中的自觉追求。在积极心理学看来，幸福生活不只是愉悦，而且要有意义。如果说，愉悦是快乐人生幸福观的主要标志，那么意义则是完善人生幸福观的核心指征。愉悦的生活带来的幸福感短暂易逝，充实而有意义的生活带来的幸福感则恒久绵长。作为具有学校疏离态度的农村大学生个体来说，只有建立对大学教育的意义感，才能体会到大学生活的幸福，也才能对大学的学习、环境、人际和管理等方面持有肯定的态度，从而消解对大学的疏离态度。

10.1.2　调整大学期望是纾解学校疏离态度的关键

期望是指人们对自己或他人行为结果的某种预测性认知或预期，通常建立在个体内在需求基础上，或是对外界信息不断做出反应的经验基础上[238]。作为受教育者，自然会对自己所受的教育产生期望，对大学教育也同样如此。从中学生到大学生是一个质的飞跃，实现这个飞跃的人往往对个人、对未来抱有较高的期望。根据调查，大学生属于政治、经济期望值较高的社会群体。从期望理论的原理来看，一个人的期望值越高，其心理承受力可能越差。农村大学生如果入学前对学业以及未来的就业前途抱有过高的期望，在现实中则会产生较大的心理落差。

另外，虽然中国高等教育正从精英化阔步走向大众化，但是今日的大学仍然是各类学科交融、各类人才汇聚的地方。它已经不是百年前仅有数十名、上百名学生的大学，科学研究也不是几位大师独居陋室就可以囊括的。今日的大学，既有高楼大厦，又有先进的软件条件，自然也会让莘莘学子从一走进大学校门，就抱有较高的教育期望。然而，期望与现实经常是有距离的，受主客观因素所限，目前的大学在各个方面还存在诸多问题，远没有看上去那么美。所以，农村大学生进入大学后，常常会发现现实并不是他们想象的那样，他们付出比城市学生更多的努力后考取的大学也不过如此。当期望受挫不能成为现实时，必然对大学产生强烈的疏离态度。因此，调整自身对大学的期望成为农村大学生消解疏离态度的关键问题。

首先，合理的期望是建立在认识自己的基础之上的。对于个人，认识自我是伴随自己一生的问题。"认识你自己"被刻在古希腊阿波罗神殿的石柱上，与之相对的石柱上刻着另一句箴言："勿过。"两句名言告诫着我们应该有自知之明，不要做超出自己能力之外的事。在我国，老子说过"知人者智，自知者明"，孙子强调"知彼知己，百战不殆"。从古至今，人们对自我的认识始终处在无尽的探索之中。时光如梭，大学短暂，正确、全面地认识自我，充分认识自身的条件及所处的环境，明确自身优势，发现自己的不足。通过课程学习、听报告、接受辅导和咨询等方式，了解自己的性格、兴趣、特长等，还要通过分析和回答"我学习了什么""我曾经做过什么""我最成功的是什么"等问题，加深对自己的认识了解。同时尽快了解本系（院）及专业学科特点和发展前景，为自己设定一个适合的目标，从而发挥自己的潜能，实现自己的价值，这无疑是消解学校疏离态度的基本途径。

其次，合理的期望需要农村大学生提高自我心理调节能力。在社会经济发生急速变化的现代社会，一个人可能受到的冲击和压力会越来越大，特别是农村大学生进入大学后面临的实际问题和困难较多。每个农村学子在进入大学校门之前都对自己为之奋斗的大学有过梦幻般美好而浪漫的幻想，但理想并不代表现实。进入校园后会发现，大学并不完全像想象中的那样美好。特别是对于不少地方大学来说，其办学条件和水平还差强人意。理想与现实的反差会使人产生很强的失落感，并因此心灰意懒，意志消沉。尤其对那些在高考时没有考好，所读大学不是自己心仪的学校，所学专业与自己的兴趣并不相符合的农村学生，原本就是带着遗憾、沮丧和无奈而来，当现实和理想之间的差距展现在眼前时，便会对就读的学校和大学生活更加失望，更容易产生不可名状的压抑感。

为此，农村大学生要积极学习心理健康知识，调整自身心态。一般的心理问题都可以自我调节，每个人都可以用多种形式自我放松，缓解自身的心理压力，解除心理障碍，面对"心病"，关键是你如何去认识它，并以正确的心态去对待它。首先，掌握一定的心理卫生知识，正确认识心理问题出现的原因；其次，能够冷静清醒地分析问题的因果关系，特别是主观原因和缺陷。诚然，人不能没有理想，没有追求，那是最可怕的。虽然理想不一定都能实现，可是努力了，就会离理想近一步。打消那些好高骛远、不切实际的幻想，怀着一颗平常的心，便能听到、看到、感觉到隐匿在平常生活中的幸福与美好。

最后，合理的期望是在对大学生涯的科学规划中实现的。大学生涯规划是在校农村大学生对自己生涯发展做出的一个阶段性的安排，是在对自己大学生活的主客观条件进行分析、把握的基础上，确定自己大学阶段所要实现的目标，并为实现这些目标做出行之有效的安排。根据生涯发展理论，在人一生的生涯发展中，各个阶段都要面对成长、探索、建立、维持和衰退的问题。对于农村大学生来说，大学是其生涯发展的一个重要时期和关键时期。大学生涯规划对农村大学生的发展十分重要，农村大学生正处于生涯探索和生涯确立的关键时期，在这个阶段，需要明确发展方向，确定发展目标，丰富知识储备，锻炼工作技能，为进入社会做好准备。大学生涯规划需要农村大学生从入学开始至毕业离校，贯穿整个大学生活。大学生涯规划应在大学生涯规划课程的指导下，在了解了自己的特点和所处环境之后，认真分析自己的理想，回答"我要干什么"，在此基础上确立自己大学阶段的目标。

在生涯规划的确立、实施和发展过程中，农村学生可能因为困惑、难题及选择的冲突等产生心理问题。一个大学生在制定和执行他的生涯规划时，必定会面临选择，从心理学上来讲，人一旦面临选择就会产生冲突，如果冲突不能自我调节就会带来困扰，进而可能产生心理问题，心理问题一旦形成就会影响生涯规划的执行和实施。因此，生涯规划确立的目标要符合现实条件，适合自身特点，并且要将目标分解到每个学期、每个学年。各学期、学年的目标明确以后，自己要为实现这些目标做出积极的努力。最重要的事情是要把纸上的规划变为实际行动，学期和学年末要对自己设定目标的完成情况进行检查、回顾和总结，对于不符合实际的目标方案及时进行修订，或转换目标，或确定新的努力方向。农村大学生通过规划大学生涯，既可以清晰了解自己的成才期望和目标，也可以缓解因对未来的不确定感而导致的学校疏离态度。

10.1.3　培养科学思维方式是纾解学校疏离态度的利器

　　培养科学的思维方式，对于我们的学习、工作、生活具有重要意义。思维方式是人们在认识和实践中形成的认识和处理问题的思维出发点，以及某些经常使用的相对固定的思维方法。受制于成长环境的落后单一，知识经验的相对缺乏和年龄上的年轻易冲动等因素，农村大学生在思维方式上还有一些比较普遍的短板。例如，看问题容易陷入单向思维，主要表现为思维只在一个角度、一个视线里打圈圈，即使认识过程中出现障碍，也不及时调整思维的角度，因而对思维对象难以全面、准确地把握。例如，有的农村大学生喜欢抓住大学管理或教学中存在的一两个细枝末节的问题不放，纠缠不休，穷追不舍，思维的视野囿于一面、局限于一域，以至于作茧自缚，陷入思维的死胡同。在这种"一条胡同走到黑""一根筋"式的单向思维方式下，往往是"一叶障目，不见森林"，然后必然会导致认识的片面性，也必然会影响判断的准确性和决策的科学性。马克思主义认识论告诉我们，认识任何事物，都要用联系的观点全面地去把握它，这样才能避免陷入片面的思维误区。学校疏离态度的出现，就与部分学生思维偏激狭隘有很大关系。因此，在大学学习和生活期间注重培养科学思维方式对缓解和消除学校疏离态度不无裨益。

　　科学思维方式的培养训练内容丰富，就消解学校疏离态度而言，首先要训练思维的开放性。开放性思维就是突破传统思维定式和狭隘眼界，多视角、全方位看问题的思维。具备了开放性思维的习惯，无疑会减少看待问题和现象的偏激和狭隘，从而有助于缓解疏离态度。通过日常有意识的训练，开放性思维不难形成，具体的训练方法较多。农村大学生可以利用目前丰富而便利的学习资源，自学和掌握完善的思维自我训练方法。例如，有一种"六顶思考帽"的思维训练方法，对分析问题、完善思维很有用处。"六顶思考帽"，是世界"创新之父"——爱德华·德·博诺（Edward de Bono）提出的一种以颜色代表思考的角度，从具体方面对问题进行分析的思考法[239]。"六顶思考帽"分别用白色、红色、黑色、黄色、绿色和蓝色表示，白色代表不加修饰的客观，戴白色思考帽表示在思考时侧重的是客观事实的阐述和数据的罗列。红色代表激情、直觉和情绪化，戴红色思考帽表示在大脑中呈现感性的数据资料。黑色是阴郁色彩，也是冷静和严肃的代名词，戴黑色思考帽表示小心谨慎地考虑风险问题。黄色是温暖的阳光色，有积极向上的含义，戴上黄色思考帽表示以乐观的、充满希望的积极心态考虑问题。绿色代表生机、向上和健康，戴绿色思考帽表示敢于提出新观点、新思路，跳出局限，大胆想象。蓝色是深邃而冷静的，是天空的色彩，戴上蓝色思考帽就意味着此时对其他思考帽的监督和控制。作为个人可以多进行类似六顶思考帽这样的思维训练，培养多角度思考问题的意识，这有利于转换思维形式，使思维严谨且周密。一旦出现对大学的现实感受与期望不一致的情况时，开放性思维方式会帮助我们不至于钻牛角尖，能从多个角度去看待这个情况，从而减少愤世嫉俗之感。

其次，要训练换位思考能力。换位思考在心理学上也叫作观点采择，是指个体从他人或他人所处情境出发，理解他人的想法与感受的能力。愤世嫉俗的人往往觉得别人都是错误的，只有自己正确。但是现实生活中，每个人都会遇到各种各样的问题，碰到各种各样的烦心事，有着各种各样的矛盾，这个时候总是满腹牢骚是于事无补的。换位思考，不是什么深奥的道理，它就存在于我们的生活中，也是我们在生活中经常运用的处世法则。例如，邻里之间发生矛盾的时候，我们常常需要站到对方的立场上想一想，觉得大家都不容易，于是就会多几份理解，多几份尊重。我们在大学里与同学、老师和管理人员的相处，也可以多运用换位思考法，自己少一份随意，别人就多一份轻松；自己少一份刻薄，别人就多一份宽容。换位思考抛开了许多原本想不通的、愤世嫉俗的想法，心里就会变得豁然开朗。

10.1.4　增进积极体验是纾解学校疏离态度的良方

积极体验即积极情绪体验，是积极心理学研究的主要内容之一。积极心理学是美国宾夕法尼亚大学教授塞利格曼（Martin E. P. Seligman）提出并倡导的，与以往心理学对人类心理问题和病态治疗的关注不同，积极心理学将关注点转向人的积极面，关注人的优势和美德等积极品质[240]。塞利格曼按时间维度把积极情绪区分为有关过去、现在和未来的积极情绪，例如，对过去的满意、成就感和平静，对现在的欢乐、愉悦和心流体验（指一个人高度专注于某一活动所产生的积极情绪），对未来的希望、乐观和信心。研究发现，农村大学生普遍具有独立、韧性等积极心理品质，但也存在自卑、偏激等消极心理品质[241]。因此，处于人生重要发展阶段的农村大学生，应该注意扬长避短，充分发挥自身积极心理品质的优势，力求避免消极心态恣意生长。

培养积极心态有很多途径，就方法层面来看，当下流行的正念训练作为积极心理提升技术对克服学校疏离态度或能有所助益。正念是一种训练心智的方法，源于东方禅修文化的冥想。这种冥想方法在 20 世纪 70 年代流传到西方，引起了心理学界的注意。1982 年，Kabatzinn 发表基于正念冥想练习治疗临床病人慢性疼痛的研究[242]，正念疗法开始在西方得到发展。正念训练的目的是帮助人们去接纳自己，更好地觉察自己的情绪和躯体知觉，以平和、宽容的态度面对一切。目前较为被大家所认可的正念定义为，通过有意识的觉察当下，并对每时每刻所觉察的体验不加评判，从而产生的一种觉察力[243]。

正念有三个主要特点：有意识地觉察、活在当下和不做判断。正念训练可以增加积极情绪的体验，降低消极情绪发生概率，从而提高人们的主观幸福感和心理健康水平。它的积极效应已被众人认可，因此，正念训练在当前应用广泛，比如，成人以及学生群体的身心健康、人际交往、幸福感、心理咨询、情绪调节以及学校心理健康教育等。正念疗法使人聚焦于当下，形成一种新的方式去面对困境，从容不迫。相关研究证明，正念练习对感觉敏感性的变化以及注意、记忆和情绪的改善都有重要的促进作用[244]。

近年来，正念理论及技术被应用到教育领域，以帮助学生改善身心行为问题，提高认知能力。正念训练同样可运用到农村大学生注意、认知和情绪调节等能力的训练中，帮助农村大学生缓解学校疏离态度。其原因主要在于，第一，通过正念训练，农村大学生的正念水平得以提高，从而能更好地控制自己的注意力。即能有意识地把注意维持在当前内在或外在体验之上而不妄加评判，这就避免了刺激事件可能引起的自动化负性思维。例如，现在有部分农村大学生因对大学的学习生活不适应而产生了读大学无用的想法，正念水平提高后他们就会集中注意到当下的学习，关注每一天的学习生活感受，而不太会去评判这样做是好是坏，也不会过于担心未来的结果。第二，正念训练可以培养农村大学生承受各种刺激的能力。无论内外部刺激是好是坏，都能以平和的心态接纳。而正念水平较低的个体，遇到困难则希望能立刻改变。当无法改变时，先前类似的经验可能会使他们产生一些糟糕至极的错误认知，他们就会变得消极、愤怒。第三，正念训练帮助农村大学生学会体验现在，感受此时此刻，可以减轻因适应问题给农村大学生带来的紧张压力。

基于此，正念可以作为调整农村大学生心态，缓解学校疏离态度的一种实用方法加以运用。正念训练重在自我练习，农村大学生可将正念训练应用在校园日常生活中，作为一种身心修养活动，立足于心理健康的长远目标，即可对当下的学校疏离心态有消解的作用。

10.2 基于农村大学生家庭层面的消解对策

10.2.1 发挥家庭支持的缓冲功能

家庭是组成社会最基本的细胞，是社会构成中最重要的组成，也是人们精神家园的核心。农村大学生群体作为一个特殊的青年群体，处在一个特定的发展阶段，有其自身独特而鲜明的特点，整体是呈发展态势的。但是由于所处年龄阶段的关系，他们往往容易出现情绪不稳定，消极情绪体验较多，行为较为冲动等青少年所具有的心理年龄特征。社会支持被认为是个体通过社会联系所获得的心理支持来减轻和缓解心理应激反应、精神紧张和其他不良心理状态的缓冲器。研究表明，个体社会支持水平越高，主观幸福感就越高，焦虑、抑郁和孤独程度就越低，社会适应状况也就越好[245]。根据已有文献和理论分析，社会支持在大学生学校疏离态度和生活满意度之间起调节作用，相较于低社会支持的个体，学校疏离态度对于高社会支持个体生活满意度的影响更小一些[7]。因此，如果农村大学生能获得足够的社会支持，这对于缓解他们的负面情绪，促进身心健康有不可估量的积极影响。在心理学的研究中，社会支持通常被划分为家庭支持、朋友支持和其他支持三个来源。其中，家庭是农村大学生成长过程中的重要生活空间和文化环境，对其心理与行为的形成有着直接或间接的影响。从血缘上来看，家庭是农村大学生最基本和最亲密支持的源泉。因此，家庭支持是农村大学生社会支持系统中的一个重要组成部分。

家庭作为个体发展的微系统，对个体的发展有着直接和深远的影响。家庭支持在农村大学生社会支持系统中具有特殊的地位和作用，家庭支持不仅有利于农村家庭和社会的安定，而且有利于农村家庭成员的身心健康发展。从广义上来看，家庭支持应包括父母、兄弟姐妹、祖父母、外祖父母、姑姑叔叔、姨妈舅舅、表堂兄弟姐妹，及其他远亲属的支持。但一般来说，从子女出生直至成年，大部分家庭都是父母为子女提供吃穿住行的经济抚育，与子女在情感上进行交流与沟通，在思想和行为上给予指引，因此父母才是子女最紧密联系的支持者，是子女性格、品德的培养者和理想形成的启蒙者。所以，从狭义上来看，农村大学生的家庭支持主要是指父母的支持。

一个人从出生到成人，都离不开父母的教育和影响。在学龄前时期，是在父母的教育下长大，在小学和中学时期，更是在父母的关怀和爱护下学习成长的，进入大学后，个体虽然与家庭的交互越来越少，但是家庭支持仍然有着重要的作用。家庭支持是以血缘关系为基础的支持，在农村大学生成长、发展过程中，对农村大学生的心理支持作用是其他类型支持无法替代和比拟的。已有的研究表明，家庭支持对缓解农村大学生的学校疏离态度至关重要，特别在大一和大四两个阶段得以明显体现[7]。例如，在进入大学后，那些获得家庭支持较少的学生较之获得家庭支持较多的学生，更易出现心理健康问题。而在面对农村大学生活适应问题时，农村大学新生更是依靠家庭支持才能正确处理来自学校的压力。这是由于大一学生由于入学不久，新的人际支持系统尚未建立，在遇到问题时，会很自然地选择家人进行沟通和倾诉；大四学生则是面临找工作或继续升学的问题，此时家人的支持或许更有实质性的帮助。特别是由于对即将进入的社会可能产生适应不良、迷茫等心理，他们更需要家庭成员的指导和帮助。

良好的家庭支持绝不仅仅指家长给农村大学生提供物质层面的支持，家庭支持还包括家庭在农村大学生成长过程中提供的亲密情感联系和应对挫折时的共同面对、协商，找出解决问题的办法等方面。目前绝大多数农村家庭都会在物质支持上竭尽所能地满足农村大学生的需求，甚至有些农村大学生父母自己节衣缩食，也要给孩子提供远远超出大学日常生活所需的经济支持，其实这样的做法并不可取，因为很有可能让农村大学生在校园里养成攀比、浪费和物质主义的不良习气。良好的家庭支持更多体现在心理支持层面，但是农村家庭在这一方面还普遍有待提高。

以往研究表明，中国农村家庭受传统文化和地域封闭的影响较大，因而农村家庭关系具有浓厚的传统化色彩。农村家庭普遍强调家长权威，子女对家长以顺服为主[246]。诚然，随着农村社会的变迁，农村家庭的亲子关系与以往已有很大变化。但是亲子之间不善于或羞于情感表达，亲子交流不畅的情况还是比较常见。特别是有留守经历的农村大学生，童年时期与父母分离不仅对他们的生活和心理影响至深，而且对亲子关系的亲密度也有严重损害[247]。对于早期亲子依恋缺乏的农村留守大学生，他们长大后在遇到学习、生活中的各种压力和挫折时，不太可能想到和得到父母的情感支持，所获得的家庭支持自然就少。而多数农村大学生都是第一次远离家乡外出求学，离开了熟悉的生活环境，面对全新的大学环境，会给农村大学生带来不同程度的不适感和失落感，如果此时他们熟悉的、信任的家人能及时地了解他们的感受，倾听他们的心声，那么他们就能更快地适应新环境，更少产生不满和不信任感，他们也就不会那么"疏离"了。

基于此，农村大学生的父母需要提高家庭教育素养，在子女进入大学后，不仅要为其提供经济支持，还要更多地给予其情感等方面的支持。只要有支持者的角色意识，在行动上其实并不难做到。父母可以利用电话和微信等即时通信工具与孩子保持联系和情感交流，还可以在开学初、学期中和学期末等时间段与孩子的辅导员、班主任等老师沟通联络，了解孩子的在校情况，切实关注孩子的成长。

10.2.2 增进亲子沟通的疏导作用

亲子沟通指家庭中父母和子女通过信息、观点或态度的交流，达到增强情感联系或解决问题等目的的过程。从家庭支持的角度来看，亲子沟通是家庭支持的具体表现之一。亲子沟通的质量会对孩子产生多方面的影响，例如社会适应、心理健康与学业成绩等[248]。青年时期与父母的关系由童年时期的遵从和依赖转变为分离和依恋，也就是说，在大学阶段，农村大学生一方面要寻求个体的独立，另一方面又需要父母的理解和支持。父母与农村大学生之间的良好沟通有助于农村大学生适应大学环境和生活，缓解学校疏离态度。但现实的情况是，很多农村大学生的亲子沟通存在困难和问题。一方面是缺乏亲子沟通，一些农村大学生不到万不得已或者不到要生活费的时候就不想跟父母联系，这也是目前大学生中普遍存在的现象。另一方面即使沟通了，质量也不高，这种情况更普遍。原因主要在于农村家长平时忙于生计，无暇顾及与孩子沟通联络，或者农村家长沟通能力有限，与孩子的共同话题较少，因而不会和孩子进行深层次沟通，只会就生活问题嘘寒问暖，特别是母子沟通更是如此。这样的亲子沟通对已有独立意识的农村大学生来说，是低效、低质的，在很大程度上影响了他们和父母沟通的主动性和积极性。

　　为此，父母不仅要给孩子经济上的资助，而且要设法和上大学的子女多一些沟通、联系，并有意识地提高沟通质量，使子女在心理上得到安慰和满足。从年龄来看，目前的农村在校大学生已经是"00"后了，其父母也以"70后"为主体。"70后"农村父母的知识文化水平和学习能力与早些年的农村父母相比已有很大提高，接触的外界信息也更丰富和便利，因此在亲子沟通能力和质量上是能够有更大提升空间的。为此建议，第一，农村大学生父母应提高对亲子沟通的认识。很多农村父母在生活中只重视对孩子的物质满足，而且由于常年在外打工与孩子相处很少，心里对孩子比较亏欠，所以总想着用物质上的竭力满足来弥补孩子，却不懂得良好亲子关系的根本是与孩子进行心灵上的沟通与交流。而时代的发展要求即使是农村父母也应该使自己的教育态度和教育方法与时俱进，充分认识到与孩子进行情感、信息沟通的重要性。第二，提高亲子沟通质量还需要提高农村父母的亲子沟通能力。学者把亲子沟通能力分为表达能力和倾听能力，前者指表达的主动性、清晰性和策略性，后者主要体现为沟通者的开放性和敏感性[249]。在表达和倾听的过程中，父母要注意主动性和敏感性。父母不仅要主动向孩子表达自己的想法和感受，而且要认真倾听孩子的想法并给予积极的回应。已有研究表明，在农村留守儿童与父母的沟通中，父母提高倾听能力对提高亲子沟通质量，建立良好的沟通关系有显著影响[250]。

　　农村家长在和孩子的沟通中，应尽量克服传统农村家庭的家长作风，多鼓励孩子表达他们的真实想法。尤其是正处于青年期的农村大学生，在进入大学后可能经常遭遇看不惯的人和事，对此家长要尊重与接纳，尽可能地让孩子讲出来。譬如，有一些农村大学生由于在上大学之前，对自己所学专业并不了解，在进入大学学习后，发现所学专业并非自己想象的那样，或者并不感兴趣，这个时候农村大学生会首先和父母抱怨和倾诉，如果家长不理解和尊重孩子，不仔细询问孩子的想法和打算，只一味劝阻和打击，会加重孩子对所学专业的疏离态度。相反，如果家长愿意倾听孩子的感受和期望，虽然可能自己也不懂得如何给孩子建议，但是家长愿意倾听，愿意理解和包容，无疑有助于降低农村大学生的学习疏离态度。

另外，由于农村大学生家长本身的知识局限性，亲子交流往往仅限于传统的说教，不能很好地运用网络社交媒体与孩子沟通，这也会造成亲子交流不畅。因此农村大学生家长必须学习掌握一些简单常用的网络社交媒体知识，提高社交媒体运用能力，才能和孩子有共同语言。此外，家长还可以关注孩子大学的微信公众号、加入孩子班级的家长微信群等网络社交平台建立和学校交流沟通的有效机制，方便及时掌握孩子在大学期间的思想和心理动向。

10.3　基于高等学校层面的纾解对策

10.3.1　开展有针对性的大学适应教育

学校适应就是在所处外界环境发生变化时，学生通过自身的调整达到的一种平衡状态。当学生所处环境发生改变时，总需要一定时间的身心调整，从而学会各种生活技能，以便完成大学学业。大学生活的开始意味着学生离开了熟悉的家庭环境，开始逐步走向社会，独立承担自己作为一个成年人应担当的责任。此时，农村大学生面临的是陌生的生存环境、陌生的人际关系、陌生的学业任务和孤立无援的自己，对农村大学新生而言是新奇感与无助感并存。因此，在新生入学教育期间学校要重视开展适应教育，以减轻农村学生的不适应和由此引发的学校疏离态度。

适应教育包括学习适应教育、人际适应教育和环境适应教育等内容，尤其是学习适应应当是适应教育的重点关注方面。研究表明，地方大学学生的专业满意程度能够显著影响他们的学校认同度[251]。学生的满意度提高了，学校疏离态度自然就减轻了。从一定意义上说，高中阶段对学生传递的有关信息，将直接形成学生的心理预期，直接影响学生未来的生存状态。地方高校是农村学生的主要招收院校，应主动深入到当地的农村高中学校，为准备高考的农村学生介绍本校的专业设置、区域经济发展对人才需求的变化趋势、学生的专业选择与个性发展等，指导当地农村高中学生全面认识大学、理性选择专业，提前为大学生涯做准备。

针对农村大学新生的学习适应教育，首先应加强其对本专业的理解与认同。这要求地方高校在指导农村学生专业选择问题上，一方面应在招生宣传工作中做到专业情况介绍详细，给报考者准确的印象，并进行有效指导。另一方面对在校农村大学生应适当放松转换专业的限制，可借鉴国外的做法，在学分互认的基础上进一步扩大不同学科内专业的转化。同时整合有利资源加强专业的软硬件建设，通过办出专业特色来提高专业的竞争力和知名度。此外，专业建设与社会需求挂钩，对一些专业性不强的专业可以适当减少招生规模或者停止招生。鼓励农村大学生报考农学等相关专业，将大学所学运用于乡村振兴的伟大事业中。通过这些举措提高农村大学生对专业的热爱度，借此增强他们的专业技能和适应社会的能力，成为社会有用之才。在促进专业学习的具体做法上，可以通过导师制和农村学生比较喜欢的"老乡会"，通过师生交流和老生带新生的做法来确立农村大学生的学习目标，帮助农村大学生完成从被动、被鞭策和被监督的学习状态到自主、自愿学习的转变。

针对生活方面的适应教育，应加强对农村新生处理人际关系能力的培养。通过教育让他们形成人际交往的主动意识，掌握人际交往技巧，多采用积极应对方式，学会合理安排自己的大学生活、学会自己决定自己的行为并勇于为之负责；在心理适应方面，应对农村大学新生开展心理健康知识辅导与情绪控制训练，使其保持心理平衡，并且在大学四年就业和升学的关键期努力引导学生自我同一性的建立，为今后的生活打下基础。不仅如此，高校相关部门要认识到，适应性教育不是一次性的工作，还要针对不同年级的特点开展伴随农村大学生四年大学生活的指导和训练。

10.3.2 以大学精神引领校园文化建设

关于大学精神，有很多论述。简要地说，大学精神就是一所大学在历史发展当中，由一代代大学成员共同努力、长期积淀而形成的稳定的、内在的、共同的理念[252]。大学精神集中体现了一所大学的办学理念和校园文化，它犹如个人的品格，是大学发展的生命力。对一所大学来说，华丽的大楼可以建设，优良的制度可以采纳，优秀的老师可以聘请，而精神却不可复制。大学精神作为大学文化的积淀和凝练，在培养师生崇高的精神和高尚的人格方面发挥着不可替代的作用。例如，北大精神就是中国大学精神的杰出代表，它是北京大学在百余年发展和办学历程中生成和传承的文化精髓，反映了北大人爱国、进步、民主、科学的光荣传统。北大精神不仅是北大师生求学和做人的准则，也是北大永葆生机的精神动力。我国很多地方大学也都有自己优良的文化传统，这是学校发展的不竭动力，也是大学生思想政治教育的最有效资源。新形势下需要进一步弘扬大学的优良传统，充分发挥大学精神的思想引领作用。

当前，高校校园文化建设如火如荼，蔚为壮观，地方高校也在紧锣密鼓地推进大学文化建设。然而校园文化建设是一个系统工程，是围绕建设主题在物质、精神、制度、行为等方面展开的一系列建构。这个主题就是一个大学的大学精神。大学精神和校园文化有着不可分割的联系，是校园文化中的重要组成部分，而且大学精神在校园文化建设中起主导作用。从组成结构来看，大学精神是校园文化中的主体精神文化。校园文化中有相当一部分是看得见的物质文化，如校园的建筑景观、装饰图案等实体所投射出来的视觉信息，这是最基本的浅层次的校园文化。此外，校园文化还包括精神文化、制度文化和行为文化。它们往往通过师生的精神面貌和言行举止体现出来，是一种较为隐含内敛的深层次校园文化。特别是在校园传统文化基础上积淀形成的大学主体精神文化，其核心就是大学精神，它是学校具有特殊意义的文化因子，反映了大学作为一个不同于社会上其他任何机构的"知识圣地"所具有的独特、高贵的气质。只有保有这种气质，才能维持大学在人们心目中的神圣性和崇高性。

综观目前地方高校的校园文化建设，物质文化层面的建设尤为重视，特别是一些新建或扩建的地方大学在校园环境建设上下足了功夫，甚至不惜大兴土木。诚然，美好的物化形象可以给师生员工带来视觉愉悦，使他们感受到校园文化的感染力。但是，校园文化如果仅仅停留在物质层面，浮于浅表，文化建设的效果自然会大打折扣。当前地方高校的校园文化内容，不少是东拼西凑组合式的，校园文化各部分之间缺乏内在联系，给人以碎片化的感觉，就是因为没有强化大学精神这个核心文化因子的结果。大学不是有华丽的大楼才成为大学的，大学精神才是一所大学之所以成为大学的思想前提，一所没有理念的大学不可能培育出优良的校园文化和优秀人才。

在市场经济的大潮下，大学精神容易被某些短视、甚至浮躁的社会价值所左右。有研究指出，当前地方高校正在出现一种大学精神式微现象[253]。比如，大学人文精神的滑坡，办学目标的功利化倾向，官僚化气息与官本位思想、官本位制度对大学的侵害，大学缺乏独立意识、缺乏具有鲜明个性的办学思想、理念等。在大学中人文教育和科学教育失衡，大学精神黯然失色，甚至于悄然地失落。大学精神的式微造成大学生缺乏远大理想和宏伟目标，学习的功利色彩浓厚。在农村大学生心中，"找到好工作回报父母"是最为常见的学习动机，这本无可厚非，它是农村大学生对父母有孝道的体现。但是如果过于强化这一学习动机，就会弱化其他的学习动机。感恩大学、回报大学也应该成为农村大学生主要的学习动机之一，因为如果对培养自己的大学缺乏认同和感情，一旦遇到不尽如人意的地方，就会滋生对就读大学的疏离态度。

大学精神是一种积淀与创新，是传承与开拓，既要回望历史，又要顺应时代。应该充分挖掘本校的历史文化和社会影响，积极融入时代元素和现实感，由此培育出历史感、时代气息和个性化相结合的大学精神。具体做法上，包括提炼具有时代特色的校训，统一全校师生的价值取向；建设优良校风，大学精神很具体的体现是校风，学风和教风是校风的组成部分，所以一定要重视校风的建设；把思想政治教育辐射到班级、院系、校园，延伸到课堂之外，形成班级、学校、社会以及学生自我教育相结合的教育格局和育人环境，使校园文化建设呈现出蓬勃生机。只有努力培育大学精神才能促进大学的校园文化建设。在当前地方高校中，急需将追求真理的精神引入校园文化活动当中，引入农村学生确立人生的远大理想和价值观念中，从思想根源上帮助农村大学生克服对大学的疏离态度。

10.3.3　促进大学教学质量的提升

虽然当前大学面临着从精英教育向大众教育的转变，大学教育服务者的角色也日益凸显，但大学最重要的角色仍然是"传道授业解惑"。故而，教与学始终是大学的核心主题，学生进入大学的最终目的是学习知识和技能，为毕业后融入社会做好准备。一所好的大学也只有培养出掌握了知识和本领的人才，才能得到学生的认可。因此，提高教学质量已成为各个高校的一项重大工程，地方高校成为积极推进本科教学质量工程的主力军。

教学质量是指为满足学生一定需要而规定的教学标准及其实施效果的总和，往往通过教师的专业知识、教学技能和教学责任心，三者结合来加以保证，学生满意度是衡量教学质量的重要参照。教学质量如此重要，堪称大学的生命线。然而，有研究显示，目前高等院校正遭遇前所未有的质量危机[254]。表现为大学过分重视招生，忽视内涵建设，导致人才培养质量低下、大学生就业率持续走低等问题。由此导致的后果是，大学生满意度降低。有关工科农村大学生满意度的研究显示，实践类课程教学质量是影响农村大学生满意度的重要因素之一[207]。如果地方高校不关注教学质量的提升，也可能使得农村大学生的疏离态度愈益突显。通过本研究的调研可以看出，农村大学生对大学学习方面的疏离态度是最为突出的。学校疏离态度中的学业疏离态度因素主要针对的是农村大学生由于对大学的教学培养计划和教师的教学水平不满、不认同而表现出来的疏离态度。诚然，农村大学生的学业疏离态度既有农村大学生自身的原因。譬如，如今的农村大学生也是伴随着网络时代成长起来的"网络原住民"，他们对于新媒体的依赖程度前所未有，课堂之上"一言不合即玩手机"几乎成为一种常态，这使得大学的课堂管理和教学开展效果欠佳。

但是从学校角度来说，教学质量的保证却在于教师，作为高校教师，教学当是其工作的重心。因此地方高校在聘用和评价教师时，应当对教师的教学能力予以特别关注。而目前地方高校在聘用教师时，往往注重其学历和专业能力中的科研能力，而对教学能力却重视不够，从而导致地方高校教学质量难以保证。不仅如此，近年来一些地方高校为了学校的提升和发展，纷纷出台优厚的引进待遇政策来吸引博士类高层次人才，促使地方高校中具有博士学位的教师比例越来越高。的确，高层次人才不仅学历层次高，而且受过专业学术训练，基础比较扎实，科研能力比较突出，但是未必每一个博学之人都能讲出精彩之课。因为从认识论的角度来看，说明的方法不同于研究的方法，发现真理与表述真理亦有很大的差异。高校教师仅有广博高深的学问还不够，还须有良好的表达能力。因此，地方高校对于引进的高学历人才，在重视发挥他们的科研优势的同时，还应多关注其教学能力的提升。同时近年来地方高校的教师评价机制也多有偏差，本以教学评价为重的地方高校，对教师的评价却多以科研成果为导向，教学考核不求无功，但求无过。结果造成地方高校教师对教学的投入动力缺乏，教书育人工作得过且过，从而让学生成为最终牺牲者。

另一方面，教师中比例不断增大的青年教师是当前地方高校教学队伍的主力，但这一支队伍承受着较大的工作和生活压力。在工作方面，由于很多地方高校师资力量的不足，对于新入职教师大都采取来之即用的方式，立马将其推向教学一线，甚至在青年教师还没有入职报到时，就已给其安排了教学任务，但是由于自身阅历不够、经验不足，往往使得青年教师在教学水平上与教学经验丰富的老教师相比还存在较大的差距，在驾驭课堂和临场应变方面有待提高，一些青年教师的课堂会显得比较沉闷和枯燥，导致学生的学习兴趣和满意度不高。同时在生活方面，青年教师还面临着结婚、购房、生子等方面的巨大压力，但多数地方高校青年教师工资收入比较微薄。于是，为缓解经济压力，一些青年教师不得不在外兼职代课，终日忙于稻粱之谋，自然无暇顾及教学质量和效果，也难以让学生体验到教师在教学上的敬业和投入。

因此，地方高校需要提高教师素质，加强教师培训，改进教学管理工作。一是尽力为教师提供方便的工作环境、先进的教学手段等，来提升教师的教学质量。二是要为教师心无旁骛地安守教学岗位提供制度保障。要改革教师评价办法，突出教学业绩评价，建立激励竞争机制，分配政策向教学一线倾斜，大力表彰在教学一线做出突出贡献的优秀教师。三是要坚持教学名师制度，鼓励教师成为大师，大师代表着一所大学的水平和声望，也是一所大学的魅力所在。四是要注重对青年教师的培养，他们是地方高校的未来和希望。引导广大青年教师以学术素养、道德追求和人格魅力来教育感染学生。唯有如此，身处其中的农村大学生才会在教育教学过程中体验到大学的美好，体验到上大学的快乐与成功，从而对学校和学业更少产生疏离态度。

10.3.4 畅通大学校园互动交往渠道

以往的研究表明，农村大学生对学校疏离态度的形成在很大程度上是缺乏沟通的结果。从本研究的结论也可以看出，大学师生之间的交往以及同学之间的交往对农村大学生缓解疏离态度有积极的促进作用。大学需要通过营造良好的师生、同伴、管理人员与学生等人际关系氛围影响学生的行为、态度及人格发展。好的老师不仅仅只是传授知识，还能给予学生人生的指导帮助他们成长。因而，在大学教育中，与学生的联系不仅局限于班主任和辅导员，更要注重加强任课老师和学生的联系，在强调课堂上相互有意义交流的基础上留出一定课外制度化的时间让师生之间进行广泛交流。此外，农村学生的人际交往不能仅局限于以老乡为纽带的狭隘的朋友圈子之中，高校应该促进高质量的课外活动和社交活动，可以通过有意识的组织和安排各种社团活动和院校活动、志愿活动，增进不同专业、年级、生源背景等学生间的交往，消除农村大学生在交往中可能存在的自卑、不自信等弱势心理。

同时，地方高校要为农村大学生参与管理决策构建平台。农村大学生不愿意只作为"花名册上的一个数字"而存在，他们更希望自己的价值观和想法能获得他人的尊重、理解与认可，这样他们才能在学校这个组织中找到归属感，感觉自己是真正意义上学校的一员，才会生成对学校的责任意识。因此，构建农村大学生参与高校管理决策平台，给予农村大学生话语权，让农村大学生真正参与到高校的管理中，这是缓解农村大学生学校疏离态度的重要举措。在一些规章制度尤其是学生事务方面规章制度的制定上，要规定有农村大学生代表参与，并反映大部分农村大学生真实的声音，而非停留在形式上。

同时，建立起如校长邮箱等农村大学生非正式参与地方高校管理的渠道，对农村大学生反映的问题由专职老师进行回复，并且对一些合理的意见和建议应该及时采纳，让农村大学生感觉到学校重视个人的发展，重视个人对学校的贡献，这才是学校帮助农村大学生缓解学校疏离态度的关键。

10.4 基于社会层面的纾解对策

10.4.1 营造良好的社会文化氛围

个体总是生活在一定的文化（包括网络文化）环境之中，青年人生活的环境对其精神成长有着多方面的影响。就社会文化而言，有主流文化和亚文化。主流文化（又称官方文化）是一个社会、一个时代受到倡导的、起着主要影响的文化。"亚文化主要是指通过风格化的另类符号对强势文化或主导文化进行挑战从而建立认同的附属性文化，青年亚文化是亚文化的主要形态"[255]。由于青年人自身的局限性，他们在碰到困难和挫折时往往会产生挫败感和无力感，这是青年亚文化产生的主要动因。因此在每一个时代的青年主流文化之下，总会有一些亚文化以有别于主流文化的姿态，或堂而皇之，或暗潮涌动，伴随着主流文化前行。追溯青年亚文化的发展历史不难发现，无论是 20 世纪 60 年代西方的嬉皮士运动、70 年代英国的朋克音乐，还是 80 年代日本兴起的"宅文化"、90 年代香港流行的"hea"，这些标榜独立、自我、个性的青年亚文化中都不同程度地渗透着颓废的气息，并暴露出诸多问题，对社会的和谐健康发展产生了负面影响。

随着移动互联网技术的发展，网络文化得以迅速流行开来。就网络文化而言，同样有主流文化和亚文化。网络亚文化通过网络中的微博、贴吧、微信朋友圈、微信公众号等网络平台传播，具有短小精悍、高速传播的鲜明特色，对作为网络主流群体的青年人的影响不容小视。青年群体基于共同的兴趣和价值追求，借助网络平台以及新媒介技术，在虚拟空间中恣意表达自我，寻求认同，催生出多种多样的网络亚文化现象。例如，2016 年伊始，一种以自嘲、颓废、麻木生活方式为特征的"丧文化"开始在部分青年群体中流行[256]。"漫无目的的颓废""什么都不想干""颓废到忧伤""我是宅男我怕谁"等，这些散发着绝望特质的话语，配上生动的"懒猫瘫"等表情包，成了新聊天形式的流行内容。部分承受着各种社会压力的年轻人不约而同地给自己贴上了"丧"的标签，使得网络空间中盛行的这股带着颓废、绝望、悲观等色彩的自嘲情绪，成为时下流行的青年亚文化。

诚然，青年人暂时性地陷入负面情绪，偶尔"丧"一下，发发牢骚排解情绪，可以理解。但是，如果这种"丧"成为一种生活态度，个体的"丧"演变成了一种"丧文化"，影响和左右年轻人，就需要警惕。"我丧我有理""人生没意义"的扭曲价值观，只会让青年人消极避世，不思进取，一事无成。青年亚文化，尤其是青年"丧文化"的产生和流行是青年群体价值观产生偏离的结果，也是社会上的疏离心态在青年群体中蔓延的一个表征。大学生作为青年的中坚力量，本应是全社会最富有活力、最有力量的群体，然而也不可避免地会受到"丧文化"等网络亚文化的影响。例如，曾经有大学生创办了"逃课网"，逃课、代课、帮答"到"等服务一应俱全，结果一夜蹿红，短短三周时间就聚集了上千粉丝，更有大学生喊出"学生的时代需要逃课"的赫然宣言。还有大学毕业生的"雷人毕业照"在网上引起跟帖热潮，在一张被网友称为最具震撼力的照片中一个裸身男大学生拿着弓箭做射击状，文字说明是"永别了，那个龌龊的大学，我要射你一箭！"，还有"相信哥、不挂科"的另类大学寝室文化在大学生中的疯狂传播和热议。诸种类似现象，折射出的正是"丧文化"等网络亚文化对大学生群体中的负面影响。值得注意的是，农村大学生由于在上大学之前生活在精神文化发展相对滞后的农村地区，在进入大学后对精神文化的需求可能更为强烈，这容易使得他们成为遭受网络亚文化冲击的高风险人群，诱发疏离态度等消极心理的产生。

加强社会文化建设是抵御亚文化负面影响的有效途径，但文化具有内在的、无形的特点，因此进行社会文化建设，从根本上来说，就是要营造一种氛围，让身处其中的人们潜移默化地受到这种文化的熏陶和影响。农村大学生作为青年群体，网络文化氛围对其影响很大。因此，全社会应毫不松懈地在青少年中开展互联网教育、文明上网教育，提高青少年的媒介素养。尤其是在农村地区，要抓紧推进农村信息化建设步伐，借助农村信息化途径宣传先进的主流文化，让健康向上的主流文化占领农村青少年的头脑，帮助农村大学生从小树立正确的文化观念。此外，文化主管部门应当进一步整治网络文化市场，优化和完善互联网舆论监督机制，开展和宣传互联网正能量故事和事迹宣传，对低俗、恶俗网络文化提出整改意见，积极引导青年正确上网，正确、科学地选择网络言论。通过以网络平台为载体强化主流价值观念的传播和引导，多创造一些像"乡村振兴""美丽乡村"等具有正能量的流行话语，从而调动农村大学生乐观向上的积极情绪，让团结友善、艰苦奋斗和诚实守信的主流价值理念逐渐深入到农村大学生的心中。

10.4.2　倡导正能量在社会中的传递

从心理学角度来看，"正能量"是一种情绪特质。"正能量"一词源自英国心理学家理查德·怀斯曼（Richard Wiseman）的研究，他把一切给人向上和希望、促使人不断追求、让生活变得圆满幸福的动力和感情称为"正能量"[257]。由此可见，正能量指的是一种健康乐观、积极向上的动力和情感。当下，人们将所有积极的、健康的、催人奋进的、给人力量的、充满希望的人和事，贴上正能量标签。它已经上升为一个充满象征意义的符号，与我们的情感深深相系，表达着我们的渴望，我们的期待。当代的农村大学生群体是国家未来的主力军之一，正需要社会主义核心价值观的浸润和引导，需要以积极向上的正能量涵养心灵。

随着网络时代的到来，数字技术、互联网络技术、移动通信技术等新技术迅猛发展，新媒体已经深入农村大学生的学习、生活以及情感等多个领域，为农村大学生学习知识、思想交流、沟通联络、获取信息、休闲娱乐等提供了重要平台。新媒体具有实时性、数字化、交互性与多媒体等特点，目前已成为当代农村大学生接收信息、展示自我与表达情感的平台，对农村大学生的思维方式、行为习惯和学习方式均有重大影响。农村大学生利用网络开阔了视野，在网络中拓展自己的知识范围，发展自己的网络人际关系，表达自己的独特个性与风采。然而，日益发展的互联网技术也暴露了网络空间的弊端和存在的安全隐患，网络上信息内容鱼龙混杂、泥沙俱下，个别网站为了追求点击率，炮制或传播各种不健康、不积极、不向上的内容，少数自媒体作者缺乏社会责任感，转载或传播不实信息等侵蚀着网民的身心健康。一部分农村大学生更是沉溺于网络世界，借口大学人际关系复杂而逃避现实生活中的人际交往，一味地沉溺于网络世界。

近年来随着快手、抖音等短视频 App 的兴起，充满乡土气息的"土味文化"在互联网上逐渐流行，赢得了农村大学生的喜爱[258]。"土味文化"的兴起体现了互联网对弱势群体的赋权，在一定程度上满足了草根人群的心理需要，但是"土味文化"不注重深刻意义的表达，是出于对大众猎奇和审丑心理的迎合，不时透露出对现实人生的调侃与无奈，其实不利于社会正能量的传播，年轻人更不应沉溺其中。特别是农村大学生的知识体系搭建尚未完成，价值观塑造尚未成形，情感心理尚未成熟，网络空间充斥着这些鱼龙混杂的信息，很可能对农村大学生的人生观和价值观产生负面影响。

在新媒体环境下，正能量的传递具备了更为便捷的条件。借助新媒体产品和虚拟空间，大量的正能量教育信息，可以通过文字、视频、音频、动漫等形式发布，受教育者还可以在网络上进行互动学习和发表看法。同时，MOOC（慕课）、主题教育网站、微信公众号等提供了大量的教育资源，而网络的开放性、共享性使得这些资源可以免费供师生下载学习，新媒体涵盖的信息量大、涉及的知识面广、传播方式直观、立体而迅速，具备强烈的交互性，可以迅速传播各种知识信息。因此，对农村大学生传递正能量教育可以充分利用互联网资源，快速向学生传播各种政治思想理念，极大地扩大了学生主动学习和受教育的平台和空间。

　　农村大学生的价值观念体系正在整合、培塑阶段，榜样的存在可以为他们的自我定位与发展确立坐标，是最强的正能量源。教育和宣传部门应有意识地培育、树立一批有良好群众基础、综合素养突出或在某一领域有特殊贡献的学生典型，发挥同辈激励的正能量。教育和宣传部门可以利用新媒体寻找农村大学生心目中的同辈榜样。例如以农村大学生年度人物或者自强之星等活动，通过网络等多媒体平台，让农村大学生选出心目中的年度人物。让他们成为当代农村大学生的榜样，引导农村大学生积极向上的精神风貌，肩负起建设社会主义的使命和责任。

　　毋庸置疑，依法加强网络空间治理，加强网络内容建设，做强网上正面宣传是消解当下青年疏离态度的有力举措。从群体心理学的角度来说，"群体心理的接受机制表现为以正义感、成就感、自我替代为特征的主动参与动机"[259]。对于农村大学生来说，社会上正能量越多，农村大学生身上的正能量就越多，从而杜绝疏离态度的希望就越大。

10.4.3　培植社会公平正义观

　　公平正义是一项重要的社会价值，它回答的是社会资源应当如何分配才合理的问题，对于维护社会的和谐与稳定具有重要意义，也是衡量一个国家或社会文明发展的标准。农村大学生因在生长环境上的相对弱势，容易产生不公平感和被剥夺感。因此在全社会树立公平正义的理念，形成人人遵守公平正义的规则、制度，对于激励农村大学生成长成才具有重要意义。社会有了公平正义，农村大学生的理想就不再变得虚无缥缈、不切实际，也能让农村大学生的自由平等权利得到保障，以此减少农村大学生的被剥夺感、压抑感，增加其获得感、幸福感。近年来，随着收入分配差距加大、公共服务的城乡差距加大等社会问题的日益显现，党和国家陆续出台了一系列方针政策促进社会公平正义，以切实增强广大人民群众的获得感。但是社会主义公平正义的实现，必须要在生产力发展的基础上，通过人们的实践劳动，发挥人们的聪明才智，调动人们的积极性，增加社会财富，才能为社会主义公平正义实现准备条件。在中国特色社会主义进入新时代，我国社会主要矛盾已经转化为人民日益增长的美好生活需要和不平衡不充分的发展之间的矛盾的情况下，促进社会公平正义不仅需要保持经济平稳较快增长，而且需要实现更广泛层面的公平正义。

就教育层面而言，公平正义首先意味着教育机会公平，这是最基本的原则。每个人从降生起，如果能获得同等的教育资源，那么这个世界会大有不同。但是，教育资源的中心化使人类教育机会严重不公。一句"寒门难以出贵子"，道出了社会分级的悲哀现实。你的孩子是富二代，我的孩子是山间少年，家庭教育背景的不同我们不做探究，单单以人性的角度、人生成长的角度，如何实现不同背景的孩子获得相对更为公平的教育环境是实现教育公平的基本要求。

另外，实现教育的公平正义需要加大教育投入，合理分配教育资源。教育不公平主要体现为资源的分配不公平，而资源不足，是教育资源分配不公的主要原因。培养更多高素质教师，加大教育投入，促进教育均衡发展等是个人无法做到的，但是生产和创造更多的教育资源，人人可做。而且在网络时代，可以利用网络做得更好。过去限于技术、时空等因素，教育公平仅仅是一种理想，在农业时代只有拥有相当物质财富的人才有机会接受"名师"教育，而在工业时代"名师"教育永远是那些少数拥有"天赋"考取高分人的专利。今天，在信息时代，依赖于互联网技术的发展，我们数千年的教育理想开始转变为现实。因此，借助互联网的方式把先进的教育理念、知识持续传递给偏远地区的学校和学生，可以在很大程度上解决教育资源分配不公的问题，也在一定程度上满足了地方院校大学生对优质教育资源的需求，从而能够对缓解地方高校农村大学生的学校疏离态度起到积极作用。

10.4.4 构建信仰教育的合力体系

信仰是人类特有的一种精神现象。信仰既是个体的最高价值标准，也是个体追求某种行为的核心动力，是人们世界观、人生观与价值观的集中体现，是与人的终极追求与价值向往紧密相连、关乎人类精神世界养成的大问题。马克思主义信仰是科学信仰，也是社会主义中国的主导信仰。青年学生是国家的希望，是民族的未来，他们是否认同马克思主义，并将其作为唯一的科学信仰，是战胜学校疏离态度的精神武器。农村大学生由于人生阅历少，思想仍处于不成熟阶段，在各种信息的冲击下，可能会表现出思想困惑和信仰模糊。例如，部分农村大学生的信仰趋于实际，缺乏明确的奋斗目标，没有努力学习的动力，有些甚至学到中途选择退学打工。随着科学技术的发展，当代农村大学生的信仰还受到了新媒体环境的冲击。在新媒体已成为农村大学生日常生活和学习重要组成部分的今天，农村大学生置身在新媒体构建的信息世界里，有正面信息也有负面信息。有些学生选择的信息能够使他们的精神生活更加丰富充实，对形成崇高的信仰产生积极影响；有些学生选择的信息容易造成他们精神生活的空虚与迷茫，容易对形成崇高的信仰产生消极影响。

农村大学生信仰的形成并非只受学校教育力量的影响，还要受到社会、家庭、同辈群体、网络等多方力量的影响，因此有必要重视学校、家庭、社会、同辈群体、虚拟社群等教育力量的协同，构建社会教育的合力体系。从社会实践教育上，可以加强社会教育的途径建设，号召农村大学生深入社会，感受马克思主义中国化带来的巨大变化和辉煌成果，以形象的方式强化信仰教育。目前许多大学通过创建大学生思想教育实践基地，鼓励和组织学生参加各种实践教育活动，增强学生对现实世界的了解，引导学生在实践中坚定马克思主义信仰，就是一种有效的社会教育方法。从家庭教育上，深化家庭教育，提升农村家庭的家庭教育质量，进行农村大学生积极心理品质塑造的隐性教育。从网络教育上，优化网络环境，改进网络传播方式，强化阵地意识，创设形式生动、内容健康、富有吸引力的网络宣传平台，利用网络信息传递便捷和沟通交流直观的优势，达到信仰教育的目的。以新媒体为载体搭建一个沟通互动平台，为家庭、学校、社会、农村大学生同辈群体的交流提供便利，使各方教育力量协调一致，共同促进农村大学生的成长与发展。

农村大学生群体是国家未来建设的中坚力量之一，构建农村大学生科学信仰的有效教育体系，需要家庭、学校和社会等各种力量都参与其中，形成合力。彼时，恰如涓涓细流汇入大海，强大的科学信仰之力能引导农村大学生树立起牢固的世界观、人生观和价值观。这无疑是激励当代农村大学生具有远大理想，战胜学校疏离态度，实现成人成才的现实途径。

参考文献

［1］丁小浩，梁彦．中国高等教育入学机会均等化程度的变化［J］．高等教育研究，2010，31（2）：1-5.

［2］苟人民．从城乡入学机会看高等教育公平［J］．教育发展研究，2006（9）：29-31.

［3］中华人民共和国教育部．教育部部署 2018 年重点高校招收农村和贫困地区学生工作［EB/OL］．http：//www. moe. gov. cn/srcsite/A15/moe_776/s3258/201803/t20180320_330724. html，2018-03-23.

［4］吴秋翔，崔盛．鲤鱼跃龙门：农村学生的大学"逆袭"之路：基于首都大学生成长跟踪调查的实证研究［J］．华东师范大学学报（教育科学版），2019，37（1）：124-136，170.

［5］黄海，邱欣红．贫困大学生疏离感与主观幸福感关系分析［J］．中国学校卫生，2010，31（1）：58-60.

［6］徐贲．当今社会的现代犬儒主义［J］．时代潮，2001（17）：35.

［7］谢倩，陈谢平，张进辅，等．大学生犬儒态度与生活满意度的关系：社会支持的调节作用［J］．心理发展与教育，2011，27（2）：181-187.

［8］张士菊，廖建桥．西方组织犬儒主义研究探析［J］．外国经济与管理，2006（12）：10-17.

［9］ Yuill C. Marx：Capitalism，Alienation and Health ［J］. Social Theory & Health，2005，3（2）：126－143.

［10］ Becker H，Geer B. "Participant observation and interviewing"：a rejoinder ［J］. Human Organization，1958，17（2）：39－40.

［11］ Stewart G L，Fulmer I S，Barrick M R. An exploration of member roles as a multilevel linking mechanism for individual traits and team outcomes ［J］. Personnel Psychology，2005，58（2）：343－365.

［12］ Pollay R W. Diagnosis：organizational deficiencies symptom collegiate cynicism ［J］. Personnel Journal，1968，6：572－574.

［13］ Mihailidis P. Beyond cynicism：how media literacy can make students more engaged citizens ［J］. Dissertations & Theses-Gradworks，2008，13（3）：374－391.

［14］ Aston J，Lavery J. The health of women in paid employment：effects of quality of work role，social support and cynicism on psychological and physical well-being ［J］. Women & Health，1993，20（3）：1.

［15］ Lepore S J. Cynicism，social support，and cardiovascular reactivity ［J］. Health Psychology Official Journal of the Division of Health Psychology American Psychological Association，1995，14（3）：210－6.

［16］ Brockway J H，Carlson K A，Jones S K，et al. Development and validation of a scale for measuring cynical attitudes toward college ［J］. Journal of Educational Psychology，2002，94（1）：210－224.

［17］ Taylor J L，Durand R M. Effect of expectation and disconfirmation on postexposure product evaluations ［J］. Journal of Applied Psychology，1979，45（3）：803－810.

［18］ Snyder C R，Harris C，Anderson J R，et al. The will and the ways: development and validation of an individual differences measure of hope [J]. Journal of Personality and Social Psychology, 1991, 60 (4): 570 - 585.

[19] V. H. Vroom. Work and Motivation. New York: Wiley, 1964: 21 - 23.

[20] Oliver R L. Effect of expectation and discontinuation on postexposure product evaluations: an alternative interpretation [J]. Journal of Applied Psychology, 1977, 62 (4): 480 - 486.

[21] Ajzen I, Fishbein M. Attitude-behavior relations: a theoretical analysis and review of empirical research [J]. Psychological Bulletin, 1977, 84 (5): 888 - 918.

[22] Wanous J P, Reichers A E, Austin J T. Cynicism about organizational change: measurement, antecedents, and correlates [J]. Group & Organization Management, 2000, 25 (2): 132 - 153.

[23] Gould L A, Funk S. Does the stereo typical personality reported for the male police officer fit that of the female police officer [J]. Journal of Police & Criminal Psychology, 1998, 13 (1): 25 - 39.

[24] Weinstein L. Syndrome of hemolysis, elevated liver enzymes, and low platelet count: a severe consequence of hypertension in pregnancy. [J]. American Journal of Obstetrics & Gynecology, 1982, 193 (3): 859.

[25] Kelley H H. Attribution theory in social psychology [J]. Nebraska Symposium on Motivation. 1967, 15 (2): 192 - 238.

[26] Krull J L, Mackinnon D P. Multilevel mediation modeling in group-based intervention studies [J]. Evaluation Review, 1999, 23 (4): 418 - 444.

[27] 廖丹凤. 工作场所感知、组织犬儒主义与组织效果的关系研究 [D]. 厦门: 厦门大学, 2009.

［28］ Taylor D W，Thorpe R. Entrepreneurial learning：a process of co-participation ［J］. Journal of Small Business & Enterprise Development，2004，11 （2）：203 - 211.

［29］ Castro B O D，Veerman J W，Koops W，et al. Hostile Attribution of Intent and Aggressive Behavior：A Meta-Analysis ［J］. Child Development，2002，73 （3）：916 - 934.

［30］ Larkin K T，Martin R R，Mcclain S E. Cynical hostility and the accuracy of decoding facial expressions of emotions ［J］. Journal of Behavioral Medicine Behav Med，2002，25 （3）：285 - 292.

［31］ 李闻戈，方俊明. 工读生和普通生攻击性行为归因方式的比较研究 ［J］. 中国特殊教育，2004，（9）.

［32］ Barefoot J C，Dodge K A，Peterson B L，et al. The Cook-Medley hostility scale：item content and ability to predict survival ［J］. Psychosomatic Medicine，1989，51 （1）：46 - 57.

［33］ Guastello D D，Pessig R M. Authoritarianism，environmentalism，and cynicism of college students and their parents ［J］. Journal of Research in Personality，1998，32 （4）：397 - 410.

［34］ 刘永芳. 归因理论及其应用 ［M］. 济南：山东人民出版社，1998.

［35］ Mezulis A H，Abramson L Y，Hyde J S，et al. Is there a universal positivity bias in attributions? a meta-analytic review of individual，developmental，and cultural differences in the self-serving attributional bias ［J］. Psychological Bulletin，2004，130 （5）：711 - 747.

［36］ 刘肖岑. 青少年自我提升的发展及其与适应的关系 ［D］. 上海：华东师范大学，2009.

［37］ Wanous J P，Reichers A E，Austin J T. Cynicism about organizational change：an attribution process perspective ［J］. Phychological Reports，2004，94 （3）：1421 - 1434.

[38] 王红霞. 教育研究中量的研究 [J]. 天津市教科院学报，2006，(6)：28 - 30.

[39] 李晓凤，余双好. 质性研究方法 [M]. 武汉：武汉大学出版社，2006.

[40] 杨烈红. 论心理学中量与质的研究方法的辩证关系 [J]. 西安石油大学学报（社会科学版），2007，16（2）：104 - 107.

[41] 沈晓红. 健康心理学 [M]. 杭州：浙江教育出版社，2009.

[42] 刘丽萍. 农村大学生发展、主观幸福感与社会支持研究 [J]. 湖北社会科学，2013（11）：189 - 192.

[43] Becker H S, Geer B. The fate of idealism in medical school [J]. American Sociological Review，1958，23（1）：50 - 56.

[44] Neidt C O. Relation of cynicism to certain student characteristics [J]. Rev. acad. colombiana Cienc. exact. fís. natur，2007，31（119）：285 - 295.

[45] Long S. Dimensions of student academic alienation [J]. Educational Administration Quarterly，1977，13（1）：16 - 30.

[46] Janz T A, Pyke S W. A scale to assess student perceptions of academic climates [J]. Canadian Journal of Higher Education，2000，30：89 - 122.

[47] Greenglass E R, Julkunen J. Cook-Medley hostility, anger, and the type a behavior pattern in Finland [J]. Phychological Reports，1991，68（3）：1059 - 1066.

[48] Greenglass E R, Julkunen J. Construct validity and sex differences in Cook-Medley hostility [J]. Personality & Individual Differences，1989，10（2）：209 - 218.

[49] Han K, Weed N C, Calhoun R F, et al. Psychometric characteristics of the MMPI-2 Cook-Medley hostility scale [J]. Journal of

Personality Assessment，1995，65（3）：567.

[50] Guastello S J，Rieke M L，Guastello D D，et al. A study of cynicism，personality，and work values [J]. The Journal of Psychology：Interdisciplinary & Applied，1992，126（1）：37-48.

[51] O'hair H D，Cody M J，Mclaughlin M L. Prepared lies，spontaneous lies，Machiavellianism，and nonverbal communication [J]. Human Communication Research，1981，7（4）：325-339.

[52] 向晓蜜. 大学生学习倦怠的成因模型及其量表编制 [D]. 重庆：西南大学，2008.

[53] Maslach C，Florian V. Burnout，job setting，and self-evaluation among rehabilitation counselors [J]. Rehabilitation Psychology，1988，33（2）：85-93.

[54] Schaufeli W B，Martinez I M，Pinto A M，et al. Burnout and engagement in university students：A cross-national study [J]. Journal of cross-cultural psychology，2002，33（5）：464-481.

[55] Zhang Y，Gan Y，Cham H. Perfectionism，academic burnout and engagement among Chinese college students：A structural equation modeling analysis [J]. Personality & Individual Differences，2007，43（6）：1529-1540.

[56] Gurtman M B. Trust，distrust，and interpersonal problems：a circumplex analysis [J]. Journal of Personality & Social Psychology，1992，62（6）：989-1002.

[57] Lepore S J. Cynicism，social support，and cardiovascular reactivity [J]. Health Psychology？：Official Journal of the Division of Health Psychology American Psychological Association，1995，14（3）：210.

[58] Mcculloch D S，Slocum S，Kolegue C，et al. Cynicism，trust，and

internal-external locus of control among home educated students [J]. Academic Leadership Journal, 2006, 4 (4): 41–43.

[59] Altinkurt Y, Ekinci C E. Examining the relationships between occupational professionalism and organizational cynicism of teachers [J]. Educational Process: International Journal, 2016, 5 (3): 236–253.

[60] Dean J W, Brandes P, Dharwadkar R. Organizational Cynicism [J]. Academy of Management Review, 1998, 23 (2): 341–352.

[61] Fitzgerald M R. Organizational cynicism: its relationship to perceived organizational injustice and explanatory style [D]. Master's Thesis of University of Cincinnati, 2002.

[62] Barnes L L. The effects of organizational cynicism on community colleges: exploring concepts from positive psychology [J]. Dissertations & Theses-Gradworks, 2010: 144.

[63] Erber R, Lau R R. Political Cynicism Revisited: An information-processing reconciliation of policy-based and incumbency-based interpretations of changes in trust in government [J]. American Journal of Political Science, 1990, 34 (1): 236–253.

[64] Lee K M. Effects of Internet use on college students' political efficacy [J]. Cyberpsychology & Behavior: the Impact of the Internet, Multimedia & Virtual Reality on Behavior & Society, 2006, 9 (4): 415.

[65] Kopelman L. Cynicism among medical students-reply [J]. Journal of the American Medical Association, 1984, 251 (14): 1835–1835.

[66] 周洁, 王二平. 态度强度的维度结构与研究操作 [J]. 心理科学进展, 2007, 015 (4): 708–714.

[67] Reichers A E, Wanous J P, Austin J T. Understanding and managing cynicism about organizational change [J]. The Academy of

Management Respectives，1997，11（1）：48－59.

［68］Abraham R. Organizational cynicism：bases and consequences［J］. Genetic Social & General Psychology Monographs，2000，126（3）：269.

［69］Feldman D C. The Dilbert Syndrome：how employee cynicism about ineffective management is changing the nature of careers in organizations［J］. American Behavioral Scientist，2000，43（8）：1286－1300.

［70］Bateman T S，Sakano T，Fujita M. Roger，me，and my attitude：Film propaganda and cynicism toward corporate leadership［J］. Journal of Applied Psychology，1992，77（5）：768－771.

［71］Davis W D，Gardner W L. Perceptions of politics and organizational cynicism：an attributional and leader-member exchange perspective［J］. Leadership Quarterly，2004，15（4）：439－465.

［72］Li F，Zhou F，Leung K. Expecting the Worst：Moderating effects of social cynicism on the relationships between relationship conflict and negative affective reactions［J］. Journal of Business & Psychology，2011，26（3）：339－345.

［73］Andersson L M，Bateman T S. Cynicism in the workplace：some causes and effects［J］. Journal of Organizational Behavior，1997，18（5）：449－469.

［74］Pugh S D，Skarlicki D P，Passell B S. After the fall：Layoff victims' trust and cynicism in re-employment［J］. Journal of Occupational & Organizational Psychology，2003，76（2）：201－212.

［75］高婧，杨乃定，祝志明. 组织政治知觉与员工犬儒主义：心理契约违背的中介作用［J］. 管理学报，2008，5（1）：128－137.

［76］顾远东. 工作压力如何影响员工离职：基于 Maslach 职业倦怠模型的实证研究［J］. 经济管理，2010，（10）：88－93.

[77] Cappella J N, Jamieson K H. News frames, political cynicism, and media cynicism [J]. Annals of the American Academy of Political & Social Science, 1996, 546 (1): 71 - 84.

[78] Pope M K, Smith T W, Rhodewalt F. Cognitive, behavioral, and affective correlates of the cook and medley hostility scale [J]. Journal of Petsonality Assessment Pers Assess, 1990, 54 (3 - 4): 501 - 514.

[79] Meyerson D E. Uncovering socially undesirable emotions-experiences of ambiguity in organizations [J]. American Behavioral Scientist, 1990, 33 (3): 296 - 307.

[80] Richardsen A M, Burke R J, Martinussen M. Work and health outcomes among police officers: the mediating role of police cynicism and engagement [J]. International Journal of Stress Management, 2006, 13 (4): 555 - 574.

[81] Katz A N, Denbeaux M P. Trust, Cynicism, and Machiavellianism Among Entering First-Year Law Students [J]. Journal of Urban Law, 1975, 53: 397.

[82] Dyrbye L N, Thomas M R, Shanafelt T D. Systematic review of depression, anxiety, and other indicators of psychological distress among U. S. and Canadian medical students [J]. Academic Medicine Journal of the Association of American Medical Colleges, 2006, 81 (4): 354 - 73.

[83] Judge T A, Locke E A, Durham C C, et al. Dispositional effects on job and life satisfaction: the role of core evaluations [J]. Journal of Applied Psychology, 1998, 83 (1): 17.

[84] Kjeldstadli K, Tyssen R, Finset A, et al. Life satisfaction and resilience in medical school—a six-year longitudinal, nationwide and comparative study [J]. Bmc Medical Education, 2006, 6

(1)：48.

［85］ Chiaburu D S，Peng A C，Oh I S，et al. Antecedents and conse-
quences of employee organizational cynicism：a meta-analysis ［J］.
Journal of Vocational Behavior，2013，83（2）：181-197.

［86］ Sarason B R，Shearin E N，Pierce G R，et al. Interrelations of social
support measures：theoretical and practical implications ［J］. Journal of
Personality & Social Psychology，1987，52（4）：813-832.

［87］ Cole M S，Bruch H，Vogel B. Emotion as mediators of the relations
between perceived supervisor support and psychological hardiness on
employee cynicism ［J］. Journal of Organizational Behavior，2006，
27（4）：463-484.

［88］ Mcclough A C，Rogelberg S G，Fisher G G，et al. Cynicism and
the quality of an individual's contribution to an organizational diag-
nostic survey ［J］. Organization Development Journal，1998，16
（2）：31-41.

［89］ 龙立荣. 心理学问卷调查中常见的几类问题分析 ［J］. 教育研究与
实验，1994（4）：56-59.

［90］ Long S. Academic disaffection and the university student ［J］. Edu-
cational Studies，1977，3（1）：67-79.

［91］ Steiger J H. Structural model evaluation and modification：an inter-
val estimation approach ［J］. Multivariate Behavioral Research，
1990，25（2）：173-180.

［92］ Kelloway E K. Using LISREL for Structural Equation Modeling：A
researcher's guide ［M］. Sage Publications，1998：381-383.

［93］ 吴明隆. 问卷统计分析实务：SPSS 操作与应用 ［M］. 重庆：重庆
大学出版社，2010.

［94］ 吴明隆. SPSS 统计应用实务：问卷分析与应用统计 ［M］. 北京：

科学出版社，2003.

[95] Messick S. Validity of psychological assessment: Validation of infer-ences from persons' responses and performances as scientific inquiry into score meaning [J]. Ets Research Report，1994，(2)：1 - 28.

[96] 戴忠恒. 心理学与教育测量 [M]. 上海：华东师范大学出版社，1987.

[97] Meinecke F，Scott D. Machiavellism: The Doctrine of Raison D'état and its Place in Modern History [M]. Praeger，1965.

[98] 曲洋. 犬儒主义对现代学生思想意识的影响——关于英语教学的引导方向 [J]. 中国成人教育，2010，(23)：7 - 9.

[99] Rotter J B. A new scale for the measurement of interpersonal trust [J]. Journal of Personality，1967，35 (4)：651 - 665.

[100] Diener E，Emmons R A，Larsen R J，et al. The Satisfaction with life scale [J]. Journal of Personality Assessment，1985，49 (1)：71 - 75.

[101] Christie R，Geis F L. Studies in Machiavellianism [J]. American Political Science Association，1973，67 (1)：400 - 407.

[102] 简佳，唐茂芹. 人性的哲学修订量表用于中国大学生的信度效度研究 [J]. 中国临床心理学杂志，2006，14 (4)：347 - 348.

[103] 张淑华，陈仪梅. 失业压力下个体的应对策略在其乐观-悲观倾向与心理健康间的中介效应检验 [J]. 心理研究，2009，2 (6)：52 - 57.

[104] 赵思萌，王晓玲，陆爱桃，等. 社会支持在情侣依恋与生活满意度关系中的中介作用 [J]. 中国心理卫生杂志，2011，25 (8)：625 - 629.

[105] 汤舒俊，郝佳，涂阳军. 马基雅弗利主义量表在中国大学生中的修订 [J]. 中国健康心理学杂志，2011，19 (8)：967 - 969.

[106] 张莹，甘怡群，张轶文 . MBI - 学生版的信效度检验及影响倦怠的学业特征 [J]. 中国临床心理学杂志，2005，13 (4)：383 - 385.

[107] Zanna M P, Rempel J K. Attitudes：A new look at an old concept [C]. The Social Psychology of Knowledge，D-/02＄，1988.

[108] 翟学伟 . 中国人际关系的特质——本土的概念及其模式 [J]. 社会学研究，1993，(4)：74 - 83.

[109] Dyson R, Renk K. Freshmen adaptation to university life：depressive symptoms，stress，and coping [J]. Journal of Clinical Psychology，2006，62 (10)：1231 - 1244.

[110] 吕素珍，程斯辉 . 大学新生适应问题初探 [J]. 湖北大学学报 (哲学社会科学版)，2004，31 (2)：230 - 233.

[111] 罗公利，王士卿 . 试论大学生的主体地位 [J]. 青岛科技大学 (社会科学版)，2004，20 (2)：107 - 112.

[112] 张红霞，曲铭峰 . 研究型大学与普通高校本科教学的差异及启示——基于全国 72 所高校的问卷调查 [J]. 中国大学教学，2007，(4)：20 - 24.

[113] 肖永生，黄丽贞，江志福 . 理工类农村大学生专业选择的目的、动机及启示 [J]. 教育现代化，2018，5 (6)：299 - 301，305.

[114] 王鉴 . 课堂研究概论（普通高等教育十一五规划重点教材）[M]. 北京：人民教育出版社，2007.

[115] 王岳，马学良 . 多媒体教学资源促进农村中小学课堂教学模式变革探析 [J]. 现代中小学教育，2013，000 (5)：67 - 70.

[116] 盛洁 . 农村大学生就业难问题探析 [J]. 江苏开放大学学报，2009 (4).

[117] 赫尔巴特 . 普通教育学 教育学讲授纲要 [M]. 杭州：浙江教育出版社，2002.

[118] 田延辉，邓晖 . 培养什么样的人 办什么样的大学——对话教育部

党组书记、部长陈宝生 [J]. 中国大学生就业，2017 (5)：4 - 7.

[119] 张梅，孙冬青，辛自强，等. 我国贫困大学生心理健康变迁的横断历史研究：1998～2015 [J]. 心理发展与教育，2018，34 (5)：115 - 122.

[120] 马万昌. 对当前高教"扩招"问题的一些思考 [J]. 北京联合大学学报（自然科学版），2002，16 (2)：80 - 83.

[121] 杨阳. 高校学生管理存在的问题及对策研究 [J]. 西部素质教育，2017，3 (17)：203 - 203.

[122] 范斌. 弱势群体的增权及其模式选择 [J]. 学术研究，2004，000 (12)：73 - 78.

[123] 陶志欢. 大学生参与高校治理：理论根基与制度设计 [J]. 高校辅导员，2020，(1)：52 - 55.

[124] D'angelo B, Wierzbicki M. Relations of daily hassles with both anxious and depressed mood in students [J]. Psychological Reports，2003，92 (2)：416.

[125] 李宏翰，赵崇莲. 大学生的人际关系：基于心理健康的分析 [J]. 广西师范大学学报（哲学社会科学版），2004，40 (1)：116 - 121.

[126] 邓雅丹，吴建平. 论大学生同学关系疏离的普遍性 [J]. 当代青年研究，2014，(6)：42 - 46.

[127] 肖瑜，牛新春. 三元交互决定论视角下的农村大学生学校适应 [J]. 当代青年研究，2020 (1)：115 - 121.

[128] 韩黎，李茂发. 农村大学生抑郁与社会支持心理韧性的关系 [J]. 中国学校卫生，2014，35 (3)：385 - 387，390.

[129] 张向东，刘慧臣. 农村大学生的角色认同与学校适应研究 [J]. 安徽农业科学，2011 (11)：6898 - 6900.

[130] 爱米尔·杜尔凯姆. 自杀论 [M]. 杭州：浙江人民出版社，1988.

[131] 张凤昌，许积年．论高校后勤的育人功能［J］．教育探索，2005，(10)：30‐31.

[132] 刘俊学，王小兵．"高等教育服务理念"论［J］．中国高教研究，2004，(3)：26‐28.

[133] 李春玲．农村大学生与进城青年的学习、工作和生活世界［J］．青年研究，2015 (3)：1，94.

[134] 魏然，翟瑞．知识改变命运？——从农村大学生就业看高等教育社会分层功能的弱化［J］．教育学术月刊，2016 (6)：39‐45.

[135] 杨化．学生成才的"精神土壤"：大学文化环境的分析与培育［J］．北京教育（高教），2012，(10)：18‐20.

[136] 赵宗宝．地方高校大学生信仰状况及对策研究［J］．科学与无神论，2014 (5)：47‐51.

[137] 王少安．大学环境文化及其育人功能［J］．中国大学教学，2008，(12)：11‐13.

[138] 杨建新．透视女大学生的课余文化生活［J］．中国青年研究，2003，(9)：64‐66.

[139] 年永琪，赵金华．不同年级大学生思想行为特点对比分析［J］．高校辅导员学刊，2012，(2)：97‐100.

[140] 车文博，张林，黄冬梅．大学生心理压力感基本特点的调查研究［J］．应用心理学，2003，9 (3)：3‐9.

[141] 陈驰，张凌彦．农村大学生心理健康问题及正确引导［J］．中国农村卫生事业管理，2017，37 (7)：813‐814.

[142] 陈乐．"先赋"与"后生"：文化资本与农村大学生的内部分化［J］．江苏高教，2019 (8)：39‐46，118.

[143] 王闯．农村大学生心理健康现状研究［D］．武汉：武汉轻工大学，2017.

[144] 库尔特·勒温．拓扑心理学原理［M］．北京：商务印书馆，2011.

[145] 弗洛伊德. 弗洛伊德心理哲学 [M]. 杨韶刚译. 北京：九州出版社，2007：21.

[146] 张倩，郭念锋. 攻击行为儿童大脑半球某些认知特点的研究 [J]. 心理学报，1999，31（1）：104 - 110.

[147] 朱相华，李娇，杨永杰，等. 小学生攻击性人格与受虐待经历的关系 [J]. 中华行为医学与脑科学杂志，2008，17（1）：51 - 53.

[148] 石中英. 学校文化、学校认同与学校发展 [J]. 中国教师，2006，(12)：4 - 6.

[149] 沈鹏. 校友示范：大学生学校认同的新路径 [J]. 重庆科技学院学报（社会科学版），2008，(2)：174 - 175.

[150] 周海涛. 大学生对大学认同与满意度的同一性 [J]. 大学（研究与评价），2008，(z1)：66 - 68.

[151] Andersson L M. Employee cynicism：an examination using a contract violation framework [J]. Human Relations，1996，49（11）：1395 - 1418.

[152] Bennett R R，Schmitt E L. The effect of work environment on levels of police cynicism：a comparative study [J]. Police Quarterly，2002，5（4）：493 - 522.

[153] Zuckerman M. Zuckerman-Kuhlman personality questionnaire（ZKPQ)：an alternative five-factorial model [J]. Big Five Assessment，2002：376 - 392.

[154] 翟亚奇. 大学学校气氛的结构及其与大学生适应性的关系 [D]. 开封：河南大学，2008.

[155] 丁立. 大学生学校认同及影响因素研究——以华中科技大学硕士研究生为例 [D]. 武汉：华中科技大学，2008.

[156] 温忠麟，侯杰泰，张雷. 调节效应与中介效应的比较和应用 [J]. 心理学报，2005，37（2）：268 - 274.

［157］权方英，朱文凤，董妍，等．特质敌意归因偏向的认知神经机制探索［C］.第二十一届全国心理学学术会议摘要集．2018.

［158］丁武，郭执玺．我国农村大学生心理健康变迁（2000－2015）：一项横断历史研究［J］.思想政治教育研究，2017，33（2）：156－160.

［159］易芳，郭本禹．心理学研究的生态学取向［J］.江西社会科学，2003，（11）：46－48.

［160］Nevin J A. Quantitative analysis.［J］. Journal of the Experimental Analysis of Behavior，2013，42（3）：421－434. Auerbach C F, Silverstein L B. Qualitative data：an introduction to coding and analysis［J］，2003.

［161］植凤英，张进辅．论民族心理学研究中质与量的整合［J］.民族研究，2007，（6）：33－40.

［162］风笑天．社会学研究方法［M］.北京：中国人民大学出版社，2001.

［163］Yin R K．案例研究方法的应用［M］.周海涛，译．重庆：重庆大学出版社，2004.

［164］秦金亮．心理学研究方法的新趋向——质化研究方法述评［J］.山西师大学报（社会科学版），2000，27（3）：11－16.

［165］周明洁，张建新．心理学研究方法中"质"与"量"的整合［J］.心理科学进展，2008，16（1）：163－168.

［166］Hewitt P L，Flett G L，Blankstein K R. Perfectionism and neuroticism in psychiatric patients and college students［J］. Personality & Individual Differences，1991，12（3）：273－279.

［167］Rotter J. Generalized expectancies of internal versus external control of reinforcements［J］. Psychological Monographs，1966，80.

［168］夏凌翔，黄希庭．青少年学生的自立人格［J］.心理学报，2006，38（3）：382－391.

[169] Katz D. The functional approach to the study of attitudes [J]. Public Opinion Quarterly, 1960, 24 (2): 163 - 204.

[170] 赵晨颖. 农村大学生的成才心理解析——家庭集体与个体互动下的成就动机塑造 [J]. 教育现代化, 2017, 4 (13): 106 - 108.

[171] Lockwood P, Kunda Z. Superstars and me: predicting the impact of role models on the self [J]. Journal of Personality & Social Psychology, 1997, 73 (1): 91 - 103.

[172] 邢淑芬, 俞国良. 社会比较研究的现状与发展趋势 [J]. 心理科学进展, 2005, 13 (1): 78 - 84.

[173] 郑林科. 父母教养方式: 对子女个性成长影响的预测 [J]. 心理科学, 2009, (5): 1267 - 1269.

[174] 周宗奎, 孙晓军, 刘亚, 周东明. 农村留守儿童心理发展与教育问题 [J]. 北京师范大学学报 (社会科学版), 2005 (1): 71 - 79.

[175] 宋淑娟, 许秀萍, 尤金凤. 农村大学生的留守经历与心理韧性及逆境认知的关系 [J]. 中国心理卫生杂志, 2020 (4): 373 - 378.

[176] 孙慧紫, 刘贤伟. 中国大学生学习倦怠影响因素的元分析 [J]. 北京航空航天大学学报 (社会科学版), 2018, 31 (3): 109 - 114.

[177] Freudenberger H J. Staff burn-out [J]. Journal of Social Issues, 1974, 30 (1): 159 - 165.

[178] Freudenberger H J. The issues of staff burnout in therapeutic communities [J]. Journal of Psychedelic Drugs, 1986, 18 (3): 247 - 251.

[179] Shin D C, Johnson D M. Avowed happiness as an overall assessment of the quality of life [J]. Social Indicators Research, 1978, 5 (1 - 4): 475 - 492.

[180] 冯正直. 中学生抑郁症状的社会信息加工方式研究 [D]. 重庆: 西南师范大学, 2002.

[181] Alloy L B, Abramson L Y, Whitehouse W G, et al. Depresso-

genic cognitive styles: predictive validity, information processing and personality characteristics, and developmental origins [J]. Behaviour Research & Therapy, 1999, 37 (6): 503 - 531.

[182] Røysamb E. Personality and Well-Being [J]. Handbook of Personality & Health, 2008: 115 - 134.

[183] 林崇德, 杨治良, 黄希庭. 心理学大辞典 [M]. 上海: 上海教育出版社, 2003.

[184] 陈维, 卢聪, 杨晓晓, 等. 领悟社会支持量表的多元概化分析 [J]. 心理学探新, 2016 (2016 年 01): 75 - 78.

[185] 任曦, 王妍, 胡翔, 等. 社会支持缓解高互依自我个体的急性心理应激反应 [J]. 心理学报, 2019, 51 (4): 497 - 506.

[186] Tinto V. Dropout from Higher Education: A theoretical synthesis of recent research [J]. Review of Educational Research, 1975, 45 (1): 89 - 125.

[187] Lai J H W, Bond M H, Hui N H H. The role of social axioms in predicting life satisfaction: a longitudinal study in Hong Kong [J]. Journal of Happiness Studies, 2007, 8 (4): 517 - 535.

[188] Wills T A. Supportive functions of interpersonal relationships [J]. Social Support & Health, 1985: 61 - 82.

[189] 朱林仙. 大学生心理压力、社会支持及其与学习倦怠的关系研究 [D]. 杭州: 浙江大学, 2007.

[190] Roche W P R D, Scheetz A P, Dane F C, et al. Medical students' attitudes in a PBL curriculum: trust, altruism, and cynicism [J]. Academic Medicine: Journal of the Association of American Medical Colleges, 2003, 78 (4): 398 - 402.

[191] 佟月华. 大学生应对方式与心理健康的关系研究 [J]. 中华行为医学与脑科学杂志, 2004, 13 (1): 94 - 94.

[192] O'connell B J，Holzman H，Armandi B R. Police cynicism and the modes of adaptation [J]. Journal of Police Science & Administration，1986，14：307 - 313.

[193] 王宇中，时松和."大学生生活满意度评定量表（CSLSS）"的编制 [J]. 中华行为医学与脑科学杂志，2003，12 (2)：199 - 201.

[194] 桑青松，葛明贵，姚琼. 大学生自我和谐与生活应激、生活满意度的相关 [J]. 心理科学，2007，30 (3)：552 - 554.

[195] Cheng T A，Williams P. The design and development of a screening questionnaire（CHQ）for use in community studies of mental disorders in Taiwan [J]. Psychological Medicine，1986，16 (2)：415 - 22.

[196] 杨廷忠，黄丽，吴贞一. 中文健康问卷在中国大陆人群心理障碍筛选的适宜性研究 [J]. 中华流行病学杂志，2003，24 (9)：769 - 773.

[197] Radloff L S. The CES-D scale [J]. Applied Psychological Measurement，1977，1 (3)：385 - 401.

[198] 张月娟，阎克乐，王进礼. 生活事件、负性自动思维及应对方式影响大学生抑郁的路径分析 [J]. 心理发展与教育，2005，V21 (1)：96 - 99.

[199] 连榕，杨丽娴，吴兰花. 大学生的专业承诺、学习倦怠的关系与量表编制 [J]. 心理学报，2005，37 (5)：632 - 636.

[200] 杨丽娴，连榕，张锦坤. 中学生学习倦怠与人格关系 [J]. 心理科学，2007，30 (6)：1409 - 1412.

[201] Dahlem N W，Zimet G D，Walker R R. The multidimensional scale of perceived social support：a confirmation study [J]. J Clin Psychol，1991，47 (6)：756 - 761.

[202] 解亚宁. 简易应对方式量表信度和效度的初步研究 [J]. 中国临

床心理学杂志，1998，（2）：114‑115.

［203］王桢，陈雪峰，时勘．大学生应对方式、社会支持与心理健康的关系［J］．中国临床心理学杂志，2006，14（4）：378‑380.

［204］Aspinwall L G，Richter L，Hoffman Iii R R. Understanding how optimism works：an examination of optimists' adaptive moderation of belief and behavior［C］．E C Chang，Optimism，2001：217‑238.

［205］Barefoot J C，Maynard K E，Beckham J C，et al. Trust，healthand longevity［J］．Journal of Behavioral Medicine，1998，21（6）：517‑526.

［206］刘笑，邵金．农村大学生的现状分析及对策［J］．教育探索，2007（2）：24‑25.

［207］张玉婷．跃过"龙门"之后——基于知识分类视角的农村大学生学习经历研究［J］．教育发展研究，2019，39（18）：8‑16.

［208］任初明，席帅．高等教育大众化地方高校公众满意度缘何走低［J］．教育学术月刊，2020（2）：64‑70.

［209］Stivers R. The culture of cynicism：American morality in decline［M］．Blackwell Publishers，1994：91‑93. Goldfarb J C，Stivers R. The culture of cynicism：American morality in decline［J］．Contemporary Sociology，1995，24（3）：403.

［210］Lyon B L. Stress，coping，and health［J］．Handbook of stress，coping and health：Implications for nursing research，theory，and practice，2000：3‑23. Lazarus R S. Psychological stress and the coping process［J］．Science，1984，156.

［211］梁宝勇．应对研究的成果、问题与解决办法［J］．心理学报，2002，34（6）：643‑650.

［212］谭雪睛，向光富，韦耀阳，等．农村大学生自我效能感的中介效应分析［J］．中国卫生统计，2013（2）：275‑276.

［213］Norris F H，Kaniasty K. Received and perceived social support in times of stress：a test of the social support deterioration deterrence model ［J］. Journal of Personality & Social Psychology，1996，71 (3)：498.

［214］宫宇轩. 社会支持与健康的关系研究概述 ［J］. 心理学动态，1994，12 (2)：34 - 39.

［215］申荷永，佐斌. 社 会 心 理 学：原 理 与 应 用 ［J］. 2003.

［216］姜凝，孙丽. 自杀患者的行为学分析与认知干预 ［J］. 医学与哲学：人文社会医学版，2006，27 (4)：48 - 49.

［217］刘永芳. 归因理论及其应用 修订版 ［M］. 上海：上海教育人民出版社，2010.

［218］李京京. 归因理论在高中地理教学中的应用研究 ［D］. 西安：陕西师范大学，2015.

［219］Snyder M，Jones E E. Attitude attribution when behavior is constrained ［J］. Journal of Experimental Social Psychology，1974，10 (6)：585 - 600. Overstreet H A. Influencing Human Behavior ［M］. W. W. Norton，1925.

［220］Eagly A H，Chaiken S. The psychology of attitudes，harcourt brace jovanovich college publishers ［J］. Journal of Loss Prevention in the Process Industries，1993，8 (5)：299 - 305. Wood，Wendy. Attitude Change：Persuasion and Social Influence ［J］. Annual Review of Psychology，2000，51 (1)：539 - 570.

［221］吴燕，隋光远. 美国学习障碍鉴别研究综述 ［J］. 中国特殊教育，2005 (12)：66 - 71.

［222］Mueller C M，Dweck C S. Praise for intelligence can undermine children's motivation and performance ［J］. Journal of Personality and Social Psychology，1998，75 (1)：33 - 52.

［223］张宁，王纯．大学生抑郁自评高分者的团体归因训练［J］．临床精神医学杂志，2007，17（4）：229-231．

［224］邹敏，韩仁生．高焦虑初二学生的归因训练实验研究［J］．中国心理卫生杂志，2008，22（5）：358-361．

［225］桑青松，葛明贵，姚琼．大学生自我和谐与生活应激、生活满意度的相关［J］．心理科学，2007，30（3）：552-554．

［226］Radloff L S. The CES-D scale ［J］. Applied Psychological Measurement，1977，1（3）：385-401．

［227］张月娟，阎克乐，王进礼．生活事件、负性自动思维及应对方式影响大学生抑郁的路径分析［J］．心理发展与教育，2005，V21（1）：96-99．

［228］范宏振．大学生的人格倾向、自尊水平与其人际认知偏向关系的研究［D］．长春：东北师范大学，2007．

［229］韩仁生．高中女生数学考试归因训练的实验研究［J］．教育学报，2010，（1）：71-76．

［230］Sullivan T J，Weiner B. Achievement motivation and attribution theory ［J］. Contemporary Sociology，1975，4（4）：425．

［231］Frye，D. The origins of intention in infancy：Children's theories of mind：Mental states and social understanding ［C］. Hillsdale，NJ，US：Lawrence Erlbaum Associates，Inc，1991：15-38．

［232］Shin D C，Johnson D M. Avowed happiness as an overall assessment of the quality of life ［J］. Social Indicators Research，1978，5（1-4）：475-492．

［233］邱林，郑雪．大学生生活满意度判断的文化差异研究［J］．心理发展与教育，2007，23（1）：66-71．

［234］Bronfenbrenner U. Socialization and social class through time and space ［M］. 1965．

[235] 马莹. 大学生获得生命意义感的方法与途径 [J]. 学校党建与思想教育，2010，（4）：72-73.

[236] Steger M F, Kashdan T B. Stability and specificity of meaning in life and life satisfaction over one year [J]. Journal of Happiness Studies，2007，8（2）：161-179.

[237] 安希孟. 作人的意义：为人，是人，成为人 [J]. 太原师范学院学报（社会科学版），2010，9（6）：1-4.

[238] 胡咏梅，杨素红. 学生学业成绩与教育期望关系研究：基于西部五省区农村小学的实证分析 [J]. 天中学刊，2010，25（6）：125-129.

[239] 王琼. 六顶思考帽：化难为易的决策艺术 [J]. 清华管理评论，2015（5）：74-81.

[240] 马丁·塞利格曼. 真实的幸福 [M]. 万卷出版公司，2010.

[241] 王利敏. 农村大学生心理健康问题研究 [J]. 中国农村教育，2019，35（12）：25.

[242] Kabat-zinn J. An outpatient program in behavioral medicine for chronic pain patients based on the practice of mindfulness meditation：theoretical considerations and preliminary results [J]. General Hospital Psychiatry，1982，4（1）：33-47.

[243] Kabat-Zinn J. Mindfulness-based interventions in context：past，present，and future [J]. Clinical Psychology Science & Practice，2003，10（2）：144-156.

[244] 汪芬，黄宇霞. 正念的心理和脑机制 [J]. 心理科学进展，2011，19（11）：1635-1644.

[245] 李伟，陶沙. 大学生的压力感与抑郁、焦虑的关系：社会支持的作用 [J]. 中国临床心理学杂志，2003，11（2）：108-110.

[246] 田霞. 20世纪上半期农村家庭亲子关系 [J]. 西南民族学院学报：哲学社会科学版，2002，23（9）：127-130.

[247] 孙一兰 . 留守经历对大学生自信人格的影响与朋辈心理辅导 [J].
    教育与职业, 2016 (7 月上)：79 - 82.

[248] 池丽萍, 辛自强 . 家庭功能及其相关因素研究 [J]. 心理学探新,
    2001, 21 (3)：55 - 60.

[249] 池丽萍 . 亲子沟通的三层次模型：理论、工具及在小学生中的应
    用 [J]. 心理发展与教育, 2011, 27 (2)：140 - 150.

[250] 胡春阳, 毛荻秋 . 看不见的父母与理想化的亲情：农村留守儿童
    亲子沟通与关系维护研究 [J]. 新闻大学, 2019 (6)：57 - 70.

[251] 吴旻昊, 弋兵, 冷翔, 等 . 地方高校大学生生活满意度与心理弹
    性的关系研究 [J]. 教育现代化, 2019 (84)：120.

[252] 纪宝成 . 对大学理念和大学精神的几点认识 [J]. 中国高等教育,
    2004 (1)：10 - 12.

[253] 王志刚, 杨科正 . 关于地方高校文化建设的几点思考 [J]. 煤炭
    高等教育, 2009, 27 (6)：11 - 13.

[254] 王洪才 . 转型中的中国高等教育质量危机与治理对策 [J]. 清华
    大学教育研究, 2005, 6 (3)：60 - 66.

[255] 胡疆锋 . 中国当代青年亚文化：表征与透视 [J]. 文化研究,
    2013, (2)：4 - 24.

[256] 董扣艳 . "丧文化" 现象与青年社会心态透视 [J]. 中国青年研
    究, 2017 (11)：23 - 28.

[257] 常勤毅 . 中国 "正能量" 文化内涵与构成分析 [J]. 江西社会科
    学, 2014 (1)：233 - 238.

[258] 杨萍 . 赋权, 审丑与后现代：互联网土味文化之解读与反思 [J].
    中国青年研究, 2019 (2019 年 03)：24 - 28.

[259] 曹英 . 群体性事件中的信息传播流程、节点与心理接受机制 [J].
    河南社会科学, 2009, 17 (1)：133 - 138.

附　录

附录 1：农村大学生学校疏离态度的开放式问卷

亲爱的同学，您好！

　　这是一份关于大学生在校学习和生活情况的调查问卷，请您根据自己在学校学习和生活的实际情况对以下问题进行回答。本次调查不记您的姓名，您的回答也没有好坏对错之分，仅供我们作为科学研究的客观资料，所以请不要有所顾虑。您的真实回答，将对我们得出真实客观的研究结果非常有用，所以对您的真诚配合我们表示十分感谢。

　　请先填写以下基本信息（请在后面横线上打 √）：

▲性别：①男＿＿＿＿　　②女＿＿＿＿

▲年级：①大一＿＿＿＿　　②大二＿＿＿＿

　　　　③大三＿＿＿＿　　④大四＿＿＿＿

▲专业：①文科＿＿＿＿　　②理工科＿＿＿＿　　③艺体类＿＿＿＿

▲学校类型：①重点本科学校＿＿＿＿

　　　　　　②一般本科学校＿＿＿＿

（提示：大学疏离态度是指大学生在校期间感受到的大学各方面实际情况与学生的预期不相符合，而导致学生产生对学校产生的不满和不信任等带有负性信念的态度）

1. 您认为大学疏离态度应该包含哪些内容？

（请结合您在大学的实际感受和您对上述大学疏离态度含义的理解回答）

_____

_____

2. 您认为最突出的大学疏离态度有哪些？

（请根据您自己的体验以及你所了解的情况进行列举）

_____

_____

3. 您觉得和您进大学前的期望相比，您所在大学的哪些方面是让您感到不能接受的？

（请结合您在学校的实际感受回答，尽量列举您感受到的学校的具体情况）

_____

_____

4. 当您对学校的预期与学校的实际情况不符合的时候，您一般会怎么做？

（请先列举您遇到的不符合的具体方面，然后说出您的做法）

_____

_____

5. 您认为大学疏离态度会对您在大学的学习和生活的哪

些方面产生影响?

（请列举一些您认为会受到影响的具体方面）

_____

_____

6. 客观来看，您认为大学疏离态度是因为学生对学校的期望太高，或者是因为学生对学校的了解不够，还是因为学校本身存在诸多不足，或者是其他的原因。您认为主要原因是什么。

_____

附录 2：问卷编制的个人访谈提纲

一、访谈目的简要介绍

您好，我是×××大学的研究生，想和您谈一下关于大学生大学疏离态度的一些话题。我们这次谈话需要录音，但是只录声音不记姓名，谈话中也不会涉及个人的隐私问题，不知您是否愿意接受这次访谈（受访者若回答"愿意"则继续访谈的话题）。好的，感谢您的配合。可能您对什么是大学疏离态度还不太了解，这里简单向您解释一下，大学疏离态度是指在校大学生由于对学校的预期与其感受到的学校实际情况不符合，而导致学生对学校产生的带有不满和不信任等负性信念的态度。很多时候大学疏离态度也表现为一种对学校的愤世嫉俗或者玩世不恭的心态。如果您大致理解了大学疏离态度的意思，我们就开始进行下一个话题。如果您还没有理解大学疏离态度，请说出您不理解的地方，我会为您解答（直到受访者表示理解了大学疏离态度的含义再开始正式访谈问题）。好的，那我们就开始下一个问题的访谈。

二、受访者基本情况的了解

在访谈问题开始之前，想了解以下您的一些基本情况。您的年级，您的专业（文科还是理工科），您所在大学的类型（重点本科大学、一般本科大学还是专科大学）。

三、访谈的问题

1. 就您的理解来看，您认为大学生对大学的疏离态度具体应该包含哪些内容？

2. 您为什么会认为大学疏离态度的内涵是包含这些方面呢（若受访者答偏题，则启发他回到与疏离态度内涵有关的回答，但不直接暗示回答的具体内容）？

3. 就您个人而言，你觉得自己有没有出现过对所在大学的疏离态度（若回答有则继续问）？能不能列举出您对所在大学都抱有哪些方面的疏离态度呢？

4. 就您所知，您周围的同学对学校都抱有哪些方面的大学疏离态度呢，请您列举一些？

5. 您认为以上这些您持有的和您所了解的大学疏离态度中，哪些是比较典型的（等受访者列举完后继续追问）？为什么您认为这些疏离态度是比较典型的呢，谈谈您的依据？

四、访谈过程中的注意事项

1. 严格围绕事先设计的问题提问，提问前尽量消除被访者的回答顾虑，并着力营造自由、开放和真诚的访谈氛围。

2. 访谈的方式避免僵硬死板，可以在访谈中就谈论的话题说一些有趣的内容，同时为避免访谈偏题，应灵活、友好地引导被试针对问题做出反应。

3. 访谈完成后，及时对录音内容进行文字资料的整理，以作为后期分析之用。

附录 3：农村大学生大学疏离态度正式问卷（样题）

亲爱的同学，您好！

　　这是一份关于您在校学习和生活情况的调查问卷，通过作答您能够对自己在大学期间的学习和生活状态有一个较为全面深入的了解。请根据您在大学期间的经历和感受，以及您本人的实际情况对以下问题进行回答。本次调查为匿名调查，您的回答也没有好坏对错之分，所以请不要有任何顾虑。本次调查可能会占用您一定的时间，对于您的真诚配合我们表示最诚挚的感谢！！

　　正式回答前，请先填写以下基本信息（请在符合您情况的选项横线上打 √）：

　　▲您所在的大学是：＿＿＿＿＿＿＿＿；

　　▲性别：①男　②女；

　　▲年级：①大1　②大2　③大3　④大4；

　　▲生源地：①农村　②城市

　　▲您高中就读学校是：①乡或镇中学　②城市中学

　　▲学校类型：①省属重点院校　②一般院校

（以下是正式回答问题，请根据题意和对应的选项回答，在选项对应的数字上打 √，每题只选一个选项）

	完全 不同意	不太 同意	一般	比较 同意	完全 同意
1. 我相信学校的管理部门正采取积极的措施让学校各方面都发展得更好	1	2	3	4	5

（续）

	完全 不同意	不太 同意	一般	比较 同意	完全 同意
2. 我觉得在大学里难以感受到崇尚学问的氛围	1	2	3	4	5
3. 我觉得在个人利益面前，大学同学之间的友谊很难经受得住考验	1	2	3	4	5
4. 我认为大学所学的大多数课程都对我今后的发展没什么帮助	1	2	3	4	5
5. 我相信我的各门课程所获成绩是公正合理的	1	2	3	4	5
6. 我觉得学校制定的管理制度与对学生的实际管理是说一套做一套	1	2	3	4	5
7. 我不相信学校的服务部门会为学生热情服务	1	2	3	4	5
8. 我觉得学生向学校提意见或反映问题，最后多半都会不了了之	1	2	3	4	5
9. 我相信大学的大多数老师有真才实学	1	2	3	4	5
10. 我认为大学师生之间只存在课堂形式的交往，课后难以成为朋友	1	2	3	4	5
11. 我觉得听大学老师讲课还不如自学的效果好	1	2	3	4	5

附录 4：ZKPQ 人格量表的攻击—
敌意特质分量表（样题）

　　以下是关于您个性的一些描述，如果符合您的情况，请在
"是"对应的选项数字"1"上打 √；如果不符合您的情况，
请在"否"对应的数字"0"上打 √。

　　（请根据自己的真实情况回答）

	是	否
1. 当我失去理智时，我会说一些不堪入耳的话	1	0
2. 如有人攻击过我，我不会不去想它	1	0
3. 我一直对别人非常耐心，即使当他（她）们令人气愤的时候	1	0
4. 我常与别人争吵	1	0
5. 一些小事情都可能惹我生气	1	0
6. 当有人向我吼叫时，我也向他（她）吼叫	1	0
7. 当有人在我前面插队时，我会感到厌恶	1	0
8. 我觉得我的脾气非常暴躁	1	0
9. 当人们不同意我的观点时，我会情不自禁地与他（她）们争论	1	0
10. 我很容易原谅那些侮辱我或伤害我感情的人	1	0

附录5：大学学校气氛问卷（样题）

以下是关于您所在学校情况的一些表述，请您根据以下各项描述并结合您的实际感受，选择一项最符合你们学校情况的选项，并在选项对应的数字上打 √。

	完全 不符合	不太 符合	一般	比较 符合	完全 符合
1. 我们学校经常组织学生参加一些就业应聘方面的培训	1	2	3	4	5
2. 我们学校老师的教学态度认真	1	2	3	4	5
3. 我们学校同学之间有很多相互了解的机会	1	2	3	4	5
4. 我们学校经常开展一些素质拓展活动	1	2	3	4	5
5. 我们学校经常开展一些有关就业的讲座	1	2	3	4	5
6. 我们学校的老师讲课注重调动学生的积极性	1	2	3	4	5
7. 我们学校同学之间缺乏信任	1	2	3	4	5
8. 我们学校注重学生动手和实践能力的培养	1	2	3	4	5
9. 我们学校很少为学生的就业提供指导	1	2	3	4	5
10. 我们学校课堂气氛非常活跃	1	2	3	4	5
11. 我们学校老师和学生有很好的交往	1	2	3	4	5
12. 我们学校很少开展演讲和辩论赛	1	2	3	4	5
13. 我们学校时常为学生提供丰富的就业信息	1	2	3	4	5
14. 我们学校经常开展各类文娱体育活动	1	2	3	4	5
15. 我们学校老师和学生很少产生矛盾和误会	1	2	3	4	5

附录 6：大学生学校认同问卷（样题）

下面是一些关于您所在大学的语句表述，请仔细阅读，然后根据您的情况，在题项后面选项对应的数字上划 √。

	很不 符合	不太 符合	无法 确定	比较 符合	非常 符合
1. 我认为学校的形象在某种程度上反映了我的形象	1	2	3	4	5
2. 我认为我具有本校学生的典型特征	1	2	3	4	5
3. 提及学校和同学的时候，我更愿意称"我们"而不是"他们"	1	2	3	4	5
4. 向别人介绍自己时，我乐意表明本校学生的身份	1	2	3	4	5
5. 我非常高兴自己是本校的学生，而不是其他学校的	1	2	3	4	5
6. 当别人批评本校时，我会觉得不高兴	1	2	3	4	5
7. 假如有机会重新选择，我仍愿意成为本校的学生	1	2	3	4	5
8. 我为自己是本校的学生感到自豪	1	2	3	4	5
9. 我在校园里的时候总是有亲切的感觉	1	2	3	4	5
10. 当学校被别人称赞时，我会感觉好像自己被赞美	1	2	3	4	5

附录 7：大学生活满意度量表

对于以下 6 项问题，请你根据自己近一年的情况，做出客观的评价，并在符合你的实际情况的选项对应的数字上打 √。

1. 与同伴同学相比，你的学习成绩总的情况是	十分优秀 ——————————→ 最差									
	1	2	3	4	5	6	7	8	9	10
2. 你对自己与朋友的关系	很不满意 ——————————→ 十分满意									
	1	2	3	4	5	6	7	8	9	10
3. 你对自己的形象和表现	十分满意 ——————————→ 很不满意									
	1	2	3	4	5	6	7	8	9	10
4. 你的身体健康状况是	十分虚弱 ——————————→ 十分健康									
	1	2	3	4	5	6	7	8	9	10
5. 你的经济状况在全班属于	最好的 ——————————→ 最差的									
	1	2	3	4	5	6	7	8	9	10
6. 你对自己的生活的总的满意度是	十分不满意 ——————————→ 十分满意									
	1	2	3	4	5	6	7	8	9	10

附录 8：中文健康问卷 CHQ - 12

下面是关于您最近的身心状况的一些描述，请根据您在最近两星期内的个人感受选择一项最符合您个人身心状态的选项，并在选项对应的数字上打 √。

请问您最近是不是：	一点 也没有	偶尔 会有	有时 会有	经常 会有
1. 觉得头痛或是头部有压迫感	0	1	2	3
2. 觉得心悸或心跳加快，担心可能得心脏病	0	1	2	3
3. 感到胸前不适或压迫感	0	1	2	3
4. 觉得手脚发抖或发麻	0	1	2	3
5. 觉得睡眠不好	0	1	2	3
6. 觉得许多事情对您是个负担	0	1	2	3
7. 觉得和家人、亲友相处得来	0	1	2	3
8. 觉得对自己失去信心	0	1	2	3
9. 觉得神经兮兮，紧张不安	0	1	2	3
10. 感到未来充满希望	0	1	2	3
11. 觉得家人或亲友会令你担忧	0	1	2	3
12. 觉得生活毫无希望	0	1	2	3

附录9：抑郁问卷（样题）

下面是对您可能存在的或最近有过的感受的描述，请告诉我最近一周来您出现这种感受的频度。请在每一陈述前标明相应的数值，这些数值的意义如下：没有（少于1天），有时有（1～2天），时常有（3～4天），经常有（5～7天）。

	没有	有时候有	时常有	经常有
1. 一些通常并不困扰我的事使我心烦	0	1	2	3
2. 我不想吃东西；我胃口不好	0	1	2	3
3. 我觉得即便有爱人或朋友帮助也无法摆脱这种苦闷	0	1	2	3
4. 我感觉同别人一样好	0	1	2	3
5. 我很难集中精力做事	0	1	2	3
6. 我感到压抑	0	1	2	3
7. 我感到做什么事都很吃力	0	1	2	3
8. 我觉得未来有希望	0	1	2	3
9. 我认为我的生活一无是处	0	1	2	3
10. 我感到恐惧	0	1	2	3

附录 10：学业倦怠量表（样题）

以下是有关您学习方面的一些描述，请根据您的实际情况在每题后的 5 个选项中，选择 1 项与您自身最相符合的选项，并在该选项对应的数字上打 √。

	完全 不符合	不太 符合	一般	比较 符合	完全 符合
1. 我有自己的学习方法和计划，并能付诸实践	1	2	3	4	5
2. 专业知识的掌握对我来说很容易	1	2	3	4	5
3. 我很难对学习保持长久的热情	1	2	3	4	5
4. 我课后很少学习	1	2	3	4	5
5. 学习时我精力充沛	1	2	3	4	5
6. 我对学习感到厌倦	1	2	3	4	5
7. 只有考试时我才会学习	1	2	3	4	5
8. 对我的专业很感兴趣	1	2	3	4	5
9. 一整天学习下来，我感到筋疲力尽	1	2	3	4	5
10. 我很少计划安排自己的学习时间	1	2	3	4	5
11. 对我来说，拿到学士学位很容易	1	2	3	4	5
12. 我学习时经常打瞌睡	1	2	3	4	5
13. 考试总是让我感到厌烦	1	2	3	4	5

附录11：社会支持量表（样题）

以下有12个句子，每一个句子后面各有7个答案。请您根据自己的实际情况在每句后面选择一个答案。例如，选择①表示您极不同意，即说明您的实际情况与这一句子极不相符；选择⑦表示您极同意，即说明您的实际情况与这一句子极相符；选择④表示中间状态；余类推。请在符合您情况的选项对应的数字上打√。

	极不同意	不同意	不太同意	一般	比较同意	同意	极为同意
1. 在我遇到问题时有些人（老师、同学、亲戚）会出现在我的身旁	1	2	3	4	5	6	7
2. 我能够与有些人（老师、同学、亲戚）共享快乐与忧伤	1	2	3	4	5	6	7
3. 我的家人能够切实具体地给我帮助	1	2	3	4	5	6	7
4. 在需要时我能够从家人那里获得感情上的帮助和支持	1	2	3	4	5	6	7
5. 当我有困难时有些人（老师、同学、亲戚）是安慰我的真正源泉	1	2	3	4	5	6	7
6. 我的朋友们能真正地帮助我	1	2	3	4	5	6	7
7. 在发生困难时我可以依靠我的朋友们	1	2	3	4	5	6	7
8. 我能与自己的家人谈论我的难题	1	2	3	4	5	6	7
9. 我的朋友们能与我分享快乐与忧伤	1	2	3	4	5	6	7

（续）

	极不 同意	不同意	不太 同意	一般	比较 同意	同意	极为 同意
10. 在我的生活中有某些人（老师、同学、亲戚）关心着我的感情	1	2	3	4	5	6	7
11. 我的家人能心甘情愿协助我做出各种决定	1	2	3	4	5	6	7
12. 我能与朋友们讨论自己的难题	1	2	3	4	5	6	7

附录 12：简易应对方式量表（样题）

　　以下是当您在生活中受到挫折打击或遇到困难时可能采取的态度和做法。请在题后的 4 个选项中选择一项您平时采取的方式，并在选项对应的数字上打 √。

当您在生活中遇到挫折或打击时，您一般是：	不采取	极少采取	有时采取	经常采取
1. 试图通过休息或休假，暂时把问题（烦恼）抛开	0	1	2	3
2. 与人交谈，倾诉内心烦恼	0	1	2	3
3. 通过吸烟、喝酒和吃东西等来解除烦恼	0	1	2	3
4. 改变自己的想法，重新发现生活中什么是重要的	0	1	2	3
5. 认为时间会改变现状，唯一要做的便是等待	0	1	2	3
6. 向亲戚朋友或同学寻求建议	0	1	2	3
7. 试图忘记整个事情	0	1	2	3
8. 借鉴他人处理类似困难情景的办法	0	1	2	3
9. 依靠别人解决问题	0	1	2	3
10. 通过工作学习或一些其他活动解脱	0	1	2	3
11. 接受现实，因为没有其他办法	0	1	2	3
12. 不把问题看得太严重	0	1	2	3

附录 13：人性的哲学量表修订版（样题）

请阅读以下各个题的表述，并在每题后面的选项中选择一项与您的观点最接近的选项，并在该选项下面对应的数值上打 √。

	完全不同意	部分不同意	略微不同意	略微同意	部分同意	完全同意
1. 如果能不花钱进入电影院而且肯定不会被发现，那么多数人都会那样做的	1	2	3	4	5	6
2. 多数人有认错的勇气	1	2	3	4	5	6
3. 一般人都是自以为了不起的	1	2	3	4	5	6
4. 即使在如今这种复杂的社会里，多数人仍想遵循圣经中的待人原则	1	2	3	4	5	6
5. 多数人会停下来帮助汽车出了毛病的人	1	2	3	4	5	6
6. 普通的学生即使有一套道德标准，当其他人均在考试中作弊时，他也同样会作弊	1	2	3	4	5	6
7. 多数人会毫不犹豫地特意去帮助遇到困难者	1	2	3	4	5	6
8. 如果撒谎能带来好处，多数人将撒谎	1	2	3	4	5	6
9. 在当今社会里无私的人太可怜了，因为有那么多人算计他	1	2	3	4	5	6
10. "希望别人怎样对待自己，首先应那样对待别人"，这是多数人恪守的格言	1	2	3	4	5	6

附录 14：生活满意度量表

请根据下面每道题的表述在题后的 7 个选项中选择一项符合您情况的选项，并在选项下面对应的数字上打 √。

	强烈不同意	不同意	稍微不同意	都不是	有点同意	同意	强烈同意
1. 我的生活状况很好	1	2	3	4	5	6	7
2. 大多数情况下，我的生活接近于我的理想状况	1	2	3	4	5	6	7
3. 如果我的生活可以重新来过，我也什么都不想改变	1	2	3	4	5	6	7
4. 到目前为止，我已经得到了生活中我想得到的重要东西	1	2	3	4	5	6	7

附录 15：马基雅维里主义量表第四版（样题）

请阅读以下各题的表述，并在每题后面的选项中选择一项与您的观点最接近的选项，并在该选项下面对应的数值上打√。

	完全 不同意	部分 不同意	略微 不同意	略微 同意	部分 同意	完全 同意
1. 决不要告诉任何人你做某事的真正原因，除非你另有目的	1	2	3	4	5	6
2. 与人相处的最好方法是说出他们想知道的事	1	2	3	4	5	6
3. 只有确信符合道德时才能采取行动	1	2	3	4	5	6
4. 多数人基本上是好的和善良的	1	2	3	4	5	6
5. 最安全的处世原则是假定所有人均有邪恶的一面，如有机会人们的邪恶就会表现出来	1	2	3	4	5	6
6. 在任何情况下诚实均为上策	1	2	3	4	5	6
7. 没有任何理由对别人撒谎	1	2	3	4	5	6
8. 一般来说，没有压力人们是不会努力工作的	1	2	3	4	5	6
9. 总而言之，地位卑微和诚实优于地位显赫和欺骗	1	2	3	4	5	6
10. 当你求别人帮忙时，最好告之以真正的理由而不是编造更有说服力的理由	1	2	3	4	5	6

附录 16：马斯拉奇倦怠量表学生版
——玩世不恭分量表

请阅读以下 4 个题项的表述，并请根据您的实际情况在每题后面的 7 个选项中选择一项与您的情况最相符的选项，并在选项下面对应的数字上打 √。

	从来没有	极少有	较少有	不确定	有时这样	经常这样	总是这样
1. 自从我进入大学后，我对学习感到越来越没兴趣了	0	1	2	3	4	5	6
2. 我对学习的热情越来越低了	0	1	2	3	4	5	6
3. 我对所学课程的有用性越来越感到怀疑	0	1	2	3	4	5	6
4. 我对我所学课程的意义持怀疑态度	0	1	2	3	4	5	6

图书在版编目（CIP）数据

农村大学生的学校疏离态度及其干预研究 / 谢倩著 .
—北京：中国农业出版社，2021.6
ISBN 978-7-109-28167-7

Ⅰ.①农… Ⅱ.①谢… Ⅲ.①农村－大学生－心理干
预－研究 Ⅳ.①G444

中国版本图书馆 CIP 数据核字（2021）第 072769 号

中国农业出版社出版

地址：北京市朝阳区麦子店街 18 号楼
邮编：100125
责任编辑：王秀田
版式设计：王　晨　责任校对：沙凯霖
印刷：北京通州皇家印刷厂
版次：2021 年 6 月第 1 版
印次：2021 年 6 月北京第 1 次印刷
发行：新华书店北京发行所
开本：880mm×1230mm　1/32
印张：11.25
字数：280 千字
定价：58.00 元

版权所有·侵权必究
凡购买本社图书，如有印装质量问题，我社负责调换。
服务电话：010 - 59195115　010 - 59194918